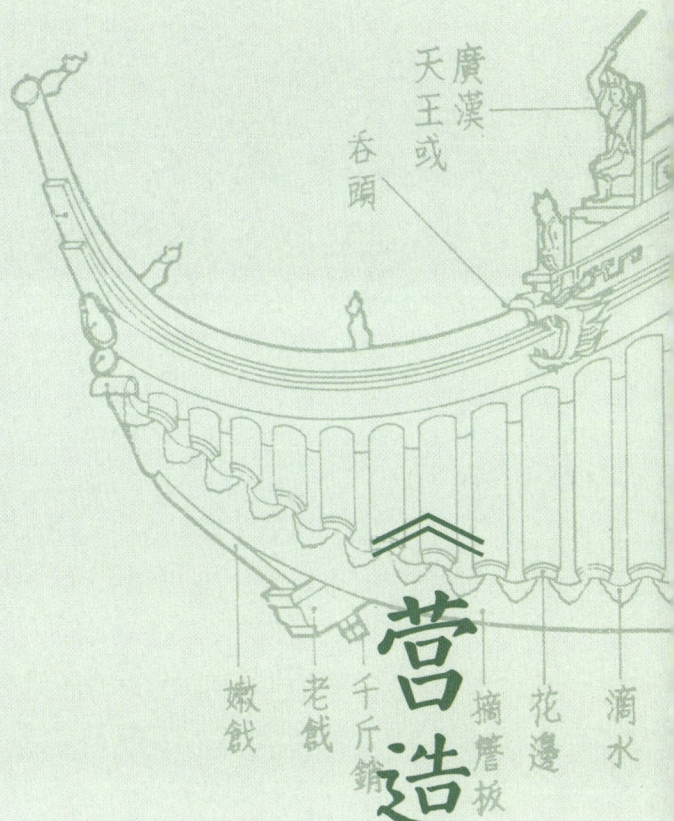

廣漢
天王或
吞頭
滴水
花邊
摘簷板
千斤銷
老戧
嫩戧

《營造法原》解读

何建中 著

上海教育出版社

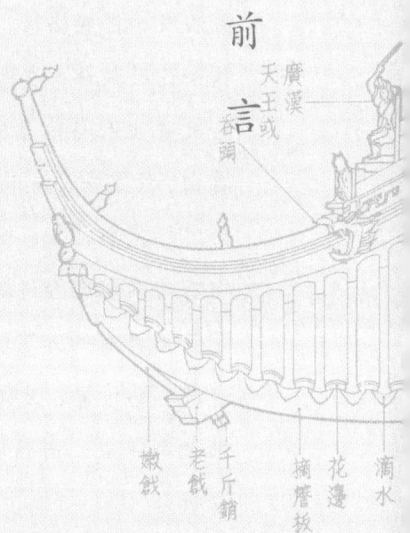

最早知道《营造法原》是在 20 世纪 60 年代初，刚进入南京工学院（现东南大学）建筑系学习时，因为有室友曾为《营造法原》画过插图。当时作为一个建筑系的低年级学生，对建筑学刚入门，尤其对传统建筑，既不懂，也无兴趣，对《营造法原》是只闻其名而未见其实。毕业之时适值"文革"，分配是"三个面向"，所以在基层小厂搞基建十来年，基本上属"万金油"技术员，只要是土建，无论设计、施工，还是建筑、结构，都是你的活，至于本学专业建筑设计反倒荒废了不少。后来作为研究生又入南京工学院建筑系学习，因为是建筑历史与理论专业，才开始对《营造法原》有所涉猎，但还只是泛泛的、初步的了解。

我的研究生毕业论文是《东山明代住宅》，明代住宅的做法与《营造法原》有许多相似之处。为了作两者之间的比较，我开始较认真地学习了《营造法原》，有了进一步的认识。但仍局限于住宅厅堂部分，对等级较高的殿庭与牌科尚未及深入。

研究生毕业后，我一直从事古建筑设计，工作中常遇到南方古建的项目，《营造法原》就是最重要的参考书，依靠它才能完成设计任务，对《营造法原》的学习就更进了一步。但还是以满足工作之需为目的，"头痛医头，脚痛医脚"的表面、片段式的学习，也由于工作、生活的原因，没有时间、精力静下心来作系统的深入研究，处在一种有一定的了解，但又不够全面、精深的状态。直到退休以后，才有了系统、全面的学习研究条件。同时，前些年为撰写《江南园林建筑设计》，对《营造法原》作了进一步仔细的研读，有了不少心得体会。

《营造法原》主要是对以苏州为中心的江南民间建筑经验的总结，以民居住宅为主，兼论庙宇殿庭、园林建筑等。它与宋代《营造法式》、清代《工程做法则例》等官颁建筑书不同，它不是为控制造价、加强管理而编，所以对所用工料方面不作为重点。所述建筑年代大多自清末至民国初年，也介绍了个别早期宋、明的苏州古建筑。以单体建筑的营造做法为主，如各部的构造做法及构件规格等，包括平面、基础、大木、装折、石作、墙垣、屋面及细清水砖等内容，对大木构架论及最详，涉及平房（包括楼房）、厅堂、殿庭及园林建筑之大木（包括牌科）。对总体布局除天井比例与地盘标高提出一些原则外，其他均未提及。由于所论是民间建筑，限制少，做法自由，没有宋、清以斗栱为准的建筑模数。因为是原著者姚承祖的一家之言，有些论断并不能与实际完全符合，书中存在错误、遗漏及不确之处，也有语焉不详之内容。随着时代的变迁，书中有些内容已经过时，如量木以围径（周长），用尺为鲁班尺等，已不适合今天所需。有些术语是苏州特有的方言，更有一些词语是据吴语之音记录的，与现代汉语不同，吴语地区以外的读者就不易读懂、理解。书中附有图版与插图，是对文字的补充与说明，图文互相印证，对读懂全书大有裨益。图版中不仅有比例尺，还附有尺寸数据，这是很可贵的，可以让读者作进一步的分析。

《营造法原》是"南方中国建筑之唯一宝典"，虽有这样那样的问题与不足，但瑕不掩瑜，它仍是一部经典的建筑学专著，是中国古建筑学的瑰宝。进入21世纪以来，已有许多关于南方古建筑论著出版，对《营造法原》的不足部分作了很好的补充，这样更有利于南方古建筑的学习与传承，使这一中国古代艺术中的明珠永远璀璨光明。

本书研究所据底本，是姚承祖原著、张至刚增编、刘敦桢校阅的《营造法原（第二版）》（中国建筑工业出版社1986年），书中提及《营造法原》图版号、页码等信息，均据该书。

目录

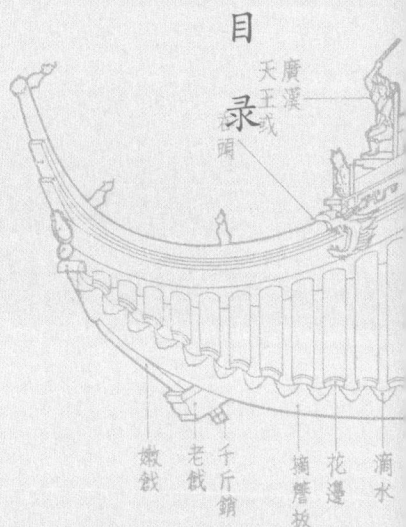

1

下篇

众家之言
——有关《法原》及苏州
古建筑的一些论著

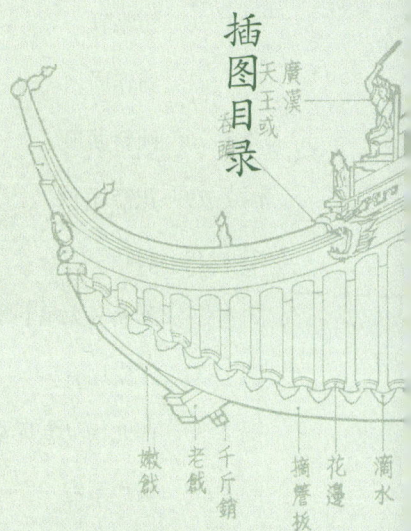

插图目录

解

《营造法原》

读

插图目录

插图目录

《苏州古民居》

解

《营造法原》

读

解　《营造法原》
读

插图目录

插图目录

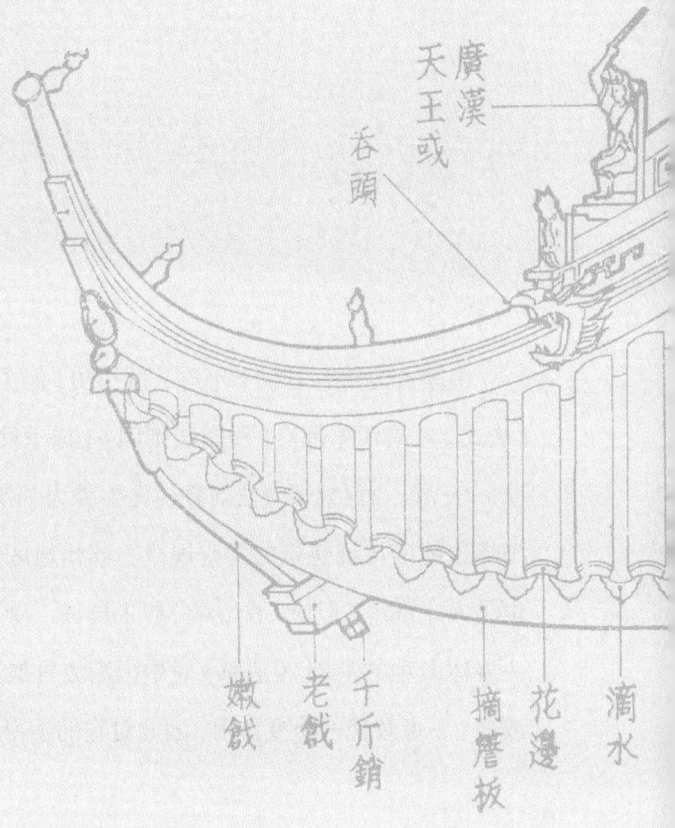

廣漢
天王或
吞頭
滴水
花邊
摘簷板
千斤銷
老戧
嫩戧

上篇

评介

中国古建筑有着数千年悠久的历史，但关于古建筑的完整专著只有宋代《营造法式》（以下简称《法式》）、清代工部《工程做法则例》（以下简称《做法》）及近代姚承祖《营造法原》（以下简称《法原》）三部。而《法原》被刘敦桢先生誉为"南方中国建筑之唯一宝典"，它总结了以苏州为核心的太湖周边地区传统建筑的营造规律。苏州地区自古以来经济发达，文化繁荣，人文荟萃，在建筑方面也是人才济济，形成"香山帮"匠人群体。雄厚的经济基础与文化底蕴，加之技艺高超的匠师，是这一群体诞生的基础。《法原》对中国南方古典建筑，特别是江南建筑的研究、设计、传承等有着不可或缺、不可替代的重要作用，因此对它的学习、研究也十分必要。

一、《法原》的主要内容

《法原》共十六章。

第一章《地面总论》，讲述房屋平面组成与基础做法，并开列例举房屋（正间 1 丈 4 尺，两次间 1 丈 2 尺，内四界 1 丈 6 尺，前后双步各 8 尺）的基础用工、用料。

第二章《平房楼房大木总例》，讲述平房、楼房大木做法，构架贴式及所用构件数目等。

第三章《提栈总论》，以《提栈歌诀》讲述房屋之提栈："民房六界用二个，厅房圆堂用前轩，七界提栈用三个，殿宇八界用四个，依照界深即是算，厅堂殿宇递加深。"并"囊金叠步翘瓦头"（第12页。以下引用《法原》皆用楷体）。通过分析实例，说明提栈方法。

第四章《牌科》，讲述牌科构造、种类及名称，权衡比例及分件比例，分析苏州早期古建筑牌科实例。

第五章《厅堂总论》，这一章内容较多，从厅堂的分类、构造、外观、高阔比例四方面论述。

厅堂之种类及名称：按贴式及构造用料，分为扁作厅、圆堂、贡式厅、船厅及卷蓬、鸳鸯厅、花

篮厅、满轩等七类；因其地位及使用性质不同，又称大厅、茶厅、花厅、对照厅、女厅等。

厅堂之构造：扁作厅与圆堂是厅堂的基本式样，梁用矩形者称扁作厅，用圆料者称圆堂。其进深分为三部：轩、内四界、后双步。内四界是厅堂的主要部分，其构造做法在步柱上架四界大梁，大梁上架山界梁。扁作梁外形似宋之月梁，梁之间用梁垫、斗或牌科承托，顶部有山雾云和抱梁云装饰。圆堂内四界大梁上用童柱支承山界梁，装饰较少。厅堂往往在内四界前加轩，顶上用草架。按轩梁位置高低，分为磕头轩、抬头轩、半磕头轩；按屋顶椽式，分为船篷轩、鹤颈轩、菱角轩、海棠轩、一枝香轩、弓形轩与茶壶档轩。

厅堂之外观：住宅厅堂宽恒三间，廊柱间正间设长窗，次间装地坪窗。两坡硬山顶，山墙有高出屋面作屏风墙者。园林中的厅堂宽可达五间，窗装步柱间。廊柱间上悬挂落，下设半栏坐槛。屋顶可做歇山式。

厅堂之檐高面阔：正间面阔为次间之 1.2 倍，檐高依次间面阔。如用牌科，檐高须照加。

第六章《厅堂升楼木架配料之例》，列出厅堂木架配料计算围径（即周长）比例表，提出厅堂木架用料的计算以定各构件的围径为准，先定内四界大梁围径，其他各料大多可依大梁推算，并列出具体的圆堂与扁作厅的配料之例。楼房规模较大，于楼上下筑翻轩者，则称楼厅，有楼下轩、骑廊轩、副檐轩等，并开列楼房楼厅之承重、搁栅的用料计算方法。

第七章《殿庭总论》，这一章从六方面论述。

殿庭之进深开间：殿庭之广由三间至九间，进深自六界、八界以至十二界。

殿庭之结构：殿庭屋面有单檐、重檐之分。内部结构基本同扁作厅堂，增加了随梁枋，内四界如为六界，则架设四平枋。常用牌科，有斗盘枋。

殿庭式样之分类：以殿庭屋面外观，分为硬山、四合舍、歇山、悬山四式。歇山与四合舍，转角处采用老戗、嫩戗的发戗制，悬山一式，南方已不多见。

发戗详细尺寸制度。

殿庭上屋，架戗应用物料数目及工数。

殿庭屋架用木料之例。

第八章《装折》，装折即装修，《法原》归于大木，书中具体列有五类。

门窗框宕子。

门：分墙门、大门及屏门、将军门和矮挞。

窗：有长窗、风窗、地坪窗、半窗、横风窗、和合窗、纱槅（一作纱隔）。

木栏杆。

飞罩及挂落。

第九章《石作》，苏州营建多用石料，本章从五方面论述。

石之种类及性质：分述金山石、焦山石、青石、绿豆石等。

造石之次序：列举双细、出潭双细、市双细、錾细、督细等。

石料之应用：有阶台、露台、栏杆、砷石、鼓磴及磉等。

驳岸。

石牌楼：列出石牌楼各部的比例及各项材料尺寸、用工数。

第十章《墙垣》，述各种墙垣名称、砌法及用砖数、上光及刷色法，以及量墙垣面积法、界墙及荐之解释等。

第十一章《屋面瓦作及筑脊》，屋面用瓦，厅堂用板瓦，殿庭亦可用板瓦，考究者用筒瓦。筑脊分：

厅堂筑脊，厅堂正脊分游脊、甘蔗、雌毛、纹头、哺鸡、哺龙诸式。

殿庭筑脊，殿庭正脊用龙吻脊，分龙吻和鱼龙吻两种，龙吻规格分五套、七套、十三套。除了正脊，尚有竖带、水戗。竖带下端，做花篮靠背，置天王。

此外还介绍了厅堂筑脊配料，各项名称及数目；做脊用灰与纸筋数目表；做脊配料各项物件，筑脊施工的程序等。

第十二章《砖瓦灰砂纸筋应用之例》，先述砖瓦灰砂的产地与性质，又分述砖瓦灰砂与纸筋在建筑中的应用。

第十三章《做细清水砖作》，砖料经刨光打磨，谓之细清水砖，还需刻出各种线脚，或雕刻各种纹样。用细清水砖的地方多为门楼、墙门、垛头、包檐墙之抛枋、门景、地穴、月洞等处。

第十四章《工限》，包括木作工限、水作工限、驳岸工限、做细清水砖墙门工限。

第十五章《园林建筑总论》，先总述园林建筑，以厅堂为主，多采取回顶、卷篷、鸳鸯诸式。又分述亭、阁、楼台、水榭与旱船、廊、花墙洞、花街铺地、假山、地穴门景、池与桥等小品建筑。

第十六章《杂俎》，从塔之制度、修建城垣制度、筑灶和工具四方面论述。

书末附录，收《量木制度》《检字及辞解》（以下简称《辞解》）二篇。

此外还有照片、插图和图版。

由于时代的变迁、技术的进步和新材料的产生，书中一些内容已经过时，不能适用于现代。如设计、施工采用公制，不再用营造尺；量木以直径表示，弃用篾尺量围径；"工限"原是建立在手工操作的基础上，现代电动工具、起重机械的使用提高了效率，工时计算意义不再；钢筋混凝土、水泥砂浆、玻璃等新材料也取代了传统建材的使用。但是它所记录的江南地区民间建筑工艺与方法等，为今人研究中国古代建筑艺术和修复古建，还是有相当的借鉴意义。

二、《法原》的性质

《法原》是一部介绍江南地区传统建筑的专著，它系统地阐述了苏州地区平房、厅堂、殿庭及园林建筑的形制、构造、配料及工限等，是对当时建筑通行做法一般规律的总结。《法原》是民间匠人所著，并非官方"标准"，故不是设计规范，当然也不是法定的工程定额。

江南地区的古建筑有着悠久的传统，公元前514年吴王即在苏州建城，建有宫殿、宗庙等大量的建筑。历史上北方几次战乱，遭到很大的破坏，而江南地区相对稳定，经济、文化都有一定的发展。东晋偏安江左后的南北朝时代，"南朝四百八十寺，多少楼台烟雨中"。唐末五代时，江南建筑技术水平也比较高，宋初有杭州都料匠喻皓到开封主持开宝寺塔的建造，其后诞生的《法式》则记有很多南方建筑做法，这说明了南方建筑高超的技术水平及对北方的影响。北宋末年，金兵南侵，宋室南渡。以后南宋经济得到恢复和发展，繁荣程度超过北宋，《法式》在平江府重新刊行，说明建筑业的兴旺。对于南方建筑，宋时虽有喻皓所著《木经》问世，但早已失传。自《法式》以后，南方一直没有建筑专著出现，至近代方有《法原》问世。

《法原》最初是姚承祖（1866—1938）在20世纪20年代为苏州工业专科学校建筑科所编的讲稿，主要讲授南方传统建筑，即苏州的平房、厅堂、殿庭及园林建筑等，着重于各类单体建筑的营造，如各部构造、做法及构件规格等，包括平面、基础、大木、装折、石作、墙垣、屋面及细清水砖等内容。姚承祖著《法原》因"原书体制，类匠家记录，不合现代需要"（自序第4页），经张至刚（镛森）先生改编原文，补充遗漏，订正讹误，加编《辞解》，加添表格，重绘图版，增加照片及插图等，又经刘敦桢先生校阅，最后成书，成为记述江南地区传统建筑做法的唯一专著。对于总体布局，在第二章"四、全宅檐高之比例"与"五、天井之比例"中，简略提到住宅前后各进的地面标高及檐高，住宅与殿庭天井的比例。其他现代建筑设计方面的问题，如建筑空间的布局、体量的控制、立面的构图、造型的比例等均未涉及。

由于该书非官方制定并颁布，而是通常一般做法，故不具备法规强制作用，不能作为营造制度

或设计规范。与《法式》和《做法》不同，它亦非专为控制造价、加强管理而编，故于建筑工料非本书重点。全书十六章，仅第十四章《工限》记有木作工限（包括门窗用工）、水作用工（包括搭架子、起重等）、驳岸工限、做细清水砖墙门工限；第十二章《砖瓦灰砂纸筋应用之例》中有大砖、城砖砌斗子墙（空斗墙）用砖数量，屋面用望砖和用瓦数量，殿庭各项用灰数目。其他用工用料散见于各章节内，如第一章《地面总论》中有筑基用料及用工；第六章列举圆堂、扁作与楼房的配料；第七章《殿庭总论》有"殿庭上屋，架戗应用物料数目及工数"，并列有《殿庭屋架木料名称件数尺寸工数表》；第九章《石作》有石牌坊（有楼及无楼）各项材料尺寸及工数；第十章《墙垣》有各色墙垣用砖数量；第十一章《屋面瓦作及筑脊》有厅堂筑脊配料、各项名称及数目，做脊用灰与纸筋数目表，做脊配料各项物件。总之，比较散漫，不够系统。在工限方面，不够精确，如木作工限只按通行屋例，得出柱、梁、椽子、小料、装修等总用工若干，门窗用工不分大小按扇计算等，多为估算。所以《法原》也不是施工定额。而由皇家颁布刊行的建筑法规，如宋《法式》、清《做法》，其目的是统一房屋营造标准，加强工料定额管理，控制工程经费。即《法式》所谓"系营造制度、工限等，关防工料，最为要切，内外皆合通行"（《法式·札子》），也即《做法》的"一切营建制造，多关经制，其规度既不可不详，而钱粮尤不可不慎"（《做法·奏疏》）。故《法式》凡34卷，第十六至二十五卷为"功限"，记壕寨、石作、大木作、小木作、诸作（雕木作、旋作、锯作、竹作、瓦作、泥作、彩画作、砖作、窑作）等功限；第二十六至二十八卷为"料例"，记石作、大木作（小木作附）、竹作、瓦作、泥作、彩画作、砖作、窑作用料，及用钉、用胶数。共计13卷为工料。《做法》共74卷，其中第四十八至六十卷，记木作、斗科木作、铜作、铁作、石作、瓦作、搭材作、土作、油作、斗科油作、画作、斗科画作、裱作等用料；第六十一至七十四卷为大木作、斗科木作、装修木作、雕銮作、锭铰作、石作、各项砖瓦、搭材作、土作、油作、斗科油作、画作、斗科画作、裱作等用工。二者共27卷。可见在工料方面比较翔实、严密、细致，占据较多的篇幅。

三、《法原》的编写特点

（一）编写体例

《法式》与《做法》均按工种编写，《法式》先写各作制度，然后是各作功限，后面是各作料例。《做法》稍有不同，在叙述各作做法后，再说各作用料，最后是用工。《法原》没有按此套路，而是按建筑类型、房屋部位与工种，将做法、用工、用料结合在一起的混合方式。第一章《地面总论》说的

是房屋平面与开脚、筑基，主要是基础部分，属水作，介绍了建筑平面、做法并用料与用工。第二章《平房楼房大木总例》、第三章《提栈总论》、第四章《牌科》、第五章《厅堂总论》、第六章《厅堂升楼木架配料之例》、第七章《殿庭总论》、第八章《装折》，共计七章，属大木作。"装折"是吴地称呼，"即北方之内檐装修……昔时花作专营此业"（第41页），南方小木作指专做器具之类，《法式》与《做法》装修都归于小木作。《法原》以大木作为主，与《法式》《做法》一样，列出了厅堂木架计算方法以及厅堂、楼房具体用料之例，殿庭上屋及殿庭屋架木料与工数。第九章《石作》，有阶沿石、方石柱、磉石、鼓磴、地坪石等规格和价格，石牌坊、牌楼的各项材料及工数。第十章《墙垣》、第十一章《屋面瓦作及筑脊》、第十二章《砖瓦灰砂纸筋应用之例》均属水作，第十三章《做细清水砖作》云："南方房屋属于水作之装饰部分，其精美者，多以清水砖为之。"（第72页）昔时工匠多从水作匠中"择其手艺娴熟者任之，解放以前则多委诸雕花匠之手"（第72页），应属特殊水作。其中有砖、瓦规格及用数，龙吻、天王、坐狮、走狮、檐人、哺龙、哺鸡等窑货规格，石灰、纸筋、砂用数，做细清水砖墙门用料及尺寸。

全书所述有大木作、水作、石作三个主要工种，搭架子、起重等均归水作，有的工种，如油漆、彩画，虽然在第七章《殿庭总论》"棋盘顶以纵横木料作井字形，架于大梁之底，上铺木板，涂以彩画"（第36页）中提及彩画，第十四章《工限》"二、水作工限"最后有"漆作罩水在外"（第80页），提及彩画、漆作，但均无具体内容。此外，在木作、做细清水砖中尚有花作，如第十四章《工限》之"四、做细清水砖墙门工限"里提到"花作凿兜肚，下枋锦袱，四十工"，"十字牌科，六十工，花作另加工"（第80页）。凡细清水砖里的雕花部分，不仅兜肚、上下枋，荷花柱、挂落、插穿等也属花作。做细清水砖的花作，即前面所说的雕花匠。花作在木作里做比较精细的门窗、栏杆、挂落等，大木里的山雾云、抱梁云需"出大样，由花作雕刻"（第22页），"云头的花纹式样，须绘大样，由花作雕刻"（第27页）。其他梁、枋、梁垫、棹木及牌科内的枫栱、垫栱板、鞋麻板等需要雕刻的部件，虽没有提及，顾名思义亦应归花作。除此之外，其他工种就完全没有提到。室内地面铺砖应属水作，但只在各种砖尺寸、重量及用途表中注明有些砖的用途为铺地用，至于如何铺设则没有介绍。可见南方民间建筑分工比较粗率，没有官式的那样细致、齐全。《法式》中记有壕寨、石作、大木作、小木作、雕木作、旋作、锯作、竹作、瓦作、泥作、彩画作、砖作、窑作等13个工种。《做法》分工更为细致，有大木、斗科木作、装修木作、雕銮作、锭铰作、石作、砖瓦作、搭材作、土作、油作、斗科油作、画作、斗科画作、裱作、铜作、铁作、旋作等17个主要工种。此外尚有锯匠、菱花匠、旋匠、编网匠、凿花匠、砍砖匠、搪砖匠、镞花匠等共20多个工种。

第十四章《工限》，只列举了木作、水作、驳岸、做细清水砖墙门的工限，牌科工限只是在"木作工限"里提到"轩梁用牌科，照平房二百一十九工，轩一百零八工，加半倍。用十字牌科加一倍"（第77页）这句话，但这只是轩梁牌科的总用工。另外，在《殿庭屋架木料名称件数尺寸工数表》里，列出柱头十字牌科、前后双步、轩步梁下牌科，也没有分件用工，比较笼统，牌科工限究竟如何得出不甚了了。筑基工限、殿庭木架用工数及石牌坊工限，分别在第一章、第七章与第九章中。石作介绍了阶台、露台、栏杆、砷石、鼓磴及磉的做法，但没有工限，似乎这些构件是制成品，无须现场制作。因为列出了阶沿石、方石柱、磉石、鼓磴、地坪石等的尺寸及码子表（按，码子即表中"价值"，以两为单位，以每两码子折合成市价）。但像石金刚座（须弥座）、石栏等并无用工、用料。用料除第十二章中砖瓦灰砂等，其他没有设立专章说明，如筑基用料、厅堂、殿庭用木料、墙垣用砖、厅堂筑脊配料、做细清水砖墙门用料等，分散在一些章节里，如上面所述。

《法原》是从构架的整体出发，先交代各种贴式（构架的简图），如平房有四界（门第）、五界正贴连廊、六界正贴、六界边贴、六界用拈金、七界正贴等6种贴式；楼房有六界正贴、六界边贴、七界前副檐后骑廊与七界前阳台后雀宿檐等4种贴式；厅堂有正贴磕头轩、正贴抬头轩、边贴抬头轩等3种贴式。然后再论及构件，这样使人建立起房屋的整体概念。而《法式》与《做法》在每个工种下都按构件分列，如大木作之梁、柱、额、枋、角梁、椽等，虽然《法式》尚有4个《殿阁地盘分槽图》、4个《殿堂草架侧样》和18个《厅堂间缝内用梁柱图》，《做法》也有27种各类建筑的附图，但都只为说明而附。

（二）民居为主

《法原》介绍的是江南民间建筑，描述的对象以民居为主，殿庭相对为次。民居是最大量性的基本建筑类型，殿庭毕竟数量较少，故民居住宅是重点，以平房、厅堂为主。从本书的篇幅来看，只有第七章论述殿庭，当然，在其他章节里，如《提栈》《石作》《屋面瓦作及筑脊》《砖瓦灰砂纸筋应用之例》中也包含一些殿庭的内容，《装折》《墙垣》也不分厅堂、殿庭。牌科主要用在殿庭上。大量的篇幅是在论述民居住宅，而且内容较全面。在第二章《平房楼房大木总例》里提到："吴中住宅平面之布置，自外而内，大抵先门第，而茶厅、大厅、楼厅。每进房屋均隔以天井。楼厅以后，或临界筑墙，或辟园圃。凡在正中纵线上之房屋，谓之正落。两旁之建筑物，称为边落。边落则建花厅、书厅，其后建厨房和下房。""地盘坐标，进深方面往往愈后愈高。""各部房屋檐高，均有定例，主要者高而次要者低，示其别也。"（第11页）《法原》中图版一就是苏州留园东宅之住宅平面布置图（第171页）。

在第十章《墙垣》中还提到住宅不能"荐"，即土地、房屋不能侵入他人地界，比如住宅的山墙、屋顶的砖瓦与屋面滴水，不得伸出自家墙垣，滴落在邻家，否则即谓"荐"。而这些关乎总体布局的内容，在第七章《殿庭总论》里却没有提及，只是谈单体建筑。唯在第二章"五、天井之比例"里提到圣殿："一倍露台三天井，亦照殿屋配进深。"（第11页）神殿祠堂："殿屋进深三倍用，一丈殿深作三丈。"（第11页）即殿庭之天井为殿深的3倍。屋面瓦作只介绍小青瓦的做法，殿庭"考究者，其盖瓦即用筒瓦"（第56页），筒瓦的具体做法却没有说到。在砖瓦里说了小青瓦的尺寸、重量与数量，比较详细，对筒瓦却只在窑货里列出筒瓦的规格。第十四章《工限》中"二、水作工限"说的也是小青瓦。而《法式》及《做法》则不同，它们针对的是皇家或官方的工程，诸如宫殿、坛庙、王府、庙宇、营房、仓库、城垣等。

第十五章《园林建筑总论》独立成章，江南园林多为私家园林，"原为私人游息、怡情、休养之所，常连于宅旁屋后，即一二大规模园林，亦必与其住宅、宗祠相连"（第81页）。在功能上也具有居住、读书、宴客等作用，所以园内房屋较多，建筑密度较高，实际是住宅的延续与扩大。

（三）年代特点

《法原》所反映的年代基本上是清中期至民国年间，只有少数明以前的古建筑，如图版里的苏州文庙大成殿四合舍殿庭结构（第198页）、虎丘禅院二山门（第197页）、玄妙观三清殿棋盘顶牌科（第194页）、文庙大成殿上檐牌科（第195页）等。正如书中所说："所用之牌科，不同于现行制度。"（第20页）因为苏州地区经太平天国战火，人口急剧减少，战前654.3万人，战后仅有229万人，城市也遭到极大的破坏，当时多有"见旧宅已为废墟，破瓦颓垣，凄凉满目"的记载。因此城市的恢复应在1864年太平天国失败以后，园林几乎全为清代所建，而又以同治以后新建或改建为最多。这与姚承祖生活的年代正吻合。

厅堂做法虽然基本沿袭明代，但还是有所变化。例如，明代阶沿、磉石、鼓磴等均用青石，绝少用花岗石（即金山石或焦山石），而《法原》多用花岗石；《法原》柱础的式样大多为鼓磴，而明代还有《法式》的栉形或拉长的栉形、覆盆等；扁作梁做法已定型，如梁头宽固定为梁宽之3/5，梁底挖底为半寸，明代则梁头宽尚无定型，挖底较大，不止半寸，而显得富有弹性；山雾云多充满山尖且有泼水，雕刻流云飞鹤，明代则不止一种形式，有较简单的云头，也有较复杂者，雕刻为流云而无飞鹤，至晚期才出现如《法原》所示流云飞鹤者，山雾云多数直立无泼水，有的稍有泼水；梁垫上部为如意卷纹，下部成流空装饰的蜂头且伸出梁垫外，形式有金兰、佛手、牡丹等，明代的梁垫有多种形式，尚未定型，晚期与《法原》愈加接近；轩有茶壶档轩、弓形轩、一枝香轩、船篷轩、菱角轩、鹤颈轩

等，明则仅见船篷一种；厅堂尚有回顶、贡式、鸳鸯、花篮等形式；山墙出现了突出屋顶的屏风墙与观音兜，而明代还没有。可见明代各种做法尚未规范化、标准化，正处在从《法式》到《法原》的变化、过渡之中。

装折方面，明代门窗格子较简单，多为满天星方格或柳条格，如《园冶》所载即以柳条式为主。而《法原》"有卍川、回纹、书条、冰纹、八角、六角、灯景、井子嵌凌等式。匠心各俱，式样不一，其习见者，不下十余种，类多雅致可观"（第43页）。总的来说，晚清的建筑装饰比以前要多，显得繁复、堆砌，不如明代的简洁且实用。

（四）规矩下的变通

《法式》"以材为祖"，即有一套材、栔、份模数，木构件的大小均以几材、几栔、几份来表示。《做法》则以斗口为模数，房屋的长、宽、高及各类构件，都有规定的斗口数。《法原》以民间建筑为主，受到的限制少，房屋的长、宽、高等大的尺度，与《法式》一样没有具体的限定，但还是有一定的规矩。大木各部有一些明确的比例，如次间开间为正间开间之8/10，平房、厅堂檐高同次间开间，殿庭檐高同正间开间或加牌科高，楼房上层高为下层高7/10这样的比例关系。各部具体做法也有一些规定，但允许随宜变通。

在第三章《提栈总论》中提到："凡提栈规定与实际营造，尚有出入之处，因为由于根据当时环境、材料、经济等问题，以及业主、工匠之意见，随宜变通处理。因此即我国民族遗产之古建筑，亦多有与《法式》《则例》规定不尽相符者。"（第14页）不仅于此，其实"随宜变通"的做法是贯穿全书的。据《法原》图版实例所载，次间开间为正间开间之6.9/10至1之间，多在8.5/10以上。关于檐高（详见中篇《问题与讨论》之檐高），《法原》图版二至图版十（第172—181页）之檐高仅一例小于次间开间，其他均大于次间开间。至于楼房上下层之比，书中仅有两例，即留园骑廊轩楼厅正贴式（图版九）及木渎灵岩寺副檐轩楼厅正贴式（图版十），楼上前檐高与下层高之比为6.3/10与8.3/10。田永复《中国仿古建筑设计》中言，《营造法原》做法"对厅堂的进深'按开间尺寸加二'，若开间尺寸为一丈八尺，则内四界进深为二丈"（化学工业出版社2008年，第20页），查《法原》并无这一规定。《法原》第六章《厅堂升楼木架配料之例》中，圆堂与扁作木架配料之例里多有内四界比开间丈尺多2尺之例（第32页），但这是举例，并不是规定。举例中尚有厅堂开间2丈，内四界深2丈4尺之例。在11个图版实例中，内四界比正间开间长0至6尺，正好2尺者仅一例（表1）。

表 1 《法原》实例开间、进深、檐高及比例表　　（单位：cm）

序号	版图号	名称	正间	次间	次间/正间	檐高	檐高/次间	内四界深	深与正间之差
1	图版二	铁瓶巷任宅	467	355	0.76	421	1.19	520	53（1.9尺）
2	图版三	怡园雪类堂	430	350	0.81	394	1.13	450	20（0.7尺）
3	图版四	留园林泉耆硕之馆	422	364	0.86	384	1.05		鸳鸯厅
4	图版五	拙政园三十六鸳鸯馆	386	332	0.86	401	1.21		满轩
5	图版六	木渎严家花园贡式花篮厅	312	274	0.88	314	1.15		五界回顶
6	图版七	沧浪亭面水轩	491	337	0.69	355	1.05	547	56（2尺）
7	图版八	怡园可自怡斋（藕香榭）	335	335	1	335	1	501	166（6尺）
8	图版九	留园楼厅	420	365	0.87	435	1.19	504	84（3.1尺）
9	图版十	木渎灵岩寺楼厅	501	391	0.78	363	0.93	501	0
10	图版二十五	虎丘禅院二山门	600	350	0.58				设中柱
11	图版二十六	府文庙大成殿	680	525	0.77			835	155（5.6尺）

在厅堂的平面布局中，"其进深可分三部，即轩、内四界、后双步"（第21页）。在实例中，除内四界外，其前后布局变化多端，轩之外有筑廊或廊轩者，或易后双步为轩或三步者，也有用前廊、后双步或前后廊而不用轩者，或前轩后廊、前廊后轩、前后轩等，也有不按常规，而以实际需要来布置

图 1-1　苏州东山乐善堂楼厢

柱网的，十分灵活。也有四界屋即用草架、复水椽（亦作"复水重椽"）之例。厅堂界深可不等，屋顶两坡亦可不对称，在小型建筑中，甚至每界界深均不同（图 1-1）。

房屋的尺度、构件尺寸与牌科用材没有直接关系，与宋式以"材"为准，清式以"斗口"为准大不相同。牌科本身也"不以斗口为标准，仅规定牌科大小几种，采用推广，似较便利"（第 19 页）。凡斗、升尺寸及栱长、栱高、出参等，均按牌科之式样固定了尺寸，栱的高、宽比亦不是固定数值，随式样不同，如五七式为 1.4，四六式为 1.5。牌科用枫栱，其最上一层栱或昂上，或用桁向栱，或不用，并不严格。也有既不用枫栱也不用桁向栱者，相当于宋式的"偷心"做法。两座牌科之中距，《法原》定为 3 尺，实际却较自由。《法式》与《做法》均规定在当心间或明间之斗栱，均为双数（不计柱头），且必须空档坐中。南方不如此，如灵岩寺大殿正间只用三座牌科，且牌科坐中，玄妙观山门正间同样如此。全晋会馆正厅正间用五座牌科，也是牌科坐中。凤头昂之做法，"昂翘起之势，以及凤头之大小，须出具大样，审形出料，而手法各异，无固定方式也"（第 19 页）。

房屋构件的具体尺寸，虽然第六章有《厅堂木架配料计算围径比例表》（第 31 页），提出各构件的计算、取值标准，这些计算规定也只是约数，并不严格。而且计算方法不一，如大梁可按提栈高减去山界梁机面，减去梁垫与斗，再加大梁机面，就得梁高。"如提栈高而觉大梁过高时，可改用斗六升寒梢栱。余如山尖过高，则可于山雾云斗六升牌科下加荷叶凳，或放高连机，伸缩决定之。"（第 31 页）即需要凭感觉随宜处置。也可按《厅堂木架配料计算围径比例表》之规定，以内四界深之 2/10 得出大梁围径，然后去皮结方拼高。表下有附注："1. 平房木架配料可应用上表计算，并可酌减。2. 殿庭木架配料，除大梁按内四界深加三，及步柱可按前后檐进深加一计算外，余按此表推算。"（第 31 页）殿庭步柱又多一种按前后檐进深加 1/10 的计算方法。但又云："如造价及用料等情况有限制时，得按上例规定尺寸，按比例酌减自九折至六折。"（第 33 页）

第二章中《选木围量》之歌诀（第 10 页）说，按规定九折者为上等，八七（八折、七折）为中等，六五（六折、五折）为下等。用料可打九至六折，幅度如此之大，过于宽泛，反映了用料颇为灵活，自由度极高。其他各作都有比例或做法的规定，如屋顶提栈、装折中长窗的比例、石作中栏杆的比例、瓦作中水戗角度等，但都不是死的规定，要视情况加以调整，故实例也不尽相同。

细部上实例扁作梁下亦可不设梁垫或蒲鞋头，在一些次要扁作厅堂中甚少装饰，山雾云、抱梁云一概不用，朴实无华。

（五）工料表达

《法原》的工限表达方式有两种：

其一为整体举例，即列出某一具体房屋所用工数。如第十四章《工限》中，木作工限主要限于通行的屋例，如例一（第 77 页）为平房三间，各宽 1 丈 3 尺，或 1 丈 4 尺，进深六界。柱、梁、枋、桁条等大料（除椽子小料）共 73 件，每件平均用 3 工，共 219 工。平屋柱、梁、椽子、小料、装修等用 219 工。例二（第 77 页）为正间 1 丈 4 尺，两次间阔 1 丈 2 尺，脊柱 1 尺 3 寸。配料工数（包括安装、钉椽、木料拖运上岸）用木工 109.5 工。第 40 页 "六、殿庭屋架用木料之例" 也设定进深连轩计十二界，每界深 4 尺，共深 4 丈 8 尺。正间宽 1 丈 8 尺，两次间宽 1 丈 6 尺。廊柱高 1 丈 8 尺，前檐用重昂十字牌科，逢柱设斗。总用工为 2253 工，其中木构架，包括柱、梁、枋、桁、椽、眠檐（勒望、瓦口、闸椽在内）、山雾云与抱梁云等用 1337 工，牌科用 626 工，段木弹线、锯作等、搭架子、汇榫头等辅助用 290 工。这里无戗角用工，说明只是硬山殿庭。第 39 页 "五、殿庭上屋，架戗应用物料数目及工数" 中，列出了四角发戗的构件和用工数，但指明 "以上各项物料，系中等殿庭用数"（第 39 页）。筑基用工亦以正间 1 丈 4 尺、两次间 1 丈 2 尺，共开间 3 丈 8 尺，内四界 1 丈 6 尺、前后双步共 1 丈 6 尺，共进深 3 丈 2 尺为例，总用 317 工。此外石牌坊与细清水砖墙门工限也用这种举例。这些例子都是特定的，其构件数及尺度也是相应绝对的，不是比例或原则的度量，这种计算方法不能适应千变万化之建筑。

其二按单位计算。如木作门窗以扇为单位，栏杆、挂落以尺计；水作工限地面、阶沿、定磉、墙垣、屋面上望砖、铺瓦等以方（平方丈）计；屋面正脊以丈计；竖带、戗、赶宕脊等以只或条计。

这些工限比较粗率，如上述木作例一，柱、梁、枋、桁条等大料按平均每件 3 工计算；一些工限按件计算，但没有具体尺寸，如门窗等按扇计，但无大小尺寸；做细清水砖墙门按座计工限，墙门及构件均无尺寸；牌科亦按座计工，却不明确牌科式样大小。第 39 页 "五、殿庭上屋，架戗应用物料数目及工数" 中，计算以中等殿庭为例，后虽有 "如有行市，或开间大小，用料亦须增减"（第 39 页），在 "作门窗用木工之数" 后虽然也注明 "如开间放大，其门窗各料加阔放大，及式样加细时，做工亦须酌加"（第 78 页），"运料远近用工酌计"（第 40 页），但如何 "增减"、如何 "酌加" 却没有交

代，没有变通因借的法则，故不能举一反三。此外，木作所举屋例乃三间硬山，没有歇山厅堂。殿庭工限无歇山和四合舍（庑殿）屋顶两侧部分，其侧面博风板等也阙如。有的工限如油漆、彩画，石作的金刚座（须弥座）及栏杆就没有计算在内。用工也不分技术工与辅助工。

官方法规就比较具体细致，如《法式》，计算功限是按工种分类，逐一分解到单个构件，制定单位通用定额，并"随物之大小，有增减之法"，可"比类增减"，既明确又比较灵活。《做法》用工也是按构件计算，如斗科按各种做法、各种斗口用材，详细列出每攒用工。《法式》里有供作功，《做法》里有壮夫，将辅助工单列出来。

用料方面，《法原》列有《厅堂木架配料计算围径比例表》，构架木料以围径为准。先计算大梁围径，大梁按与内四界（即梁跨度）之比例来定，厅堂大梁围径为梁跨度之 2/10，殿庭大梁为 3/10，平房比厅堂酌减。其余山界梁、双步、川、轩梁、荷包梁、夹底等与大梁成比例。椽也按界深之 2/10 比例定围径。柱则先定步柱之围径，步柱以大梁围径之 9/10，或正间开间 2/10 为比例，其他各柱即与步柱成比例。桁亦以正间开间 1.5/10 为比例，梓桁按廊桁比例。枋以相应柱高之 1/10 为比例。楼房承重也按进深 2.4/10 取料。圆堂配料即按比例表确定，扁作大梁、山界梁及承重按比例所得围径，还需锯成方形，用二根拼合，梁断面高宽比为 2：1。装折部分门窗框宕子即由抱柱、上槛、门槛等组成，它们的厚度与枋同，3 寸余，高 4 寸余。窗之边挺、横头料、边条及心仔以窗高为比例。栏杆以其高度为比例。砖按方（平方丈，下同），望砖按地盘每方，瓦按屋面斜面或地盘每方，筑脊用料按长度每丈，灰按丈计，砂按墙每方计。一些金属部件，如门摇梗上的铁箍、实拼门背后的铁袱、吊铁，及地方、风圈、羁骨搭钮、摘钩等门窗小五金也未见开列。总之，与工限一样，比之《法式》与《做法》，《法原》的用料计算也是比较粗糙的，没有那样面面俱到，那样精准。但木架用料与进深（即跨度）相关的表达方式，比之《法式》与《做法》直接规定材份或斗口的方式则更贴近现代科学，虽然它们都是出于经验。

（六）实践总结

姚承祖生于清同治五年（1866），卒于民国二十七年（1938），字汉亭，号补云，又号养性居士。其家世袭营造业，祖父灿庭先生著有《梓业遗书》，姚承祖幼年即习木工，稍长进苏州城从事木作，又拜师学习文化知识。在他的建筑生涯中，勤于学习，精于实践，一生的营造作品不计其数，苏州许多住宅、寺庙、庭园正是经他擘画兴建的。例如，清末木渎严家花园，春、夏、秋、冬四区景色各异，刘敦桢先生曾高度赞扬此园平面布局和细节处理得不俗；清末民初建造的怡园藕香榭，明快轻灵，精致古雅；民国时兴建的木渎灵岩寺大雄宝殿，庄严肃穆，蔚为壮观；1923 年建成的光福邓尉香雪海梅花亭，巧思杰构，可谓精品；晚年，他还修建了人民路补云小筑，开池叠山，巧置亭阁，广植花木，风格疏朗、幽逸、雅致。这些皆为其代表作。

姚承祖不愧为业界之翘楚，晚年担任苏州鲁班会会长，巍然为当地匠师领袖，具有丰富的营造经验。他根据家藏秘笈和图册，为苏州工业专科学校建筑科编写讲稿。但囿于讲稿"类匠家记录"（自序第4页），书中木架配料计算方法也非力学计算的结果，故《法原》只能说是民间营造实践的经验总结，与《法式》和《做法》主要由官员负责编写不同。虽然如李诫也从事工程多年，有许多经验，但侧重于管理，与亲手操作者不同，编写《法式》时，尚须"勒人匠逐一讲说"（《法式·札子》），并与"诸作谙会经历造作工匠，详悉讲究规矩，比较诸作利害"（《法式·看详》）。而《做法》同样"选取谙练详慎之员，逐款酌拟工料做法"（《做法·奏疏》）。从《法原》图版十四《屋架正贴制度式》、图版十五《屋架边贴制度式》（绘有桁条镶合榫头图、桁条连机与矮柱镶合图、廊川挖底仰视图）、图版十六《边贴各部榫头做法详图》可见，作者十分清楚营造的种种细节，此非亲历者所不能做到的。

（七）一家之言

《法原》是对江南民间传统建筑一般规律的总结，即所谓"通行做法"，非官方法规。官修《法式》从熙宁年间（1068—1077）开始编修，元祐六年（1091）成书，又在绍圣四年（1097）由李诫重新编修，乃"考阅旧章，稽参众志"（《法式·序》），至元符三年（1100）而成，并"送所属看详，别无未尽未便"（《法式·札子》）。《做法》也是由清工部会同内务府主编，"选取谙练详慎之员，逐款酌拟工料做法""详细酌拟物料价值"（《做法·奏疏》），自雍正九年（1731）至雍正十二年（1734）而成。《法式》和《做法》都是集各家之长、众人之智，比较全面。而民间的做法比较自由，受的限制也较少。过去建筑技艺依靠薪火相传，不同师承做法也有所差别，因此《法原》只是姚承祖一家之言，尤其是一些规定性的论断。例如：

屋顶提栈脊部有"堂六厅七殿庭八"（第8页）、"殿庭至多九算，亭子可至十算"（第12页）之说，而书中所载图版或插图中的实例，如苏州虎丘禅院二山门（图版二十五）、苏州府文庙大成殿脊部均过九算（图版二十六）、苏州拙政园塔影亭对算（十算）（图版十一）、苏州西园湖心亭超十算（插图十五—二亭丙），而网师园月到风来

图1-2　苏州网师园月到风来亭

更是远超十算（图1-2）。

又如牌科，"其规定式样可分下列三种：（一）五七式；（二）四六式；（三）双四六式"（第19页）。实际牌科的式样不止这三种，还有二三式、三四式、八六式、一七式、九十三式、双五七式，共九种。

"轩不论用于扁作厅及圆堂，其用料俱为扁作。"（第24页）而《法原》图版十三就载有圆料船篷轩，不用扁作。苏州仓桥浜邓宅正厅等一些厅堂都用了圆料船篷轩（图1-3），此外高师巷许宅对照厅还做了圆料鹤颈轩（图1-4）。

"扁作厅有于轩之外复作廊轩，而圆堂则无。"（第21页）但实例如沧浪亭明道堂，内四界为圆作，轩前又加圆料廊轩（图1-5）。

鸳鸯厅"脊柱前后贴式不拘……唯其布置，则须前后对称"。"其草脊桁位于脊柱之上，即匠家所称之脊上起脊。"（第28页）但也有与此不同者，如桃花坞大街费宅之鸳鸯厅，前后不对称，扁作部分大于圆料部分，草脊桁也不是脊上起脊，不在中柱上（图1-6）。

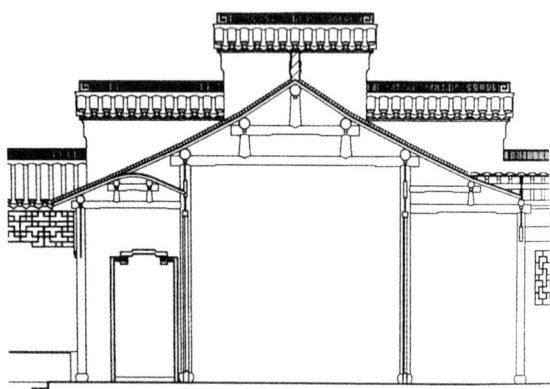

图1-3 苏州仓桥浜邓宅正厅圆料船篷轩与磕头轩

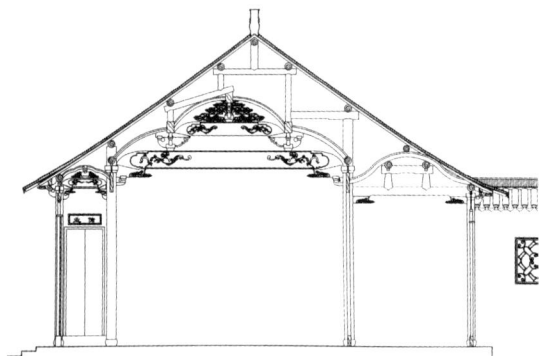

图1-4 苏州高师巷许宅对照厅圆料鹤颈轩

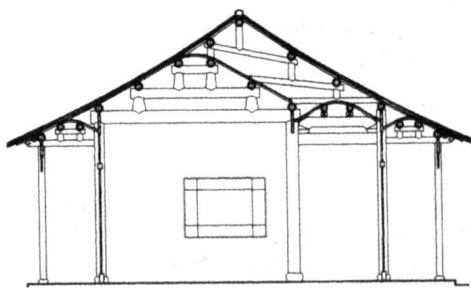

图1-5 苏州沧浪亭明道堂

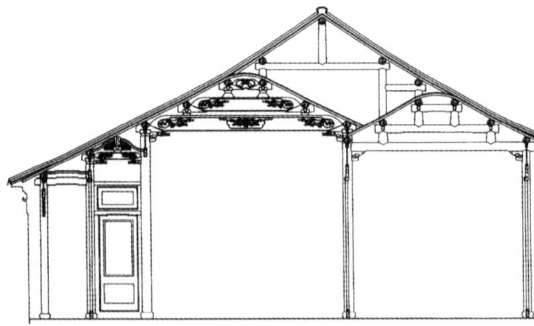

图1-6 苏州桃花坞大街费宅鸳鸯厅

"花篮厅贴式不一,唯不用圆料。"（第28页）虽然多数花篮厅用扁作,但也有圆料之例,如拙政园之东部（即东北街李宅）花篮厅（图1-7）,既是鸳鸯厅,又是花篮厅,用圆料的北部也做成了花篮厅。

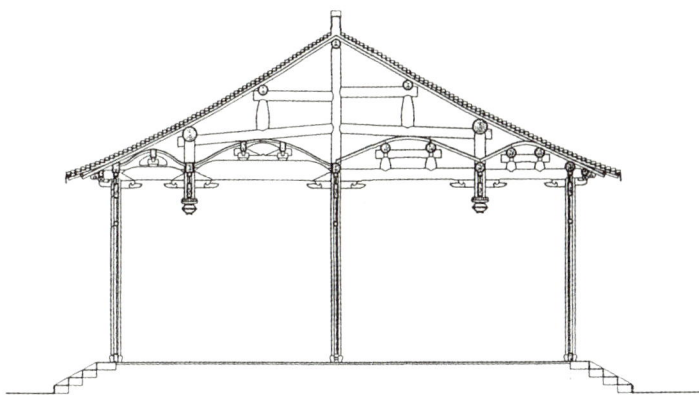

图1-7　苏州拙政园东部花篮厅

"厅堂用于园林者,屋顶都不用脊,用黄瓜环瓦复于盖瓦和底瓦之上。"（第29页）苏州园林中确有许多厅堂不做正脊,但用脊的厅堂也不在少数。例如留园三十六鸳鸯馆、拙政园玉兰堂、狮子林燕誉堂、怡园藕香榭等主要厅堂都用了正脊,拙政园远香堂还用了龙吻脊,连较小的建筑,像留园曲溪楼、狮子林问梅阁、网师园看松读画轩、沧浪亭等也用了脊。

"亭之较具规模者,则用四六寸式桁间牌科,以为装饰,大都为一斗三升。"（第81页）亭用牌科比较自由,无论大小,并非较具规模者才用。如沧浪亭,边长才3 m多,就用了五出参单栱单昂牌科（图1-8）。无锡寄畅园碑亭、上海豫园听鹂亭均用重昂,南京瞻园岁寒亭用重栱,它们规模都不大。

以上各实例详见中篇《问题与讨论》。

官式建筑如《做法》记载,虽有严格、统一的规定,但许多实例表明,也只是大体相似,基本符合。而民间的建筑不会像官式建筑那样严格、规矩,受的限制较少,因此十分灵活、自由,构造做法多种多样。《法原》是江南建筑一般经验的总结,但不是全部,更不是必须严格遵守、不能越矩的清规戒律,在实践中可以根

图1-8　苏州沧浪亭牌科

据需要灵活运用。

（八）方言术语

《法原》中许多术语为苏州匠工所习用，"每以讹传讹，莫可穷究"（自序第4页）。经张至刚（镛森）先生增编后，许多讹误得到订正。有些如"川""界""宿腰""细眉""雨挞"等以吴语读之，显然与穿、架、束腰、须弥、雨搭相同，"因为没有得到原著者的同意，同时苏州习用已久，因而没有擅改"（自序第4页）。有些术语虽与官式不同，但意思还是比较明白易懂。也有一些术语是苏州方言，没有相应的规范名称，吴语地区以外的读者就不易读懂、理解，甚至有一些词语是根据吴语读音杜撰的，与一般普通话更是不同。"同音别字"现象在当时工匠中屡见不鲜，笔者将书中发现并能作出解释的词句附列于下，以供读者参考。

（1）囊　即低凹。"囊金叠步翘瓦头"（第12页）。

（2）势　即表现出来的形态、程度。

起势：（凤头昂）"其形微曲，下而复上，其头作凤头形者"（第16页）；"至于昂翘起之势"（第19页）。

圆势："底缘作圆势"（第22页）；"荷包梁……脐边起圆势"（第24页）。

抬势："大梁……中部须向上略弯，称为抬势"（第23页）。

反托势："戗面较底面成反托势"（第38页）。

坐势："嫩戗连于老戗，称坐势"（第38页）。

斜势："檐瓦槽……依嫩戗之斜势而开凿"（第39页）；"方亭提栈自五算起……视屋面斜势以决定"（第82页）。

胖势："磉石……并加胖势各二寸"（第48页）。

曲势："其下端成曲线，与屋面提栈曲势相平行"（第38页）；"前者自廊桁处起曲势……后者自金桁处起曲势"（第53页）。

（3）铺　即次。"柱做三铺细"（第51页），"三铺细"意加工做细三次。

（4）脊威　即脊吻最高处。"其法量墙面积照脊威加高合算"（第55页）。

（5）荐　吴语音ji，"与占同音同意，乃土地及房屋侵入他人土地之谓"（第55页），包括墙顶及屋面滴水。

（6）夺角　即凸出墙面的墙垛，用以加固墙垣。"再夺角包檐墙"（第55页）；"城有夺角"（第97页）。

（7）拔　"次间拔落翼"（第36页），提升之意；"或照墙勿拔，拔即未予拆除"（第55页），拔如为"未予拆除"，"勿拔"又作何解？故拔为"拆除"意，"拔即"之"拔"或为衍字。

（8）秃　第70页"秃砌"，即只用纯石灰砌墙；"秃凿"（第74页），即仅凿。

（9）椢面　"砖料起线……分为椢面……椢面为中间微平，转角带圆之断面"（第72页），朱骏声《说文通训定声》："椢，今苏俗常语谓之或仑。'或仑'者，椢字之合音。"

（10）拈　"六界用拈金"（第5页），此字或为讹误，"拈"按字典读 niān。"苟内四界间，以金童落地，易廊川为双步，则称金柱为攒金"（第4页），因此"拈"实应为"攒"。在王其亨、王方捷《中国古建筑设计的典型个案——清代定陵设计解析（中篇）》（载《中国建筑史论汇刊》第13辑）中，图16《孝陵隆恩殿立样糙底》旁注："孝陵大殿一座五间……进深二丈六尺五寸，后钻（鑽）金深一丈一尺七寸，前后廊各深七尺五寸。""攒金"写成"鑽金"，可见此处"攒"应念"钻（鑽）"，吴语"钻"音与占的又一读音同，故拈为讹误。

（11）砷　第42页"砷石"，又称硱石，即大门或阶沿旁斜栏前的石鼓，官式称抱鼓石。砷音 shēn，吴语音坤（硱同），借用坤字，因石制，改从石旁。同样，石作中的磋磴，因作鼓形，用石制，故从石旁，但辞书中并无此字。

（12）笾　吴语意即丢、抛，属借用近音字，实际应为"乱"，《辞海》解释"乱"为"吴方言词"，作"丢"解。第61页"笾灰"作铺灰解。

（13）督　"造石次序分……督细等数种"（第46页），"督细"指用钝凿比较轻地对石材进行细加工。有说可用"乱"代"督"，但《现代汉语词典》（第7版）解释"乱"："用指头、棍棒等轻击轻点。"这与用钝凿击打石头毕竟是不同的。方言要在规范汉语中找到完全对应的词语是十分困难的，明白意思即可。

（14）錾、崭、剗　这三个字读音各不相同，但吴语音均相同，说的都是錾细，书中有同音字混用现象。例如：第46页"二、造石之次序"有"錾细"，第48页《阶沿石尺寸及金山老码子》表下注3有"崭（剗）细二个工"。

（15）拓　即粉刷涂塑之谓。第59页有拓瓦条、拓攀脊、拓盖头灰、拓风档、拓哺鸡、拓瓦头、拓滚筒等。

（16）棹　第22页"有时升口前后架棹木，形似枫栱，以为装饰"，书末《辞解》"棹木"条："架于大梁底两旁蒲鞋头上之雕花木板，微倾斜，似抱梁云。"（第109页）棹是一种形状似桨的划船用具，也指船，音 zhào。但棹木与划船似无关联，可能与"卓"有关，"卓"有直立的意思，棹木即直立之木。疑与"砗石"一样,用卓而从木,故音卓。

(九)匠家歌诀

《法原》在第二章《平房楼房大木总例》与第三章《提栈总论》里记录了一些歌诀,例如平房、楼房各种贴式的歌诀,平房式三个,楼房式三个,主要列出需用各构件的名称与数量;屋料定例一个,即关于柱、梁、枋等配料计算方法;选木围量一个,指出木材的选用、围量;全宅檐高比例一个,即住宅各部地盘的标高及檐高之关系;天井比例三个,分别讲述厅堂、圣殿、神殿祠堂天井与主建筑的比例关系;提栈一个,屋顶提栈做法。共计十三个歌诀。这些歌诀可以分为二类,一类为做法,如屋料定例、选木围量、天井比例、提栈等,直到今天,这些歌诀仍然有一定参考价值。另一类是各种贴式歌诀,鉴于时代的变迁,社会环境与建筑生产及材料均发生了巨大的变化,木构建筑因防火功能不佳,耐火等级最低,又因木材供应紧张,钢筋混凝土材料得到大量运用,连黏土砖也逐渐被淘汰,老式木构建筑已成极其稀少的应用,此类歌诀的用途基本消失。而且现在工程均有设计图纸,工程预算亦有专人编制,无须死记硬背各种构件的数量。"匠家多以歌诀传诵,其辞简意尽,便于记忆。"(第7页)正因为它们简单易记,便不是初学者能读懂的,有些还难免歧义,如全宅檐高比例、提栈等,因为书中未加解释,后人就有不同的理解。

(十)附图特点

书中附照片112幅、插图16幅、图版51幅,尤其插图与图版,对读懂全书至关重要。图版中不仅有比例尺,还附有尺寸数据,这是很可贵的,可让读者作进一步的分析。现今许多书籍附图,其中不乏精美之作,惜乎常常只有比例尺而不标数据,耗费人力、财力、时间所得之数据被束之高阁,不能与大众共享。

有些内容在文中未作交代,在图中得到了明确。例如"檐高"这个关系到建筑高度的重要术语,书中多次强调,檐高为正间开间之8/10,即次间之开间。但何谓檐高,却无一语道及。在插图三——《提栈图》(第13页)中可以看到,檐高即为廊桁下皮之平线,也即机面线。再如房屋各间之名称,书中只举三间屋之例,有正间、次间。但若规模大于三间,除正间、次间外,其余各间如何称呼?在图版二十六苏州(府)文庙大成殿《四合舍殿庭结构》图(第198页)中,可知次间之外称为再次间。殿庭歇山做法中有叉角桁,在图版二十五《歇山殿庭结构》图(第197页)中未见叉角桁,书末《辞解》中也无叉角桁,在图版二十六中却看到侧面屋顶下之叉角桁。

(十一)地域特色

江南地区地处水乡,河道纵横,苏州更是有"东方威尼斯"之美称,唐诗曰"君到姑苏见,人家尽枕河"（杜荀鹤《送人游吴》），在《法原》中也有所反映。第九章《石作》中提到"驳岸"："凡滨河房屋，以石条逐皮驳砌成墙岸者，称为驳岸。"（第49页）并介绍驳岸之施工程序及注意要点：筑坝、打桩、驳岸。又苏州城西及西南多山，有些住宅傍山而建，在第二章《平房楼房大木总例》之"四、全宅檐高之比例"中有规定："地盘进深叠叠高，厅楼高止后平坦，如若山形再提步。切勿前高与后低，起宅兴造切须记。"（第11页）特别指示了如平地建宅，各进房屋地面标高须逐进提高，楼后可平坦，而山地建宅，在楼后仍要把地面标高提高。

江南夏季高温多雨，气候闷热，为避免过多的日照，天井不大，多呈横长形。第二章之"五、天井之比例"厅堂有歌诀云："天井依照屋进深，后则减半界墙止。正厅天井作一倍，正楼也要照厅用。"（第11页）正厅与正楼的天井深和厅与楼的进深相同，与北方大院相比，实在不能算大，"唯现在吴地筑屋限于地位，常觉湫溢异常"（第11页）。

四、建筑类型

《法原》将除园林建筑外的一般建筑分为三类："房屋因规模之大小，使用性质之不同，可分为平房、厅堂、殿庭三种。……平房结构简单，规模较小，为普通居住之所。厅堂结构较繁，颇具装修，昔为富裕之家，作为应酬居住之处，或为私人宗祠祭祀之用。殿庭则为宗教摹拜或纪念先贤之用。其结构复杂，装饰华丽，较厅堂为尤甚也。"（第4页）具体结构做法之繁简、规模之大小、装饰之程度，综合各章所述如下。

（一）平房

平房也作一层房屋解，有时也称普通民房，一般开间三至五间，以三间为多。进深往往以四界作基准，进深在七界时，即由前廊、内四界、后双步构成；如后双步也改作后廊，则深六界；如只用单面廊或不用廊，进深即为五界或四界（图1-9）。其开间、进深等尺度较小，柱、梁、桁、枋等用料也为下等，断面较小。檐高为正间之8/10。梁与柱直接结合，其正贴，于柱上架大梁，大梁上立童柱，上架山界梁，山界梁上立脊童柱，脊童柱上架脊桁，其余各桁亦架在梁头。梁架一般用圆料，用圆料的梁在北方官式中已不见，民间多有使用。边贴在脊下增立脊柱，于步柱间用双步及川相连，双步与廊川下施夹底。"桁之下辅以长方形之木材，通长留于两柱之间，谓之连机，多用于廊桁与步桁之下。其短者，仅及开间十分之二，谓之短机。……机常雕以花纹，如水浪、蝠云、金钱如意、花卉等。"（第5页）短机常用于金桁与脊桁下。连机与枋子之间，设夹堂板，板常按开间分成三段，用蜀

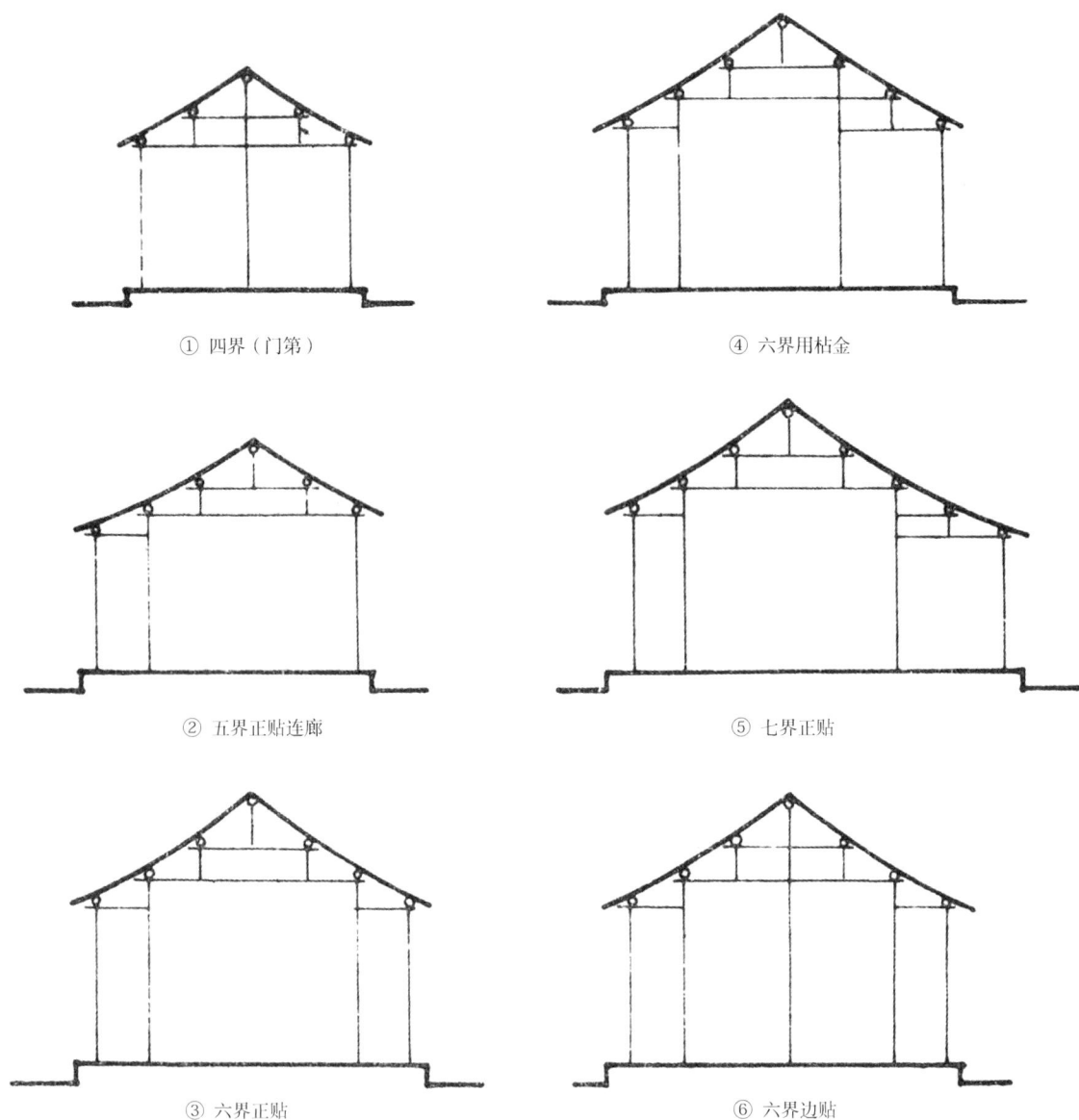

① 四界（门第）　　　　　　　④ 六界用枅金

② 五界正贴连廊　　　　　　　⑤ 七界正贴

③ 六界正贴　　　　　　　　　⑥ 六界边贴

图 1-9　平房贴式图

柱分隔，以免翘裂。"板可雕流空花纹，则视其空档之大小，与装饰之华丽与否而定之。"（第 6 页）夹堂板也可透雕花纹，视其对装饰之要求而定（图 1-10）。平房屋架之装饰较少，仅表现在短机上，有时用替木代短机。平房屋顶一般都为硬山，除简陋房屋外，也可设飞椽。平房屋顶坡度较平缓，所谓"提栈租四民房五"（第 8 页），平房正脊处提栈只有五算，自然也就平缓了。

　　平房有二层以上者，则称楼房，以二层居大多数。楼房之上层构架，与平房结构无异。多用圆作，不用草架，不吊天花，空间显得高敞。楼房进深基本为内四界加前后廊，六界正贴与六界边贴为

图 1-10　平房屋架

一般楼房常用的基本贴式。也有用双步代替后廊，成为七界。有的仅有单面廊，是为五界。较小的楼房仅四界，无前后廊（图 1-11）。也有少数前后廊均用双步甚至三步者，深达八界或十界。

《法原》中的四个楼房贴式中，七界前副檐后骑廊与七界前阳台后雀宿檐两种贴式，显示了楼房剖面有副檐、骑廊、阳台及雀宿檐等各种变化。副檐即在楼房下层另添一廊，上覆屋面，如附于楼房的做法，与宋式建筑的副阶相似，但一般仅在前后檐。骑廊上层的廊宽小于底层廊宽，上廊柱骑在一层廊柱与步柱间的短川上。阳台即依靠承重梁挑出约 550 mm（2 尺），[1]形成阳台，其上须置栏杆，使可凭栏眺望。或在梁端立柱，以短川与内柱相连，上覆屋面。此种以梁挑出承重的结构方法，称为硬挑头。雀宿檐是不用梁而用短枋插于柱中挑出，前端下面支以弯曲的斜撑，上做屋面。这种结构称为软挑头。当然，楼房的贴式并不限于图示的贴式，而可采用各种变化加以组合。从图中可以看出，计算房屋的界数当以下层平面为准，阳台与雀宿檐上的屋顶不计入界数，大约因屋面较小的缘故。

楼的高度，通常下层较高，上层为下层的 7/10。楼下构造于进深间设四界大梁，称为承重，承重长二界者即为双步承重。搁栅垂直架于承重之上，搁栅上铺楼板。廊柱与步柱间连以短川，顶面与搁栅

---

[1] 此处换算为鲁班尺。以下同。

评　上
介　篇

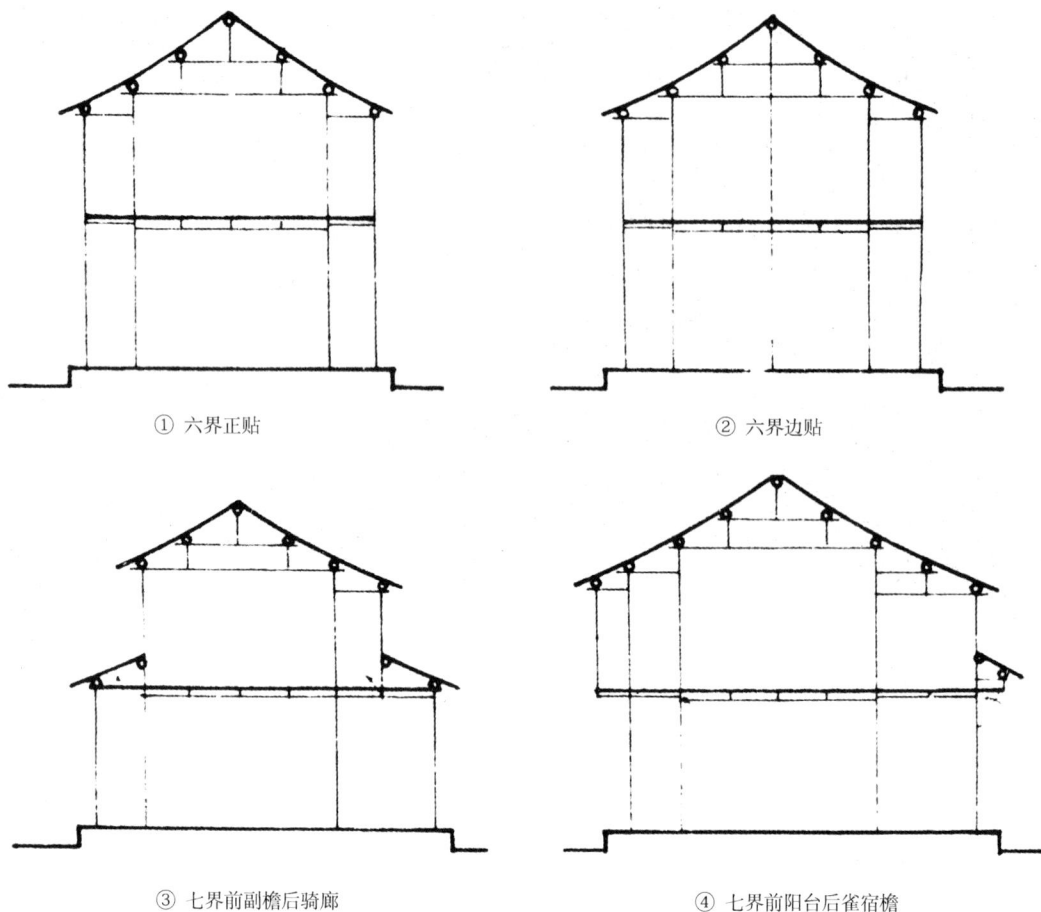

① 六界正贴　　　　　　　　　② 六界边贴

③ 七界前副檐后骑廊　　　　　④ 七界前阳台后雀宿檐

图 1-11　楼房贴式图

平，其功用与搁栅相似。搁栅之距离，通常每界一根。也有于两步柱间，仅于对脊处设特大之搁栅，称对脊搁栅，造成楼面地板跨度过大，不得不用厚二寸（55 mm）以上的木板，因其费料，应用较少。

（二）厅堂

厅堂"就其贴式构造之不同，可分为下列数式：（一）扁作厅；（二）圆堂；（三）贡式厅；（四）船厅回顶；（五）卷蓬；（六）鸳鸯厅；（七）花篮厅；（八）满轩"（第 21 页）。有时按位置和使用性质不同，称大厅、茶厅（轿厅）、花厅、书厅、对照厅、女厅等。又有按观赏对象不同，称梅花厅、芍药厅、桂花厅、荷花厅、牡丹厅等。或按材料与形状来分，有柏木厅、楠木厅、蝴蝶厅等。下面主要按建筑构造来论述。

厅堂通常亦为三至五间，一般为三间，即使五间，也常把中间三间与两侧隔开。进深方面，与平房不同之处主要在内四界前要用轩。厅堂主要按内四界梁架用料形式不同，分为扁作厅与圆堂。用矩形梁者称扁作厅，用圆料梁者称圆堂。

"扁作厅与圆堂之贴式及构造,其进深可分三部:即轩、内四界、后双步。"(第21页)扁作厅梁架与《做法》近乎方形的直梁完全不同。扁作四界大梁断面为矩形,高宽比为2:1,梁背两端作圆形,梁端两面各去掉梁厚之1/5,成斜三角形,称剥腮或拔亥,剥腮尖处称腮嘴,梁底于腮嘴外挖底半寸,外形与宋式月梁相近。梁搁于柱或坐斗上,梁端下设梁垫,长及腮嘴,厚同剥腮。梁垫外观作如意卷纹,其下部或雕蜂头,有金兰、佛手、牡丹等形式。梁垫下或有栱状之垫木,称蒲鞋头,高厚同梁垫,蒲鞋头之升口有时左右架棹木形似枫栱。大梁之上分置二个五七式斗,斗口上或用寒梢栱,即斗向里一面作梁垫,斗向外梁头下作栱,寒梢栱上架山界梁,山界梁外形与大梁一样。山界梁上与桁平行设五七式斗六升牌科一座,上承脊桁,于牌科贴上两旁随山尖出山雾云,升两侧出抱梁云围抱脊桁,上刻流云、飞鹤等图案,山雾云、抱梁云均向外倾斜有泼水。其他各桁架于梁头上,桁下亦设短机或连机(图1-12、图1-13)。山雾云、抱梁云、梁垫、棹木、蒲鞋头等,均是厅堂富于装饰的构件(图1-14、图1-15),梁身有时也雕刻花纹,但不是绝对的,在一些次要或小型的厅堂中,有

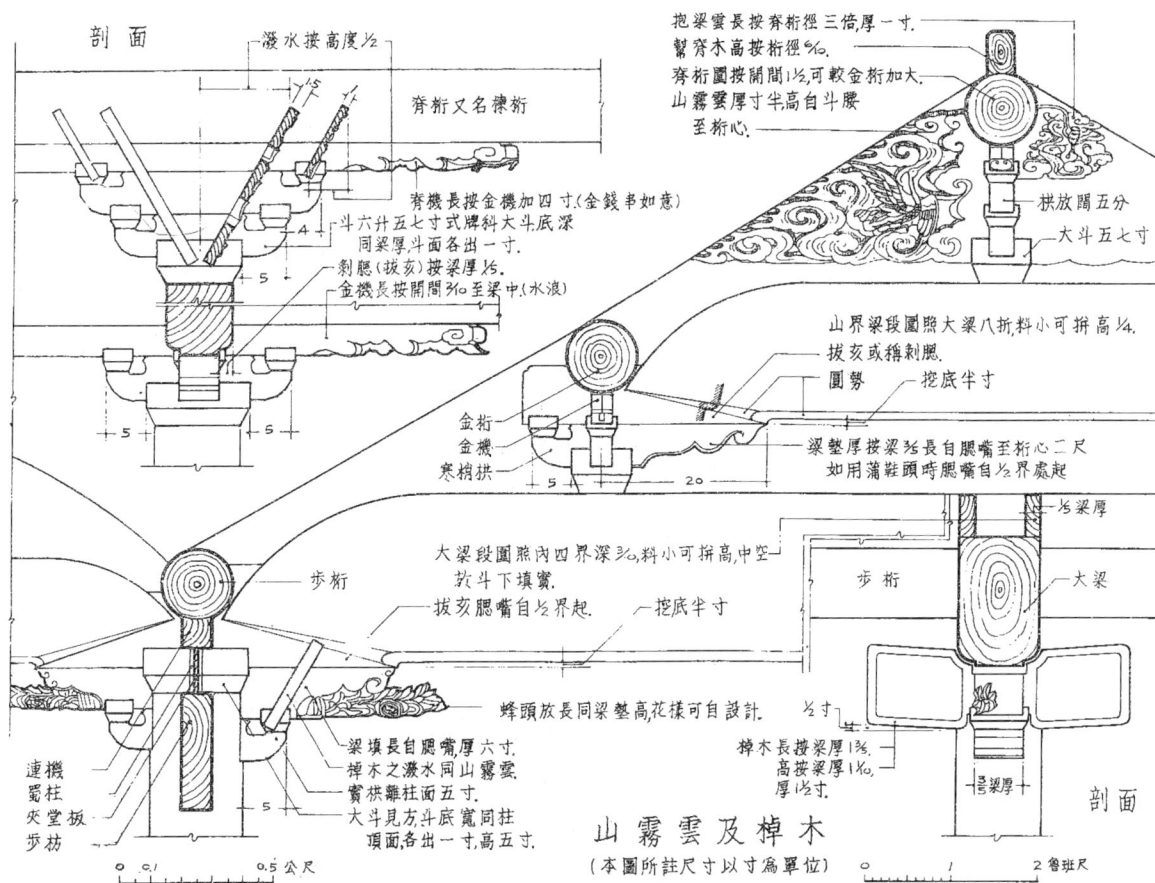

图 1-12　扁作梁架

的扁作就不用山雾云、抱梁云等，梁身也无花纹（图1-16）。

圆堂相对要简单一些，其用圆料之制一似平房。圆堂前轩常用扁作，装饰较平房为多，除短机与檐下夹堂板外，或在大梁两端亦作梁垫蜂头、蒲鞋头等装饰（图1-17），或在脊部用斗六升栱与云头（图1-18）。

图1-13 扁作梁架

图1-14 山雾云、抱梁云

图1-15 樟木

图1-16 扁作

图1-17 圆堂梁端

图1-18 圆堂脊部

轩吴地称为翻轩，"凡厅堂往往将内四界以前地位加深，自一界至二界，并于原有屋面之下，架重椽，使前后对称，表里整齐，自下仰视，俨若假屋者谓之轩"（第 23 页）。厅堂因用轩，加大了进深，内观仿佛两个屋顶相连，与北方勾连搭相似。如两屋间做天沟，则易损坏漏水，故采用草架的做法，整个构成一个屋顶，使表里整齐、经久耐用。草架因在天花之上，加工毋需精细，可以比较粗率，故称草架。

轩按其与大梁的位置高低来分，有磕头轩、抬头轩与半磕头轩。轩梁底低于大梁底，称磕头轩，须在轩上做草架。轩梁底与大梁底相平，称抬头轩，在内四界与轩上做草架。大梁稍高于轩梁，内四界与轩上仍用重椽与草架者，称半磕头轩（图 1-19）。

内四界前筑重轩时，位于前者称廊轩，进深较浅；位于后者称内轩，进深较深。按轩的形式，可分茶壶档轩、弓形轩、一枝香轩、船篷轩、鹤颈轩、菱角轩、海棠轩等。茶壶档轩、弓形轩、一枝香轩进深较浅，多用于廊轩。船篷、鹤颈、菱角、海棠诸轩进深较深，用于内轩者较多。除一枝香轩因在轩梁上只安坐斗一，上架轩桁而命名外，其余均以轩椽的形式来命名。茶壶档轩结构最简，架椽于

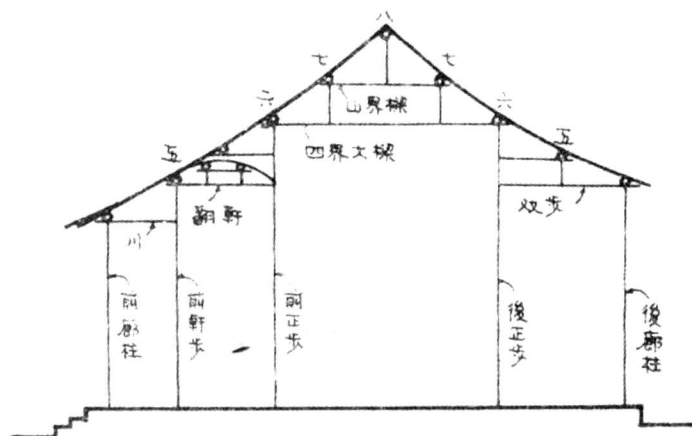

① 厅堂正贴磕头轩贴式图

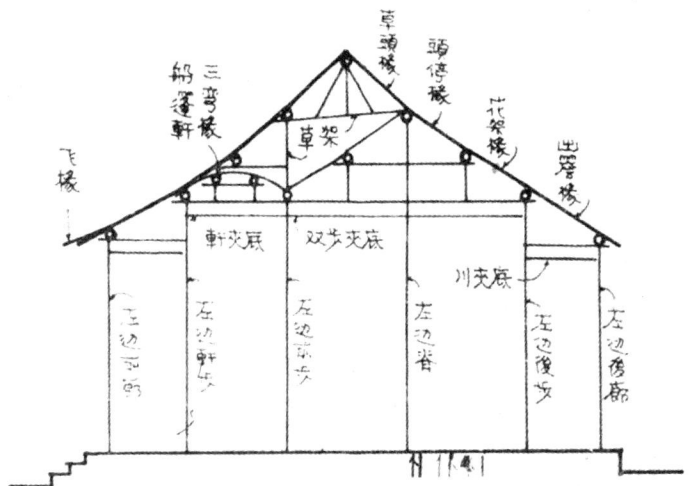

② 厅堂边贴抬头轩贴式图

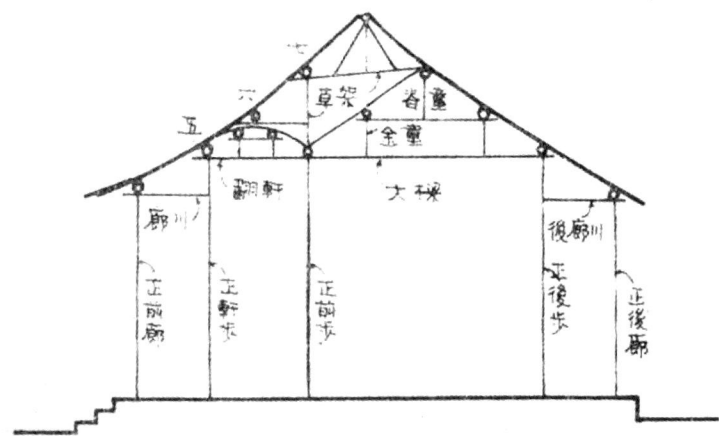

③ 厅堂正贴抬头轩贴式图

图 1-19　厅堂贴式

廊桁与步枋之上，椽中部高起一望砖，形若茶壶档之直椽，深约3.5—4.5尺（96—124 cm）。弓形轩轩椽上弯如弓，深4—5尺（110—138 cm）。一枝香轩深4.5—5.5尺（124—151 cm）。船篷轩椽弯曲如船篷，鹤颈轩椽弯曲如鹤颈者，菱角轩椽弯曲尖起如菱角状，海棠轩椽弯曲如海棠形者。各轩深在6—8尺（165—220 cm），大者达8—10尺（220—275 cm）（图1-20至图1-26）。

图1-20　茶壶档轩

图1-21　弓形轩

图1-22　一枝香鹤颈轩

图1-23　船篷轩

图1-24　圆料船篷轩

图1-25　菱角轩

解读

《营造法原》

图 1-26 海棠轩

　　轩之构造就内轩而言，位于廊步两柱间，设轩梁，梁上置坐斗两个，上架短梁，短梁中部隆起作荷包状，故称荷包梁。梁底有缺口称脐，梁端架桁，称为轩桁。轩深以轩桁分成三界，顶界为 0.3 轩深，两旁各为 0.35 轩深。顶界椽上弯，名弯椽，亦名顶椽。弯椽上弯 0.1 界深，过高则易裂。轩梁大多为扁作，其下视情况也可设梁垫和蒲鞋头。

　　厅堂内四界之后，常作后双步，也有作后廊，间有筑后轩者。双步梁架于廊柱与步柱上，梁背置坐斗，斗上架眉川之下端，眉川上端则架于步柱，眉川形似弯眉，故名。后双步按《法原》应为扁作，但实际上也不乏用圆作者。

　　厅堂边贴在廊川、轩、双步之下均做夹底。

　　厅堂尚有回顶、贡式厅、鸳鸯厅、花篮厅、满轩等做法。所谓回顶，即将房屋进深分成三界或五界，按房屋大小而定，梁架结构用扁作、圆料均可，中间一界最上层的顶椽为弧形弯椽，在顶椽之上

设枕头木,安草脊桁,再列椽铺瓦。这与北方卷棚在顶椽上直接覆瓦不同。但其屋面也不做屋脊,而用黄瓜环瓦,外观望之颇似北方的卷棚,唯做法不同。还有一种结构同回顶的卷篷,梁架唯用圆料。其异于回顶处,在桁下幔钉薄板,不露桁条,作卷棚状,或髹油漆,或糊白纸。贡式厅即梁用扁方料,挖其底使曲成软带形,而效圆料做法者。鸳鸯厅即厅堂前后分成两部分,其梁架一部用扁作、一部用圆料或贡式,其上均列椽铺望砖,俨若屋顶,再上须用草架承屋面。不仅梁架分成两类,有的还将中柱甚至柱下鼓磁也做成一边圆、一边方。在两部的分隔柱间设纱槅及挂落飞罩。花篮厅乃厅之步柱不落地而成垂柱,垂柱悬于通长枋子或草搁梁上,柱下端雕成花篮,故名花篮厅。厅之贴式联数轩构成者,称为满轩。上亦须用草架(图1-27至图1-30)。各种厅堂形式还可以组合,如鸳鸯花篮厅、贡式花篮厅等。此类厅堂在园林中应用较多,在住宅中往往用作边落的厅堂。

图1-27 扁作回顶

图1-28 圆料回顶

图1-29 花篮厅

"楼房之规模较大,而于楼上下筑翻轩者,则称楼厅。"(第33页)楼下设轩,多在廊步之间,因跨度较小,对楼的高度影响甚微。亦有少数于楼下步柱间也做轩,这就使楼下层高度大增,浪费了空间,又增加了造价。有的为突出楼厅,将承重也做成扁作梁形式,梁身雕花,增加装饰。虽称楼厅,上层架构仍多为圆料,可在中柱与步柱间作回顶(图1-31)。

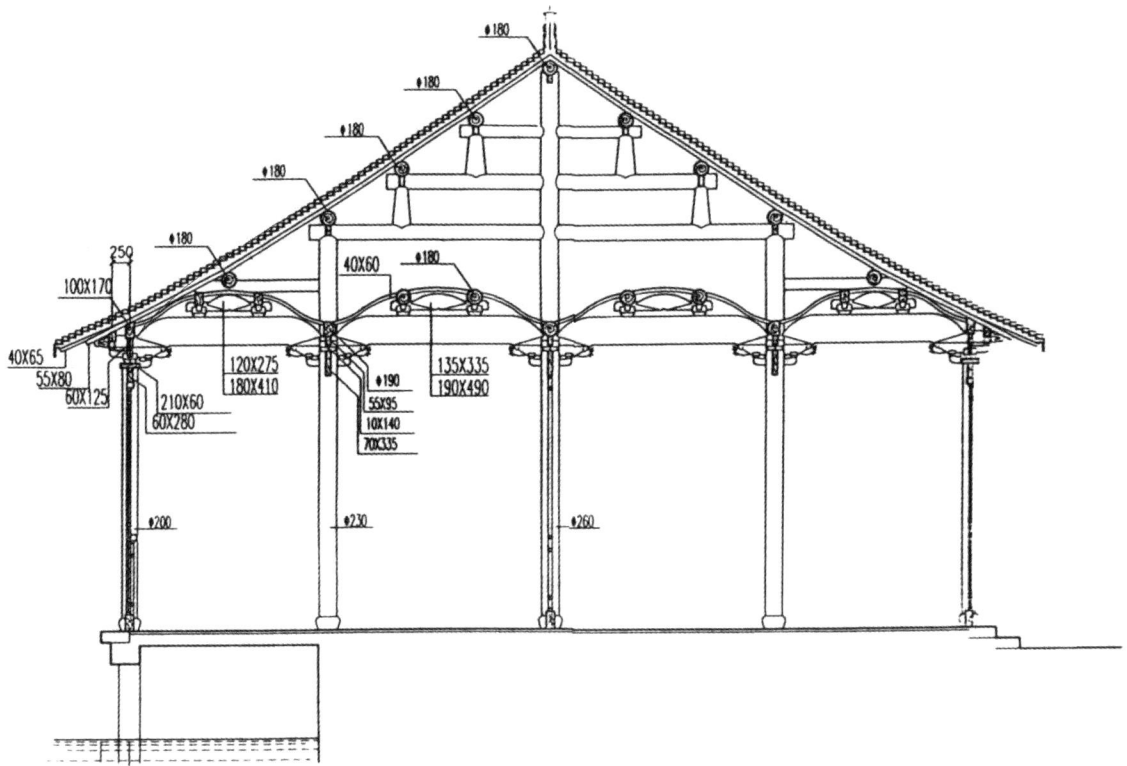

图 1-30 满轩

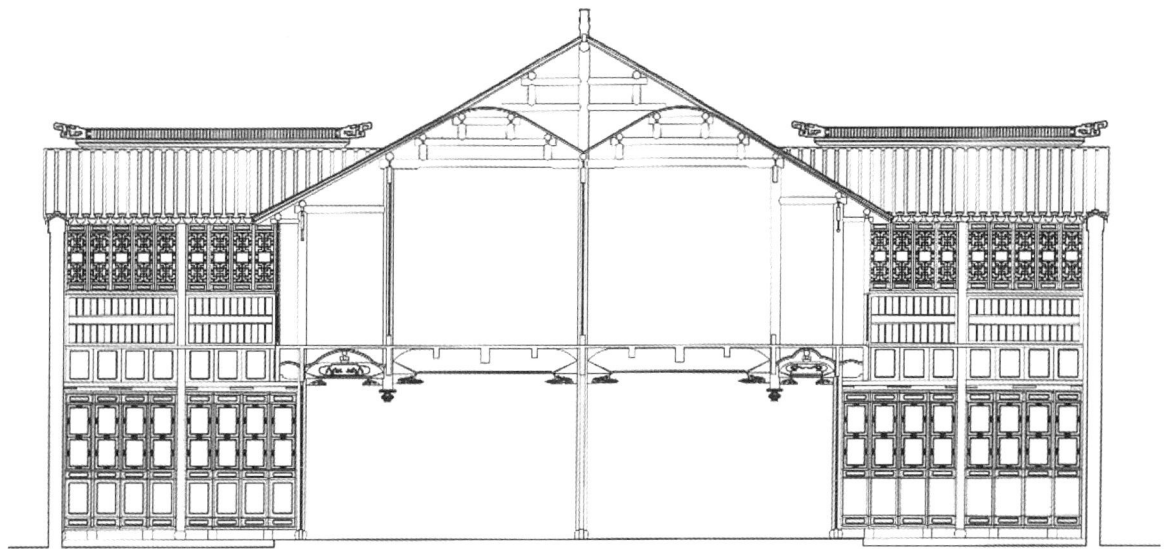

图 1-31 苏州马大箓巷季宅花篮楼厅

住宅厅堂屋顶多为硬山顶，用歇山的很少，而园林中厅堂用歇山者不少，多用小青瓦。"厅堂正脊分游脊、甘蔗、雌毛（亦名鸱尾）、纹头、哺鸡、哺龙诸式。"（第56页）用龙吻，如拙政园远香堂者极为少见（图1-32）。

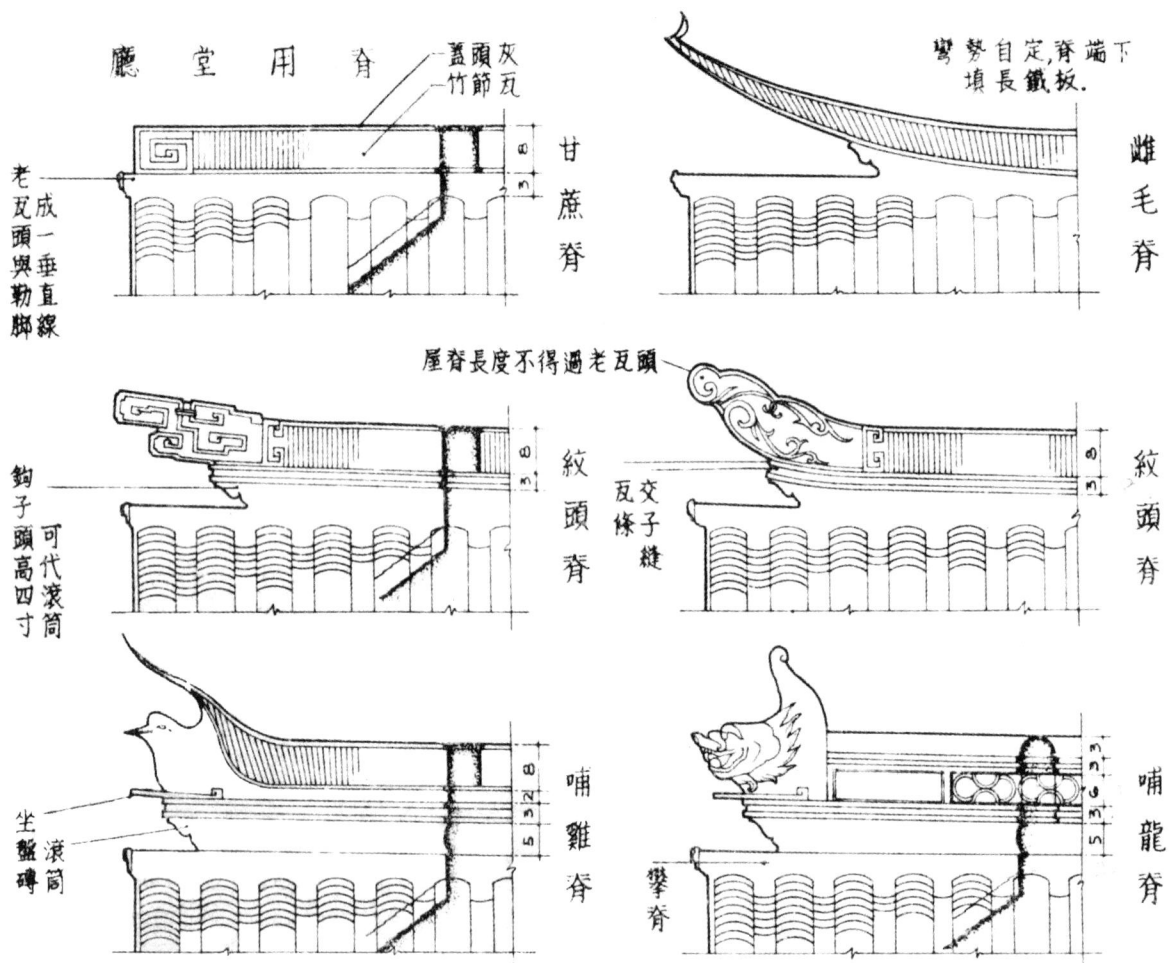

图1-32 厅堂用脊

住宅厅堂檐下用牌科者较少，即使用也较为简单，常用斗三升或斗六升。园林中厅堂用牌科者与住宅相仿，偶有施出跳者，也以出一跳为多。

明代住宅中多有施彩画者，入清后彩画渐少，有以雕刻代彩画。清末至民国，彩画在住宅中几已湮灭。

厅堂檐高为正间之8/10。如窗设在廊柱间，则正间设长窗，两次间或设长窗，或装地坪窗，窗可外开。如留出前廊，则窗设在轩步柱或步柱间，窗应内开，以免影响廊内通行。廊柱间悬以挂落，次间下或装栏杆。两旁山墙有高与屋面齐平者，山尖可作砖博风。也有高出屋面，左右相对作屏风墙或观音兜（图1-33）。

图1-33　西北街吴宅厅堂立面

（三）殿庭

殿庭规模比厅堂大。"殿庭之广，随屋之大小，由三间至九间。""殿庭之深，亦无定制，自六界、八界以至十二界。其深以脊柱为中心，前后相对称。普通殿庭亦作内四界，较深者作六界，其前后或为双步，或为廊川。亦有双步之外，复作廊川者，则为较大之建筑也。"（第36页）"殿庭阶台高度，至少三四尺（82.5—110 cm）。"（第47页）"殿庭檐高以正间面阔加牌科之高为准。"（第36页）不以次间论，相对于厅堂，殿庭显得较为宏敞、高大、威严。殿前天井按照殿庭的进深3倍设置，比厅堂天井（进深与厅堂进深相等）要大了许多。殿前常设露台，露台边或围以石栏。露台较华丽者，常做金刚座（须弥座）。开间、进深较大，所以构件用料也较壮硕，按第六章中《厅堂木架配料计算围径比例表》(第31页)下附注2.殿庭木架配料,大梁按内四界深加三,步柱可按前后檐进深加一计算,比厅堂大大增加。其装饰更为华丽,结构的整体性更为加强。较重要者均用扁作,可与扁作厅堂一样施山雾云、抱梁云等,双步、川、大梁俱有梁垫及蒲鞋头,唯梁垫不出蜂头,以示严肃、隆重。用圆料者与圆堂相似。

与厅堂不同,结构上不论边贴或正贴,廊川、双步下均有夹底,双步夹底中心设一斗六升牌科,上承双步。无论扁作与圆料,大梁下均设随梁枋,枋底与步枋底平。枋与大梁之间置斗六升牌科二座。若步柱间进深逾六界时,随梁枋下与各步柱间设四平枋,四周兜通相平,四平枋与随梁枋间设斗六升牌科(图1-34、图1-35)。

庙宇、祠堂内常在梁、枋、桁、牌科等木构件上绘彩画(图1-36),若吊顶,则以纵横木料作井字形,架于大梁之底,若设四平枋,则架于随梁枋之顶,上铺木板,成为棋盘顶天花,并涂以彩画(图1-37),天花上可设穹隆形藻井。此风格一直延续至民国。

图1-34 扁作殿庭

图1-35 圆作殿庭

图1-36 殿庭彩画

图1-37 棋盘顶

殿庭为表现隆重,一般均设置牌科,出参实例以二至三出参为多,鲜见四出参。形式或单栱单昂或重昂,也有用重栱者。昂有靴脚昂与凤头昂两种,靴脚昂仅用于大殿,凤头昂则不拘厅堂或殿庭(图 1-38)。

屋顶形式有四合舍、歇山、硬山等,歇山最为普遍。歇山山面"梁架之间,钉山花板,以蔽风雨。桁条外端,挑出山花板外半界,桁端钉排列之木板,其下端成曲线,与屋面提栈曲势相平行,即所谓博风板"(第 37 页)。屋角常用嫩戗发戗式起翘。规模较大的殿庭屋顶有时用重檐,屋面应用大瓦,考究者盖筒瓦。正脊较为高大,用筒瓦对合砌成金钱、定胜等花纹,既增美观,亦可减轻风力,增加稳定性。其高度 4 至 5 尺(110—137.5 cm)。正脊两端置龙吻或鱼龙吻(图 1-39),脊中常有

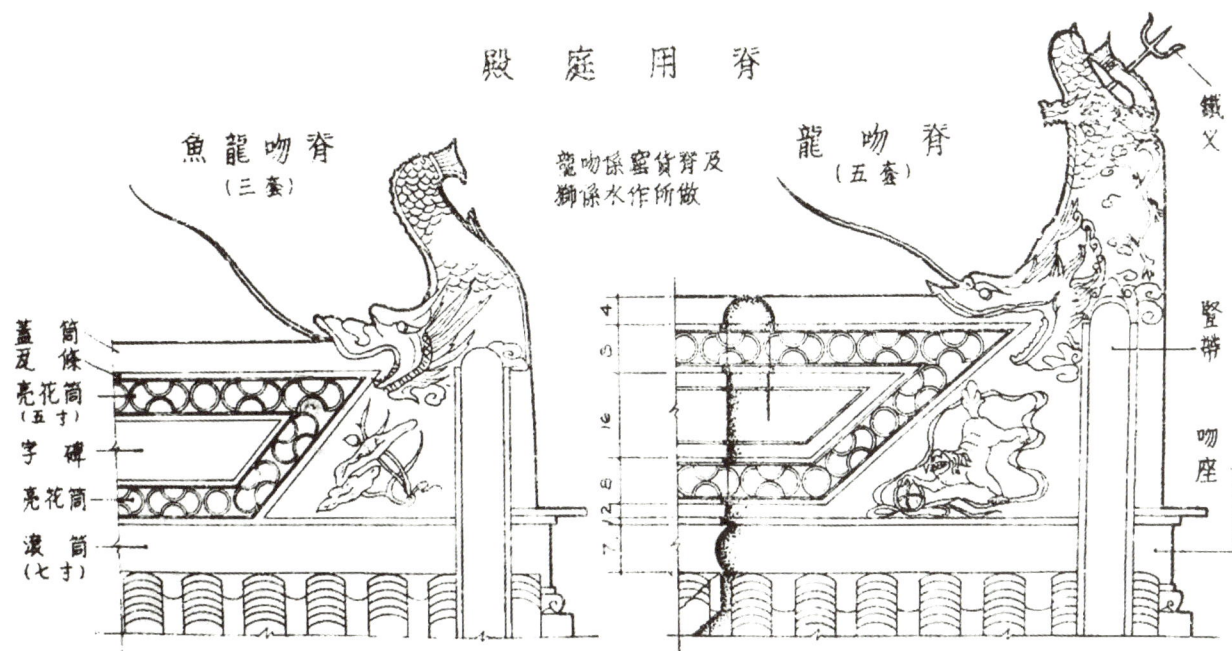

图 1-39 鱼龙吻及龙吻

各种脊饰。竖带（即垂脊）构造与正脊相同，但高度须与正脊相配。竖带下端作花篮靠背，置天王、广汉或坐兽等。筒瓦上常用檐人。采用这些做法，装饰性大大加强。山尖下作赶宕脊，脊在博风板外，由里侧上延至山花板，成八字宕，此也即《法式》之曲脊。

殿庭能否用轩，《法原》中没有明确说明，但殿庭结构有轩步柱、轩步桁，第40页《殿庭屋架木料名称件数尺寸工数表》内有正/边轩步柱、正/边轩梁、荷包梁及轩内直弯椽、弯椽等内容，说明殿庭亦可用轩，但用轩前后可能不对称，除非用前后轩。

根据《法式》，中国古建筑结构有柱梁作、殿阁、厅堂三种木构架类型。柱梁作是一种整体构架，一般柱与梁直接结合，不用铺作（斗栱）。殿阁木构架由柱框、铺作、屋盖三层依次互相叠合而成，内外柱等高。厅堂构架体系是殿阁式和柱梁作混合结构，但内柱升高，梁栿等插入内柱，外檐有铺作。《法原》中的殿庭除一些早期古建筑，如玄妙观三清殿，其他只是称呼为殿而已，与《法式》的殿堂构造完全不同，其内外柱不等高，而且牌科也没有形成结构层，其基本结构应属《法式》厅堂类。

殿庭也常用扁作梁，内部结构与扁作厅无大异。扁作厅虽外檐不用牌科，或用较简单的牌科，但柱与梁、梁与梁相叠往往通过坐斗与栱连接，而不是直接结合，三界梁上用斗三升或斗六升牌科承脊桁，桁下均用短机，构架类型与《法式》单斗只替相近。而平房应归为《法式》柱梁作，虽然它们与宋式不完全一样。

清式做法采用殿阁类结构如故宫太和殿的并不多，许多殿宇实际应用《法式》厅堂类结构，《做法》所规定的九檩庑殿、九檩歇山转角、七檩歇山转角等用斗科的殿宇，内外柱不等高，无铺作层，均应归为厅堂类结构。

（四）园林建筑

除上述平房、厅堂、殿庭三种建筑类型外，尚有园林建筑。《法原》中列有厅堂与小品建筑，小品建筑以亭阁、楼台、旱船、庑廊为主。"园林建筑，立基以定厅堂为主，方向随意，但以南为宜。"（第81页）园林厅堂一般无扁作厅与圆堂之分，统称厅堂，做法与住宅厅堂基本一致，但还是有所不同，"园内建筑物如厅堂，多采取回顶、卷篷、鸳鸯诸式"（第81页）。也可作四面厅形式，四面开窗，不做墙壁，便于四面观景，开间三或五间，四周绕以围廊，廊枋下饰挂落，下设半栏坐槛或吴王靠，以供坐憩，如拙政园之四面厅——远香堂（图1-40）。园林厅堂相比住宅厅堂更为灵活、自由，尤其是一些小厅堂，如轩与馆等，更是活泼多变。明代计成《园冶·立基》云："厅堂立基，古以五间、三间为率；须量地广窄，四间亦可，四间半亦可，再不能舒展，三间半亦可。深奥曲折，通前达后，全在斯半间中生出幻境也。"又说："凡家宅住房，五间三间，循次第而造；惟园林书屋，一室半室，按时

图 1-40 苏州拙政园远香堂

景为精。"(《园冶·屋宇》)江南园林中一些小厅堂正是如此,布局不拘一格,活泼自由,与环境结合紧密、自然,相得益彰。拙政园海棠春坞为大小不等的两开间;留园揖峰轩虽是三间,但开间尺寸各不相同;沧浪亭藕花水榭为四间,翠玲珑由三座小轩互相垂直相连而成(图 1-41);网师园濯缨水阁建筑不大,却用了扁作;留园清风池馆用圆料,也加用草架。

楼阁正如《园冶》所说,"层阁重楼,迥出云霄之上",主要作登眺之用,所谓"登高望远",可以俯视园内,也可借园外之景,真是

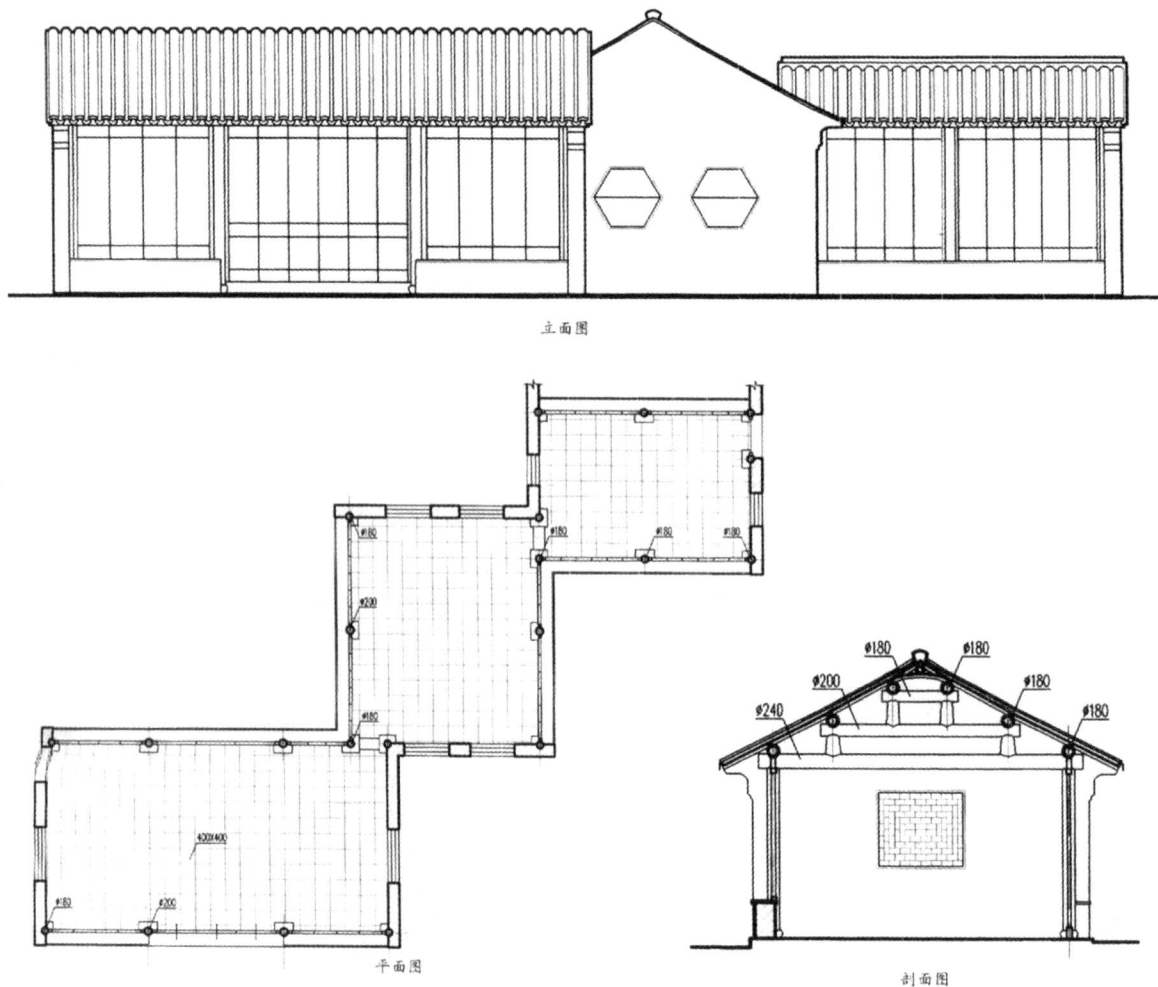

立面图

平面图

剖面图

图 1-41 沧浪亭翠玲珑平面图

"欲穷千里目,更上一层楼"。楼"用于园林,较用于厅堂者规模为小,宜精巧无须堂皇。开间三间五间不等,而深度多至六界"(第 82 页)。"阁为重檐双滴,四面辟窗。……桁椽用材,均与亭仿佛。"(第82 页)结构上楼与阁两者无甚区别,正如《扬州画舫录·工段营造录》所说:"楼与阁大同小异。"阁的造型较楼更为轻盈,阁常四面开窗,而楼多前后设窗(图 1-42、图 1-43)。

　　舫是园林中一种特殊的建筑,外形模仿江湖中的游船画舫,因其固定不能移动,又称为旱船。其下部往往用石材砌筑,故又称石舫。舫多建于水边,常三面临水,也有建于陆上不傍水者。石舫依水而不游于水,处于陆而不止于陆,似舟而非舟,似动而又静,赋予园林独特优美的景观,给人以无穷的联想,创造了深邃的意境,具有极深的哲理。舫因具有生活实用价值,故无论在皇家园林或私家园林中,均可见到它的身影。旱船"宽约丈余,其进深分船头、中船厅、后梢棚楼三部。船头深

图 1-42　楼

图 1-43　阁

约五六尺，中舱深约丈六七尺，以隔扇分内外二舱"
（第 82 页）（图 1-44、图 1-45）。较小的舫或无楼，或
只有二部，无所限制。

　　水榭"平面为长方形，一间三间最宜。柱间或装
短栏，或置短窗，榭高仅一层，深四、五、六界"（第
82 页）。水榭与舫多是临水建筑，但从结构上分，榭
与小厅堂一样，唯基础有所不同（图 1-46）。

图 1-44　水中舫

图 1-45　陆上舫

图 1-46　水榭

评　上
介　篇

39

亭的主要功能是供游人停歇、赏景，本身也是重要的园林风景。可建于山上、水边、林中、花间、路旁、院内，与环境的协调性极强。由于亭的大小随宜、造型各异，也是组景的重要手段。亭是园林建筑中最活跃的类型，无论大园小园，可以说无园不亭，在各种园林及风景名胜区内到处可见。"其平面有方、圆、八角、六角、扇子、海棠诸式，并有单檐、重檐之分。"（第81页）（图1-47至图1-52）

图1-47　方亭

图1-48　圆亭

图1-49　八角亭

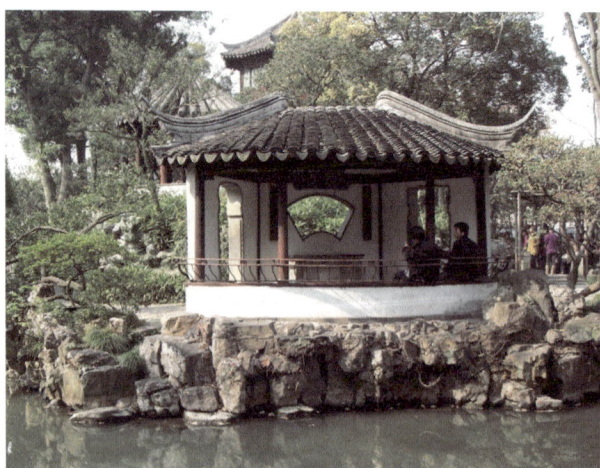

图1-50　扇亭

解

读

《营造法原》

图 1-51　海棠亭

图 1-52　重檐六角亭（苏州西园寺）

　　列柱多少随平面之布置而异。柱之用材，以木为主，兼有用石，除方亭有用方形柱外，余皆用圆柱。"方亭柱高，按面阔十分之八。柱径按高十分之一。六角、八角亭柱高按每面尺寸十分之十五，八角亭可酌高，占十分之十六。柱径同方亭。圆亭柱高可按八角亭做法。"（第 81 页）方亭柱高按面阔 8/10，柱径按高 1/10。这个比例是北方的做法，而不是南方的做法，详见中篇《问题与讨论》。亭之屋顶主要为歇山及尖顶（攒尖）二式。

　　"园林筑台，不尚华丽，简雅为主。"（第 81 页）台式建筑曾有"辉煌的历史"，战国至汉代盛行高台建筑，汉高祖刘邦取得天下后返回故乡，宴请父老，唱《大风歌》于台上，气势磅礴，后来逐渐衰落。现在的台，大多徒具虚名，或为小小平台，或为普通亭榭。

　　"廊为连络建筑物，而以分隔院宇，通行之道"（第 82 页），主要是指结构独立的、跨度较小而开间较多的狭长建筑，不包括含于房屋之内、在前后或周围结构做法上的廊。廊是联系各建筑物的脉络，同时也是观赏风景的"导游线"，还有划分园林空间，丰富景物层次，增加风景深度的作用。廊的造型轻巧玲珑，一般多为敞开式结构，也可局部用墙，墙上设空窗或漏窗。"别梦依依到谢家，小廊回合曲阑斜"，点明了廊的妙境。

廊按形式与位置分，有直廊、曲廊、沿墙廊、水廊、波形廊、桥廊、爬山廊、复廊、楼廊等（图 1-53 至图 1-59）。廊一般宽为 1.2—1.5 m，开间 3 m 左右，柱径约 15 cm，柱高 2.5 m 左右。梁架常作三界回顶或两坡顶，枋下"饰以万川挂落，下设半栏、半墙；或做坐槛、吴王靠，唯不宜装窗，以便眺瞩"（第 82 页）。

图 1-53 直廊

图 1-54 曲廊

图 1-55 波形水廊

图 1-56 桥廊

图 1-57　爬山廊

图 1-58　复廊

图 1-59　楼廊

图1-60 苏州留园花墙洞

花墙洞与地穴、月洞："园林墙垣,常开空宕,以砖瓦木条构成各种图案,中空,谓之花墙洞,亦称漏墙、漏窗,以便凭眺,似有避内隐外之意。"(第83页)(图1-60至图1-63)"凡走廊、园庭之墙垣辟有门宕,而不装门户者,谓之地穴。""墙垣上开有空宕,而不装窗户者,谓之月洞。"(第76页)(图1-64至图1-69)

花街铺地:"以砖瓦石片铺砌地面,构成各式图案,称为花街铺地。"(第83页)(图1-70)

图1-61 苏州耦园花墙洞

图1-62 苏州狮子林花墙洞

图1-63 苏州沧浪亭花墙洞

图1-64 苏州拙政园地穴

图1-65 苏州艺圃地穴

44

图 1-66　苏州留园地穴

图 1-67　苏州狮子林地穴

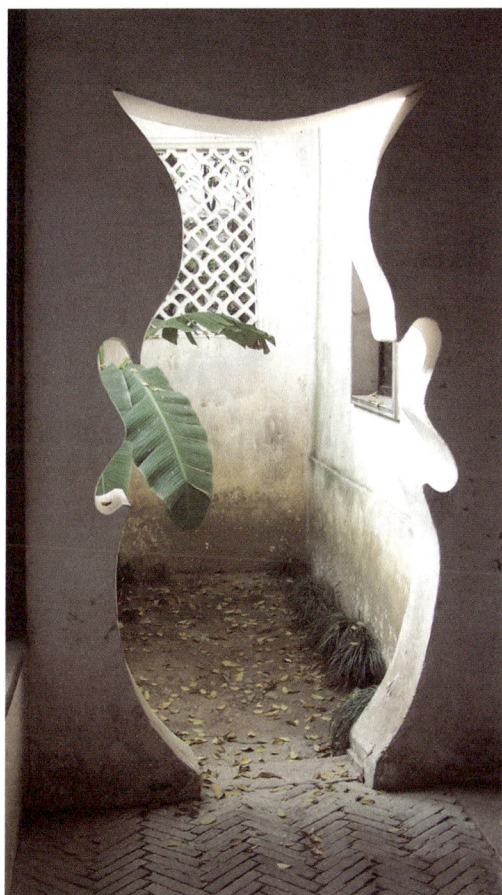

图 1-68　苏州沧浪亭地穴

图 1-69　苏州留园月洞

图 1-70　花街铺地

评　上
介　篇

图 1-71 池与桥

池与桥："园林设计，既以天然山水为缩影，故池水为不可少之点缀。其形式不崇对称，以曲折自然为尚。……池边驳岸，多以乱石叠砌，取其参差相宜……池面宽处，或支流狭处，恒架桥以往来。……故梁式桥则常见于南方园庭，以其平坦简单，适合环境。"（第 84 页）（图 1-71）

假山："园林建筑，除厅堂亭阁诸建筑外，当以堆叠假山为主。其与房屋、池沼、树木、花卉相连络，更得天然真趣，坐憩其间，仿佛置身山墅。……叠山之术，法无定制，本为综合天然人工之艺术，非运用灵敏奇突之意匠，不能为此。其立意贵乎气魄，取材须效天然，所谓深得山林意味，花木情缘。"（第 83 页）（图 1-72）

图 1-72 苏州环秀山庄假山

园林建筑与住宅不同，明代对住宅规定很严，洪武二十六年（1393）定制：官员营造房屋，不许歇山转角、重檐、重栱及绘藻井。明中后期虽然制度逐渐松弛，但住宅中仍然很少用歇山，园林建筑中歇山屋顶却应用较广，无论厅堂、楼阁、亭榭、石舫等，均可作歇山顶，屋角起翘除嫩戗发戗外，尚有水戗发戗，即屋角木骨基本不翘起，依靠屋角水戗翘起。

《法原》对园林小品建筑的工限与用料没有涉及。

五、建筑的主要特点

（一）宋式的继承与发展

《法式》在南宋绍兴十五年（1145）曾重刊于平江府（苏州），这对当时苏州的建筑肯定有着巨大的影响，自宋至元、明、清一脉相传，一直波及近代。朱启钤先生云："故《营造法原》一书，虽限于苏州一隅，所载做法，则上承北宋，下逮明清。"（《题补云小筑图》）《法原》记载的许多做法是《法式》的传承并有所发展、创造，从而具有自身的特色。

1. 构造做法

《法原》中记载的一些苏南地方做法是《法式》的传承，有些还留有宋式的遗意。梁以界称，如四界梁，宋式称四椽栿，只是换了名称，其实均以椽数计，与清式以檩计不同。扁作厅，梁与柱、梁与梁不直接相连，用坐斗、梁垫连接。梁的外观与做法与宋式月梁很接近，断面作扁方形，梁端做剥腮，梁背端部有卷杀，梁底要挖底，底缘作圆弧形，即宋式的斜项、梁背卷杀、梁底下颎并作琴面，这样的梁架在清官式里已经消失。

梁架结构虽继承了《法式》的做法，但也有自己的特点。《法式》月梁高宽比为3：2，两侧有琴面、斜项，斜项与材同厚（10份），梁背、梁底之卷杀皆有定制，梁下颎（挖底）随材（6份）。而《法原》大梁高宽比为2：1，侧面无琴面，梁端厚为梁厚之3/5，剥腮各为梁厚之1/5，梁背、梁底唯见光滑圆弧，已非卷杀，梁下挖底固定为半寸，比宋式要小，梁身有时雕刻装饰花纹。从外观上看，《法原》大梁显得较为平直，没有宋式月梁刚健有力，富含弹性（图1-12）。

在平房及圆堂中梁主要用圆料，清官式中梁均为矩形直梁，没有圆梁。从宋画《清明上河图》《雪窗读书图》看，有些简单的民居、店舍、茶棚等采用柱梁作，构架比较粗率且不规整，用料也较细小，有的梁用的就是随弯就弯的原木，显然是圆料梁。据南宋周必大《思陵录》记载，宋高宗永思陵下宫后殿挟屋与东西廊中均用"方额、混栿、方椽"，混栿就是圆作梁。也许是南宋国力羸弱，各种造作均就简，陵墓为临时性的攒宫形制，所以建筑等级以"俭约"为则，等级最低的挟屋、东西廊等采用了混栿。这种梁架因为是民间做法，未为《法式》所载，但在民间一直传承下来，山西、福建、浙江等地的明代民居中，都有圆料梁的做法（图1-73），其中官拜一品的浙江绍兴吕李府第大厅也用了圆作梁（图1-74），梁架除按制度作彩画外，几乎没有任何雕饰。苏南一带的明代圆料梁，梁端均做斜项，尚留有宋式余绪，以后斜项逐渐消亡。

图 1-73　山西丁村明代民居圆作梁

图 1-74　浙江绍兴吕李府第圆作梁

苏州桁下有的用短机，有《法式》枵下替木之意，应由替木演变而来，苏州东山的明代民居，在厅堂正间用短机，而在两侧耳房桁下常用替木即可证，说明建筑的装饰性在加强。短机在元代已有，如苏州东山之轩辕宫、上海真如寺中均已出现，这与清式"一檩三件"桁下用垫板与枋明显不同（图1-75）。

老戗搁置在桁上，第七章《殿庭总论》云："殿庭之歇山及四合舍式，转角之处于廊桁之上，成

图 1-75　短机

45°架老戗，戗之后端，挑于步柱，若步柱与廊柱相距二界时，则架于叉角桁上。"（第37页）与宋式大角梁的搁法相同。陈明达在《〈营造法式〉辞解》中解释"大角梁"："吴殿、厦两头屋盖四角上所用，成45度放置的大梁，架在屋盖枵上。"与清式老角梁后端置于金桁之下，并与子角梁后端合抱金桁，即所谓扣金做法完全不同。

解读

《营造法原》

在牌科中，有亮栱与实栱之别，"栱背与升底相平，两栱相叠，或栱与连机相叠，中成空隙者，称为亮栱"。"栱位于柱头之上，为增加荷重能力，将栱料加高，与下升腰相平，而于栱端锯出升位，称为实栱。"（第17页）亮栱即《法式》的单材栱，实栱即《法式》之足材栱，柱头铺作与华栱用足材栱，而补间铺作华栱则为单材栱。牌科之出参栱与《法式》一样，柱头用实栱，桁间用亮栱。桁向的斗三升和斗六升栱均作亮栱，与《法式》泥道栱、瓜子栱、慢栱均用单材栱一样。而清官式出跳栱称为翘，不分平身科、柱头科，一律为足材。正心瓜栱、正心万栱也都为足材，而且栱宽加厚一栱垫板。牌科有的在栱或昂的跳头上不出横栱，既无枫栱，也无桁向栱，相当于宋式的偷心做法，而在清官式中这种做法已完全不见（图1-76）。

出参栱长不等，五七式第一级出六寸，第二级为四寸，第三级也为四寸，与唐宋做法有相似之处。《法式》有铺作减跳的规定，《〈营造法式〉注释》有的图样里，栱跳长就按减跳规定而绘。唐宋

图 1-76　无枫栱、桁向栱牌科

建筑实例铺作出跳几乎均不相等（参见陈明达《营造法式大木作研究》表38-1），如宋构玄妙观三清殿殿身外檐牌科九出参，里外跳自第一跳至第四跳跳长分别为45.5 cm，37.5 cm，27 cm，26.5 cm。而清《做法》已没有这样的规定，出跳长度均相等，一律为3斗口。斗与升的底作凹面，正是《法式》的斗底四面"欹凹"。清官式则是平面，不是凹面。栱头均做卷杀，与宋式、清式一致，唯瓣数有异。宋式华栱、泥道栱、瓜栱、慢栱均为四瓣，令栱五瓣；清式为"瓜四万三厢五"，翘头四瓣；《法原》各栱一律三瓣，称三板。

图1-77 赶宕脊

歇山屋顶山花用木构时，桁条挑出山花，外钉博风板，在外观上收山较多，山面用赶宕脊（图1-77），即《法式》之曲脊，这都与宋式相似。而清式做法收山仅1檩径，博风板紧贴山花板，只用博脊，正脊相对也就较长。

此外，第八章《装折》中的将军门（第42页），门下用高门槛，且可拆卸，有《法式》断砌门的意思（图1-78至图1-80）。

柱础包括鼓磴与磉，"承鼓磴之方石称磉"（第48页）。磉，即《法式》中柱础别名之一，其名称显

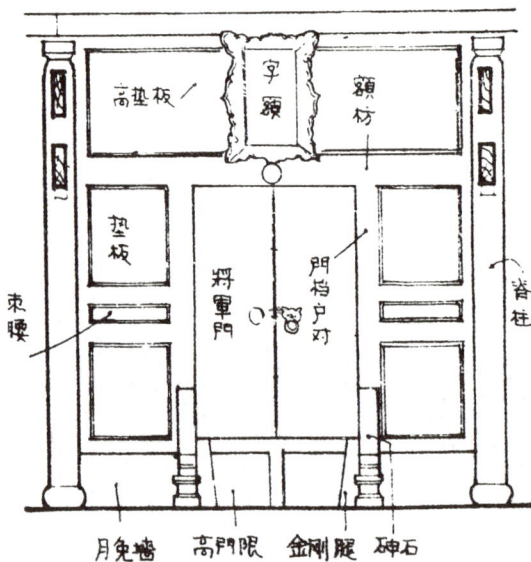

图1-78 将军门

图1-79 苏州府文庙将军门金刚腿与磉石

图1-80 苏州府文庙将军门高门限

然源自《法式》。鼓磴也应发源自宋，宋构苏州玄妙观三清殿内柱用鼓磴石础，罗汉院遗留宋石础也有鼓形，至明代苏州府文庙大成殿、无锡泰伯庙至德殿，以及江浙一带民居中，都有鼓形柱础，或为石，或为木（图1-81、图1-82）。宋代鼓磴不独用，其下有覆盆共同构成柱础。元明时期尚有棋形柱础，材料木、石皆有，从明始就有独用石鼓磴之例，至《法原》就多用石鼓磴了。

图1-81　苏州玄妙观三清殿石柱础

图1-82　苏州府文庙大成殿木鼓磴

《法原》第47页插图九—三《露台石栏杆及金刚座图》所示之石栏板（图1-83），其寻杖与花瓶撑的形象及比例，与《法式》勾栏的瘿项或撮项比较接近。苏地石栏，宋代如无锡惠山寺金莲桥、苏州光福寺桥，元代苏州大觉寺桥，明代苏州府文庙露台石栏，清代苏州虎丘二仙亭石栏等（图1-84至图1-89），中间的花瓶撑横断面均非浑圆而为方形，呈现宋勾栏瘿项、撮项及云栱的特征，晚期云栱呈荷叶状，风格与清官式不同，一反江南的轻盈而比较敦实，反而不如清式秀气。这种栏杆不仅在苏州，在江南一带都可见到，

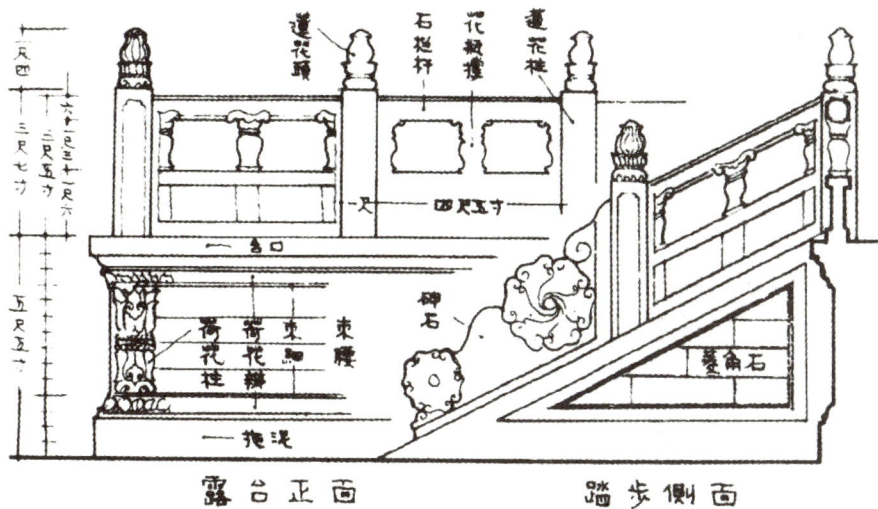

图1-83　《法原》插图九—三露台石栏杆及金刚座图

图 1-84　无锡惠山寺金莲桥

图 1-85　苏州光福寺宋桥石栏

图 1-86　苏州光福寺桥修复后

图 1-87　苏州大觉寺元石桥栏

图 1-88　苏州明府文庙石栏

图 1-89　苏州虎丘二仙亭石栏

如绍兴八字桥、广宁桥，南通文庙，又如苏州拙政园、常熟曾赵园、如皋水绘园、海盐绮园等。虽与《法式》中石栏不尽相同，但仍可看到《法式》的影响，如瘿项、撮项与云栱，如《法式》"凡石勾阑，每段两边云栱、蜀柱，各作一半，令逐段相接"，而明清以后的栏杆都是一栏板、一望柱相间。《法式》石栏从形式到构造完全模仿木构栏，并不符合石材的特性，故江南已屏弃了这种不合理的做法，栏板不分构件，在一块整石中掏出，比较符合石材的特性，与清官式石栏荷叶净瓶的形象迥异，形成江南一带的特色。而副阶沿旁斜栏下用抱鼓石，鼓面雕葵花（图1-90），为《法式》所无，是明清时常用。

图1-90　苏州玄妙观抱鼓石

《法式·石作制度·造作次序》云："造毕并用翎羽刷细砂刷之，令华文之内石色青润。"所用为青石并一直沿用至明代。明中叶以后，钢铁制造出现了一些特殊的淬火技术，使刃口更刚劲。工具的发展，使得对硬质材料的加工能力又有所提高。明代中晚期以后，特别是清代，开始大量、普遍应用花岗石，这种情况在苏州东山建筑中也可见一斑。

江南建筑彩画在某些方面延续了《法式》彩画的做法，如纹样上用织锦纹，工艺上用木表作画，不施地仗，与《法式》一脉相承。

2. 拼合梁柱

《法式》用柱，按卷三十《合柱鼓卯》图，有两段合、三段合及四段合，利用鼓卯、馒楔、盖鞠等将其拼合。卷五《大木作制度二·梁》有"凡方木小，须缴贴令大。……如月梁狭，即上加缴背，下贴两颊；不得刻剜梁面"《法原》也有这种拼合之法："扁作柁梁，用料之制，分独木、实叠、虚轷三制，前章已述及。至于用柱之制，如在殿庭，其材不足时，有以数料轷合者。按《营造法式》用柱之制，合柱鼓卯之图式，有二段合、三段合、四段合，鼓卯有明有暗，又有盖鞠暗楔等式。……合柱之法今沿用之，其材之特大者，有将圆木为心，四周轷合木料，围以铁箍，其法较便。"（第30页）

拼合梁，山西五台县南禅寺唐代大殿的通檐四椽栿就上加缴背，形成拼合梁。在宋、辽、金时代更可见到拼合梁的做法，如河北正定隆兴寺摩尼殿、山西大同善化寺大殿及三圣殿、辽宁义县奉国寺

大殿等，这些梁都是实叠梁。又如建于元至元四年（1338）的苏州东山杨湾轩辕宫与延祐七年（1320）的上海真如寺之梁，都有明显的拼合痕迹（图1-91、图1-92）。按《法原》中《厅堂木架配料计算围径

图1-91　苏州东山轩辕宫大梁与随梁枋

图1-92　上海真如寺拼合月梁

比例表》，扁作"惟大梁山界梁等，则以所得之围径，去皮结方辑合"（第31页）。楼房承重按规定选取相应围径的圆木并结方，"承重系荷重构件，须用二根叠辑"（第34页），它们也都是实叠梁。

虚拼梁却不见经传，这是南方的独创。扁作梁"虚辑则于梁之两边，各按梁身五分之一辑高，中空于斗底处填实"（第26页）。从《法式》厅堂梁栿所用材份规定来看，月梁比直梁用材普遍要大，主要出于外观而非结构需要。虚拼就是要解决梁的外观高度与实际所需高度的矛盾，既要保证正常安全地使用，还要经济、节约。虚拼梁可能在元代已出现，如真如寺前檐的一根劄牵，从结构上说，劄

牵原不承重，只是连系梁，没有必要拼这么高，这劄牵可能就是虚拼。明代虚拼梁应用广泛，苏州东山明代住宅中就有许多虚拼梁。

建于元延祐五年（1318）的浙江金华天宁寺大殿，月梁用了不同于上述实叠的拼合法，下部为整料，上部两边各一块木板，板中间再夹一木枋。还有一种拼法，梁下部为一整料，其上分立两块木料，各以木销与下部穿连卯合，起结构作用，这也许是虚拼法的发端（图1-93）。

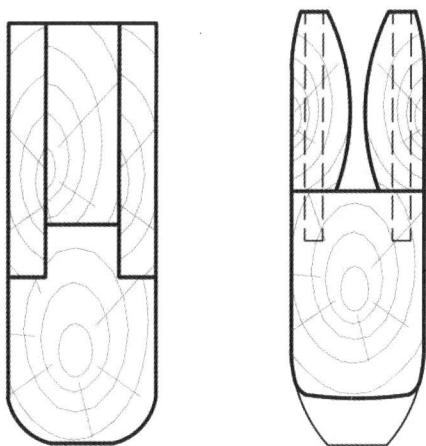

图1-93 金华天宁寺大殿两种拼合月梁

3. 新的构件，新的形式

《法原》中有一些构件为《法式》所无，如梁垫、寒梢栱、棹木、山雾云、抱梁云及殿庭中的随梁枋等（图1-12、图1-14、图1-15）。梁垫、寒梢栱、棹木在江南元代建筑，如上海真如寺大殿、苏州东山杨湾轩辕宫、虎丘二山门，以及浙江金华天宁寺大殿、武义延福寺大殿中都未见到。至明代，苏州城隍庙、无锡泰伯庙至德殿（图1-94），苏南一些明代住宅，如常熟彩衣堂、保闲堂，常州保和堂，以及苏州东山明代住宅中均有使用，它们应产生于明代。

宋、元时期一般梁头下由斗栱承托，没有梁垫，但有时梁下设楂头、压跳、丁头栱，如山西晋祠圣母殿压跳下斗中旁出翼形栱（图1-95）。北京明代长陵祾恩门内金柱梁下，及太庙正殿下檐挑尖

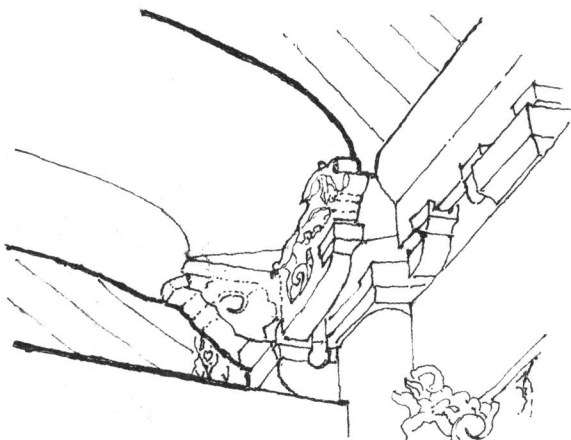

图1-94 无锡泰伯庙至德殿梁垫、棹木

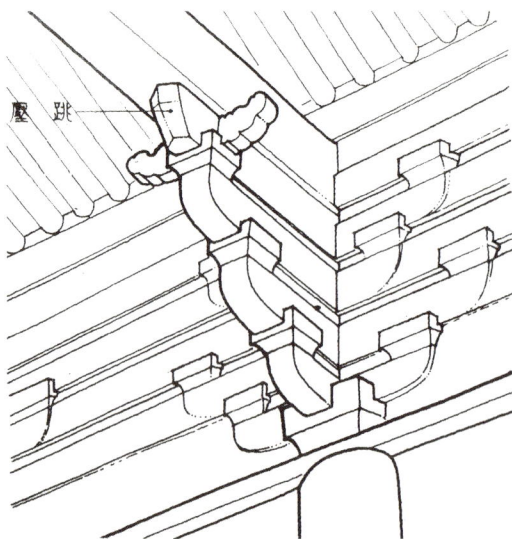

图 1-95　晋祠圣母殿压跳与翼形栱

梁下，都有此类楷头、丁头栱。这种楷头、压跳、翼形栱、丁头栱似为梁垫、棹木与蒲鞋头的先声。

除苏南明代建筑外，扬州西方寺明代大殿中也有梁垫。一般应用在四界大梁下，在山界梁、轩梁、廊川、单步梁或双步梁下也常用。明代梁垫的形式有多种，至清末民初形式渐趋单一。"梁垫作如意卷纹，其底有雕金兰、佛手、牡丹等流空装饰者，称谓蜂头"（第22页），几乎成为厅堂大梁下的标配构件被普遍应用（图1-96至图1-99）。

图 1-96　苏州东山会老堂梁垫

图 1-97　苏州东山明善堂梁垫、棹木

图 1-98　苏州东山敦裕堂梁垫

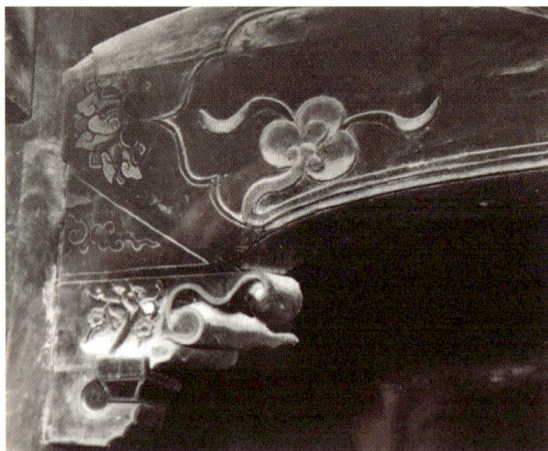

图 1-99　苏州东山明善堂佛楼梁垫

寒梢栱主要用在山界梁下，"梁端下置梁垫，唯不作蜂头，一端作栱，称寒梢栱"（第22页）。寒梢栱分斗三升及斗六升两种，视提栈高低应用。常熟言子祠（图1-100）、东山凝德堂仪门中，以及扬州西方寺大殿山界梁下也有寒梢栱。从苏州民居来看，寒梢栱并非必设，许多山界梁下不用。

棹木"形似枫栱，以为装饰"（第22页），苏南一带最早亦见于无锡梅村泰伯庙至德殿中（图1-94），雕刻图案为三幅云似的卷草，而且直立不倾斜。苏南明宅中，棹木普遍应用，随蒲鞋头出挑用一重或两重，但也有不用者。形状有圆有方。棹木因多雕镂空花纹，所处位置又较低，很容易损坏，往往于蒲鞋头上只见残迹。《法原》中棹木已成长方形，形似官员的"纱帽翅"，它的应用虽具风趣，但破坏了大厅的庄严感，有画蛇添足之嫌（图1-101）。

山雾云和抱梁云是位于脊部的装饰构件，《法原》第五章《厅堂总论》云："山界梁背设五七式斗六升牌科一座，与梁成直角，以承脊机及桁。牌科两旁依山尖之形式，左右捧以木板，刻流云飞鹤等装饰，称山雾云，栱端脊桁两旁，则置抱梁云。"（第22页）图版十二注云："山雾云厚寸半，高自斗腰至桁心。""抱梁云长按脊桁径三倍，厚一寸。"山雾云、抱梁云"泼水按高度1/2"（第183页）。可见做法已成定制。这种装饰唯有苏州一带才能见到，他处如徽州一带，有的脊部虽有简单饰物，但尚无充满脊部的山雾云。此类非结构性的装饰物，《法式》中就有丁华抹颏栱，元明时期，苏南一带如元代上海真如寺大殿、东山轩辕宫，明代苏州城隍庙城隍殿、苏州府文庙大成殿，这种饰物基本上还是实板一块，至无锡梅村泰伯庙至德殿才出现完整的云头，但边缘无出锋，倒是它的抱梁云有出锋的云头，与《法原》的云头相似。从苏州东山明代住宅上，可以看到大小、形式不同的各种山雾云（图1-102至图

图1-100　常熟言子祠寒梢栱

图1-101　苏州东山凝德堂棹木

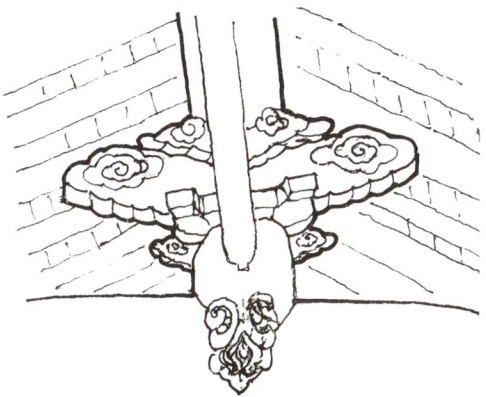

图1-102　无锡梅村泰伯庙山雾云、抱梁云

图 1-103　苏州东山凝德堂山雾云

图 1-104　苏州东山怀荫堂山雾云

图 1-105　苏州东山会老堂瑞芝楼山雾云、抱梁云

1-105），这些山雾云只有流云，尚无飞鹤。而无锡硕放昭嗣堂、常熟赵用贤宅保闲堂（图 1-106）、常熟彩衣堂、太仓张溥宅孝友堂等明构，山雾云均已满布脊部三角空间，图案均为流云飞鹤，与清代民居及《法原》几乎一致（图 1-12、图 1-107）。

明代的山雾云、抱梁云以直立居多，或稍有倾斜，有的抱梁云因梁上用斗六升牌科而用两重。或因明代正处于变化发展中，到《法原》时代就基本定型。结构上脊部取消了叉手，给山雾云提供了发展空间，山雾云从简单逐渐变得复杂。在徽州、景德镇的明代住宅中，脊部也有用云头、云板者，但未能普及发展，山雾云成了苏州一带独特的标志性装饰构件。值得一提的是，明代官式建筑斗栱上喜用三幅云装饰，如嘉靖十一年（1532）北京先农坛太岁殿拜殿脊部就用了三幅云装饰（图1-108），同时期苏州府文庙、无锡泰伯庙中也可见三幅云装饰，由此推测，"山雾云"或许与"三幅云"的吴语谐音有某些关联。

荷叶凳是用来调整屋架间高度的构件，"余如山尖过高，则可于山雾云斗六升牌科下加荷叶凳，或放高连机，伸缩决定之"（第 31 页）。在需要调整

图 1-106　常熟赵用贤宅保闲堂山雾云

图 1-107　苏州艺圃博雅堂山雾云

高度之处，均可施用荷叶凳。而同样目的，《法式》用的是驼峰："凡屋内彻上明造者，梁头相叠处须随举势高下用驼峰。"（《大木作制度二》）直至明代，犹有用驼峰者，如先农坛太岁殿拜殿、具服殿，苏州府文庙大成殿，东山敦裕堂（图 1-109）等。苏州东山春卿第、明善堂门楼、怀荫堂等处则用荷叶凳（图 1-110、图 1-111）。

还有一种不承重，纯作装饰的荷叶凳，位于斗下，贴在梁上（图

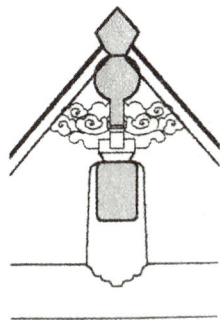

图 1-108　先农坛太岁殿拜殿脊部三幅云

图 1-109　苏州东山敦裕堂驼峰

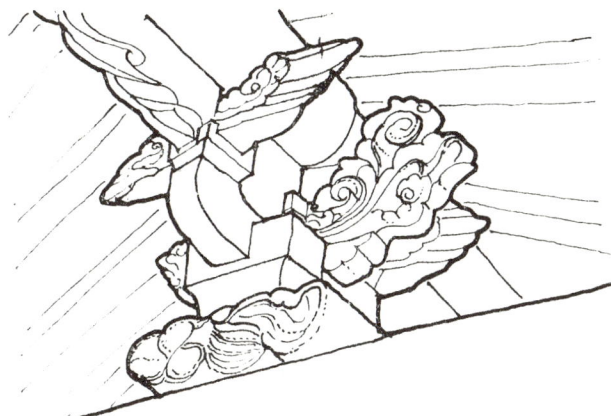

图 1-110　苏州东山春卿第山雾云、荷叶凳

图 1-111　苏州东山怀荫堂云头、荷叶凳、梁头

图 1-112　苏州东山明善堂荷叶凳

1-112）。至清代，驼峰基本消失，都用荷叶凳了。《辞解》："荷叶凳（荷叶凳，角背）坐斗之旁，填以短木，两头作卷荷状者，使平衡坐斗。"（第107页）这个解释有些不确，荷叶凳的作用是垫高坐斗，也能承重，不是在坐斗之旁，只起平衡作用。但似与北方称呼"角背"者作用相近，梁思成《清式营造则例》解释"瓜柱脚下之支撑木"："凡是瓜柱都有角背支撑，以免倾斜。"可见"角背"主要是支撑而不是承重，荷叶凳与角背是不同的构件。北方在梁架中没有荷叶凳，只有荷叶墩，但仅作

门臼及用于隔架科斗拱大斗之下。

在殿庭中，梁下前后柱头间常应用随梁枋，大的殿庭在随梁枋下还设四周兜通的四平枋，以增加前后柱间的联系，加强柱网的整体性。《法式》中无随梁枋，在大梁下有时在柱头以下设顺栿串，但断面广仅为一材，显然作用没有随梁枋大。随梁枋在元代江南建筑，如苏州东山轩辕宫正殿、上海真如寺大殿、浙江金华天宁寺大殿中已见应用，其中天宁寺大殿是随梁枋的最早实例。明代苏州府文庙大成殿、无锡梅村泰伯庙至德殿也有随梁枋，此后凡殿庭均用随梁枋，《做法》中几乎所有大式建筑均有随梁枋，构架的整体性得以加强，说明中国木构的进步。

梁架体系方面，由于某些节点构造做法的改变，以及新构件的运用，使梁架体系相应产生了变化。桁条与梁的结合有所加强，梁头与桁的端头通过开刻、留胆等工艺形成了桁椀，加强了联系，构架的整体性得到了加强。因此叉手、托脚及攀间等稳定、联系构件不再需要。而宋式之栿只靠斗栱承托，与梁本身基本没有接触，故叉手、托脚、攀间就必不可少。大梁下有了梁垫等承托，大梁就不必非搁置在大斗口上，可按需进行调整，甚至不用大斗，直接架在柱上，设计就比较自由。

新的形式，如《法原》中翻轩、回顶、贡式厅、鸳鸯厅、花篮厅、满轩等，是《法式》所不具备的，属后世创立的新形式。翻轩即《园冶》中《草架式》图中"惟厅堂前添卷"之卷，回顶与《园冶》中《九架梁前后卷式》之后卷相似，只是《园冶》图中将金童柱画成落了地。轩及回顶应创建于明代，其余都是明以后才出现的，据《苏州古民居》《吴中古迹》等记载，大多出在乾隆以后，以光绪年间为最多。这与乾隆以后建筑风格渐趋华丽、繁缛，卷与草架大量应用正相符。

花篮厅的出现也是一个例证，"厅之步柱不落地，代以短柱，称垂莲柱，亦称荷花柱。……柱首雕花篮，故名花篮厅"（第28页），有的雀宿檐垂莲柱也刻作花篮（图1-113）。厅堂用花篮柱首才称花篮厅，花篮取代了荷花，为何仍称荷花柱或垂莲柱，而不称花篮柱？从砖雕门楼的荷花柱或许可以解释。砖雕门楼上下枋两侧的短柱也称作荷花柱，其端头为垂荷状，有的也呈花篮状（图1-114、图1-115）。明末清初直至

图1-113　苏州东山清代民宅雀宿檐花篮柱头

图 1-114　苏州东山明善堂门楼荷花柱

图 1-115　苏州大石头巷舍和履中门楼荷花柱及细部

乾隆早期，柱头纹饰仰覆莲式的柱头装饰占了绝大多数，而花篮式柱头装饰在乾隆后期才确定下来，直到清末都没有太大的改变。[1] 据此，花篮厅上的花篮与门楼大体同步，也是完全可能的。形式虽然已经变化，而名称依旧，一直沿用至《法原》时代。《法式》中"小木作"帐、藏常用"虚柱"，即悬挂的短柱，柱下端雕刻莲花，故称垂莲柱。实例有宋代河北正定隆兴寺转轮藏（图1-116），元代山西洪洞广胜寺飞虹塔垂莲柱（图1-117）。后来垂莲逐渐演变成花篮。

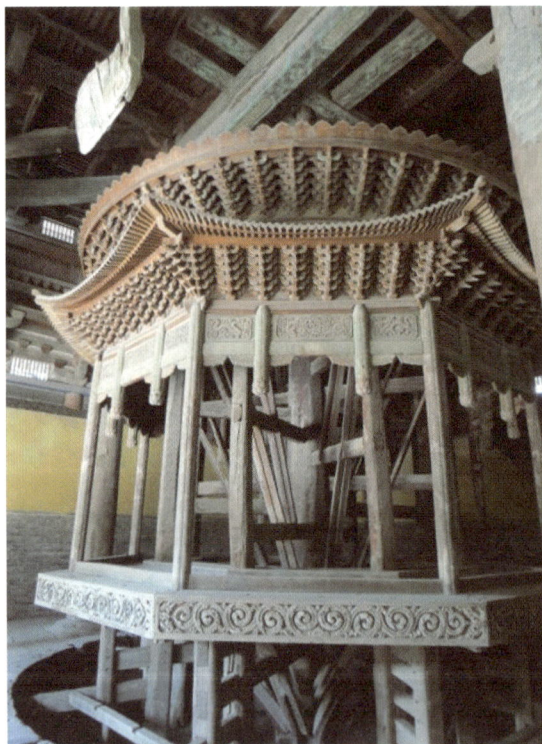

图 1-116　河北正定隆兴寺转轮藏虚柱

[1] 居晴磊. 苏州砖雕 [M]. 北京：中国建筑工业出版，2008.

图1-117　山西洪洞广胜寺飞虹塔垂莲柱

（二）高翘的屋角

南方建筑中，最富江南特色且令人印象深刻的，首推屋角起翘，"南方戗角兜转耸起，如半月状，虽不若北方之庄重，然揆诸环境气候，亦无不宜，轻巧雅逸，是其特趣"（第38页）。《法式》屋角起翘用大角梁、子角梁法，但具体做法"在《大木作制度》中造角梁之制说得最不清楚"（梁思成《〈营造法式〉注释》）。而《做法》中，也只是列举了计算子角梁与大角梁长、宽、高尺寸的过程，并未说明具体做法，只有在梁思成《清式营造则例》里才有。

评　上
介　篇

《法原》详细说明了屋角的构造做法。屋角起翘有两种做法，一为嫩戗发戗，一为水戗发戗。嫩戗发戗主要依靠木构起翘，即用木骨法。在第七章《殿庭总论》里，详细论述了嫩戗发戗的做法，歇山及四合舍式屋顶，转角之处成45°架老戗（老角梁），戗之前端架于廊桁上，后端则架于叉角桁上，或直接插在步柱上。老戗头在平面上伸出出檐椽分位一尺或一飞椽长。嫩戗（仔角梁）安于老戗前端之上，与老戗成122°—130°角，嫩戗实长三飞椽。老戗与嫩戗之间，实以菱角木、箴木及扁檐木，扁檐木上缘须弯曲顺适。出檐椽在角部成放射状布置，称摔网椽（翼角椽），飞椽从正身出檐椽起，飞椽头向嫩戗尖逐根抬高并竖立在摔网椽上，使与嫩戗之端相平，称立脚飞椽（图1-118）。在飞椽头"钉通长木板以隐椽头，称为摘檐板，亦称遮椽板"（第37页）。遮椽板具有江南特色，为清式建筑所无。立脚飞椽下端架于里口木间，并将里口木逐渐升高，成高里口木。其下端内侧复钉捺脚木。

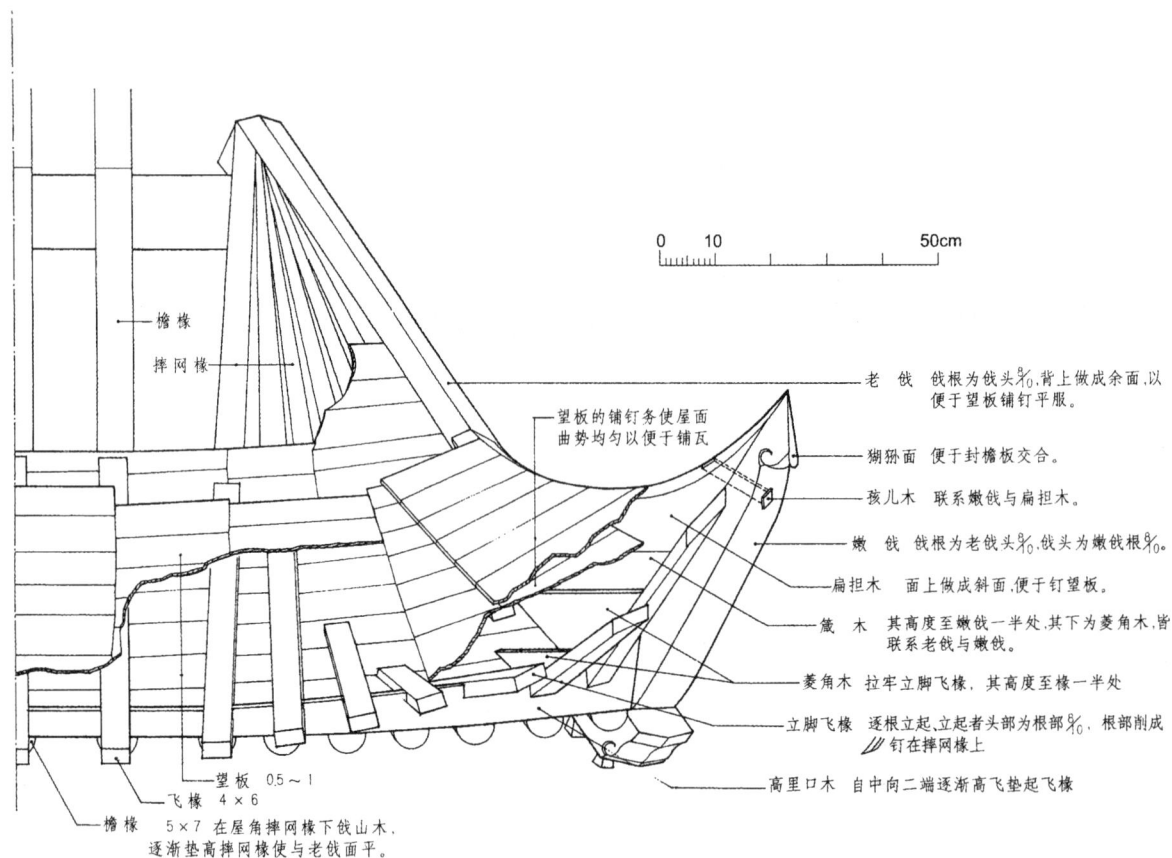

图1-118 嫩戗发戗构造图

嫩戗发戗的屋面水戗（戗脊）属水作，为中国南方建筑特征。其势随老嫩戗曲度，戗端逐皮挑出上弯，轻耸灵巧，曲势优美。水戗以戗座、滚筒、二路线（二层瓦线）、盖筒构成，亦有不用滚筒者。具体做法，在嫩戗尖上以拐子钉将加工成齿状的五寸筒瓦钉在其上，称老鼠瓦；上就戗座尽头处设钩头筒瓦，称猫唧瓦，或御猫瓦、蟹脐瓦；其上在滚筒之端作葫芦形曲线，称太监瓦；太监瓦上以二路线之瓦条逐皮挑出，称四叙瓦或朝板瓦；最后上覆盖筒，盖筒之上或置钩头狮、走狮、坐狮等（图1-119）。水戗构造如不用滚筒，则无太监瓦。

嫩戗发戗的做法，当由宋法大角梁、子角梁逐渐演变而来，如福建泉州开元寺南宋镇国、仁寿双塔，其屋角起翘颇高，就因子角梁改变《法式》做法，斜翘在老角梁上（图1-120）。苏州寂鉴寺元代石殿，子角梁也斜插在老角梁上，但子角梁似牛角弯起（图1-121）。更出现了多层木构件逐一相叠，

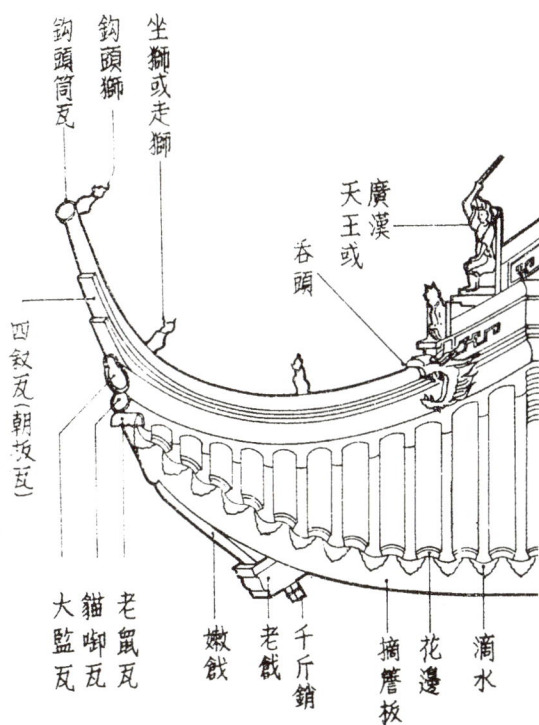

图1-119　嫩戗发戗之水戗

图1-120　泉州开元寺镇国塔子角梁

图1-121　苏州寂鉴寺元代石殿屋角

逐渐向上翘起挑出的子角梁，如浙江金华天宁寺大殿（图1-122），成为后来嫩戗发戗的先声。

水戗发戗不用木骨起翘，而靠水戗本身伸出翘起。先将戗座垫高六七寸，作壶口形，然后与嫩戗发戗一样，滚筒可用或不用，再从二路线逐皮向外挑出弯起，或兜转成卷叶状（图1-123）。

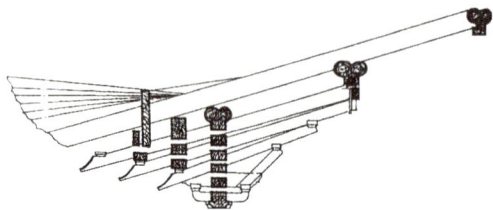

图1-122　金华天宁寺大殿子角梁

图1-123　水戗发戗之水戗

屋角起翘须用于屋顶有转角的建筑中，如四合舍（庑殿）、歇山、尖顶等，在殿庭与园林建筑中常用。园林中的厅堂，尤其是亭、榭一类的建筑，屋角多高高翘起，显得玲珑、轻巧。起翘做法或嫩戗发戗，或水戗发戗。民居住宅中，由于制度的限制，厅堂一般多用硬山屋顶，极少用歇山。

在实例中，嫩戗发戗的具体做法并不限于书中所述，如老戗头伸出一尺或一飞椽，嫩戗与老戗的夹角为122°—130°角，嫩戗实长三飞椽等，可以按需要随宜变化。园林中更为自由，如拙政园远香堂的屋角起翘就较平（图1-124），几乎与清官式老角梁、子角梁做法相近。另有其他不同做法，详见中篇《问题与讨论》。

图1-124　苏州拙政园远香堂屋角

（三）失去模数作用的牌科

牌科即斗栱，为南方称谓。斗栱是中国木构架建筑特有的构件，因此也是中国古建筑重要的特色之一。斗栱是重要建筑的尺度衡量标准，《法式》建立了"以材为祖"的材份制模数，各种构件的大小均用材、栔、份表达，而《做法》则以斗口为模数，更进一步，房屋的面阔、进深及高度都以斗口为准。在《法原》中，建筑的各种尺度，如平面、高度、各构件的大小都与牌科无关。牌科本身有的也不以斗口为标准，如栱长、出跳长等，而是固定几种规格尺寸，说明牌科在建筑中失去了模数的地位，其重要性下降。

牌科的种类分六种：一斗三升、一斗六升、丁字科、十字科、琵琶科、网形科（图1-125至图1-128）。琵琶科见于明以前建筑，之后苏州已极少见，网形科仅用于牌楼，它们都不是主要的、用途

图 1-125　苏州网师园一斗三升

图 1-126　一斗六升

图 1-127　十字科、丁字科外跳

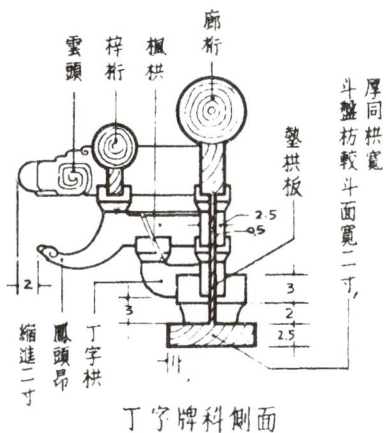

图 1-128　丁字栱剖面图

最广的牌科。一斗三升、一斗六升是不出参的，"常用于厅堂廊柱间廊桁之下"（第17页）。丁字科仅向外出参，三出参者较少，多为五出参，"用于祠堂之门第，或厅堂者居多"（第17页）。十字科则向内外出参，殿庭多用十字科，通常五出参或七出参。

牌科用材大小有三种，五七式、四六式、双四六式。与《法式》《做法》均不同，牌科用斗的尺寸来表示用材大小，五七式即斗面7寸见方，斗高5寸，斗底5寸，栱高3.5寸，厚2.5寸；升料以栱料扁做，升高2.5寸，升宽3.5寸。五七式牌科是最基本的式样，"常用于华丽之厅堂，或祠堂之门第"（第19页）。四六式较小，各项均按五七式之八折，调整成整数，故名四六式。斗宽6寸，高4寸，栱高3寸，宽2寸；升高2寸，宽3寸。"以其式样较为小巧，常用于亭阁牌坊等建筑。"（第19页）双四六式，其大小适为四六式之两倍，故名"双四六"。斗高8寸，宽12寸，其余依次类推，尺度较大。"此式比例较巨，常用于殿庭等大建筑物。"（第19页）宋、清式斗栱做法固定、一致，均以材或斗口为准，如栱、斗、升、昂等各种构件的尺度，均有固定模数。而牌科各构件均为固定尺寸，不论斗口。如上述之斗、升、栱等，五七式第一级栱长为1尺7寸，第二级栱长为2尺5寸；出参栱第一跳自桁中心至升中心为6寸，第二、第三跳均为4寸；四六式第一级栱长为1尺4寸，第二级为2尺。栱之高、宽比例与栱长随不同牌科而有差别，如五七式栱高、宽比例为1.4∶1，与清式一样，而四六式则为1.5∶1与宋式一致。栱分亮栱与实栱，其意义及用途前已述及。在柱中心线上之斗三升、斗六升栱上升之间存有空隙，常以木板镶填空隙，称鞋麻板，"板亦流空雕花"（第17页）。

斗栱作为结构构件主要承载由梁下传的屋顶荷载，并可减小梁的跨度，增大梁的承载力，在檐下可增加挑檐的长度，使出檐深远。在起结构作用的同时，斗栱也极具装饰作用。随着技术的发展，斗栱的结构作用逐渐退化，装饰作用却愈益加强，主要反映在斗栱用材变小，数量却增多，由唐宋的硕大、疏朗，变成明清的纤细、繁密。牌科的结构作用已逐渐丧失，南方丁字科的出现就是很好的证明。丁字科在明代江南地区就已出现，如常熟赵用贤宅的门屋就用了丁字科，桁下一斗六升，外出一昂，上为云头、枫栱，只是里拽可能仍留一翼形栱头，转型尚不彻底（图1-129[1]）。唐宋因用材较大，故无论柱头或补间铺作，用材完全相同。而至明清，虽然用材减小，但柱头仍要承力，不得不将柱头出跳之栱加宽。另外第四章《牌科》内也有云："梁端向外伸长，并予收小减薄，作云头或昂头，外观虽较整齐，但不如云头挑梓桁之能表示其承力作用。"（第18页）也说明了牌科结构作用的衰退，主要起装饰作用。牌科中横向有用枫栱与桁向栱之别。枫栱用于牌科之里外跳，为长方形木

---

[1] 此图见下页。引自《中国古代建筑史》第四卷第444页图9-37（中国建筑工业出版1999年）。

板，一端稍高，向外倾斜，竖架于栱或昂上之升口，以代桁向栱，"栱多雕流空花卉"（第17页）（图1-130）。是故用枫栱者无桁向栱，即清式之瓜栱、万栱。《法原》图版十九所示牌科用枫栱，其相叠层次为坐斗、栱、昂、云头等四层，出二跳，即为宋式之五铺作、清式之五踩。宋、清式均有大斗、栱、昂、令栱（或厢栱）与耍头、衬方头（或撑头木）五个层次，与之相比，牌科少了一层衬方头（或撑头木），令栱（厢栱）也未做，似宋式偷心的做法（图1-128）。

昂头上用桁向栱之例，即使每跳都用桁向栱，也有单栱与重栱之别（图1-131），转角牌科同样如此（图1-132至图1-134）。由于牌科常用云头代耍头，牌科层数又少了一层，所以转角牌科老戗之下就不设宝瓶。即使用了桁向栱，其角上如仍出云头，云头上也无法置宝瓶。

图 1-129　常熟赵用贤宅门屋丁字栱里拽

图 1-130　枫栱与桁向栱

图 1-131　桁向栱用重栱

图 1-132　用枫栱转角牌科

图1-133 用桁向栱单栱转角牌科

图1-134 用桁向重栱之转角牌科

　　《法式》铺作中本无枫栱，《做法》中亦无。但是在斗栱中，纯装饰构件出现最早的当为唐代佛光寺大殿之翼形栱（图1-135），之后许多古建实例，如佛光寺文殊殿、太原晋祠圣母殿、朔州崇福寺弥陀殿、平遥文庙大成殿等，自宋至元都可见到翼形栱，元代山西万荣东岳庙献殿栱头上有雕刻的龙头装饰（图1-136），表明了斗栱的装饰性在加强，但也许它们还只是枫栱的先声。枫栱应该出现于明代，苏州东山明善堂砖雕门楼牌科上就出现了枫栱（图1-137）。明代的一些无梁殿中也有类似的装饰件，如苏州开元寺万历年间无梁殿，与山西五台显通寺无梁殿、太原永祚寺无梁殿中所见（图1-138至图1-140），虽分处南北，地隔千里，却又何其相似乃尔。难怪刘敦桢先生要怀疑苏州开元寺无梁殿"营建此殿之匠工，系来自山西一带者"。[1]

图1-135 唐代佛光寺大殿翼形栱

图1-136 万荣东岳庙献殿龙头形饰物

---

[1] 刘敦桢.苏州古建筑调查记[M]//刘敦桢文集：2.北京：中国建筑工业出版社，1992：311.

图1-137 苏州东山明善堂门楼枫栱

图1-138 苏州开元寺无梁殿枫栱

图1-139 山西五台显通寺无梁殿枫栱

图1-140 太原永祚寺无梁殿枫栱

　　明代木构，如北京十三陵定陵中之二柱门，河南博爱坞垱坡老君庙三清殿，山西襄汾丁村民居，安徽绩溪龙川胡氏宗祠，江苏常熟兴福寺、赵用贤宅等，也有枫栱出现（图1-141至图1-145）。安徽黟县西递胡文光刺史石牌楼也有枫栱（图1-146）。它们有的成云头，多数透雕花纹，大多出于万历年间，而且枫栱形状各异，尚未如《法原》那样形成固定的长方形。有些砖雕枫栱玲珑剔透，因过于纤细，保存完整的极少，许多已毁坏，仅留残迹。枫栱又名风潭，做法一直流传至清代，在江南得到广泛、大量的应用，几成江南之特色。《辞解》："风潭，一名枫栱，牌科于第一出参时，不用桁向

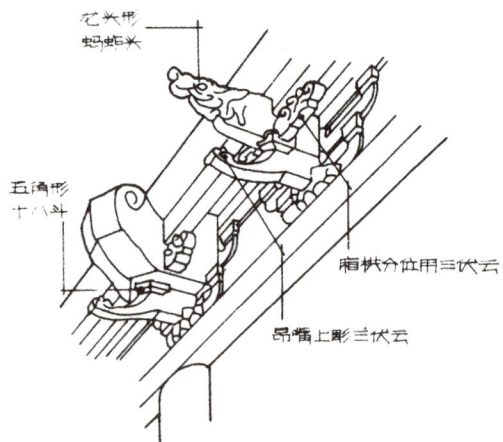

图 1-141 河南博爱圪垱坡老君庙三清殿枫栱

图 1-142 山西襄汾丁村民居枫栱

图 1-143 安徽绩溪龙川胡氏宗祠枫栱

图 1-144 江苏常熟兴福寺枫栱

图 1-145 江苏常熟赵用贤宅枫栱

栱，而用雕花之木板，类似樟木，该栱名凤潭。"（第 98 页）但《法原》枫栱外出参多用于第一出参，实例并不只限于第一出参，而且《法原》图版十九之十字牌科侧面，里出参即用两层枫栱。诚如刘敦桢先生所指出："厢栱改为透空的花版，都是明或明以后的方法。"[1]

[1] 刘敦桢.刘敦桢文集:2 [M].北京:中国建筑工业出版社,1992:326.

"其形微曲，下而复上，其头作凤头形者，称凤头昂。"（第16页）昂身弯曲、昂头翘起的尚有卷头昂、象鼻昂等，区别在于凤头昂头部做出锋，而卷头昂只卷无出锋，象鼻昂与卷头昂无大区别，仅称呼不同。这类昂分布很广，遍布我国东西南北。四川峨眉飞来殿为元大德二年（1298）遗构，用单杪重昂六铺作，上层昂头成象鼻形，下层昂头雕作龙头，是较早使用此种昂头式样的实例（图1-147）。有的把昂整个做成象头，倒是名副其实的象鼻昂（图1-148）。

牌科中的枫栱、垫栱板、鞋麻板均透雕花纹，图案丰富多样，加之凤头昂、云头的雕刻更加强了其装饰性。凤头昂及云头的做法"手法各

图1-146 安徽黟县西递胡文光刺史牌楼枫栱

图1-147 四川峨眉飞来殿象鼻昂

图1-148 象鼻昂

评介 上篇

异,无固定方式"(第 19 页),不似宋、清每个细部都有较严格的规定,这些都是南方建筑自由灵活的例证。

南方牌科与清官式斗栱的区别除上述一些外,亦无清式之耍头、六分头、菊花头等做法。清式之正心瓜栱、正心万栱用足材,而且厚加一栱垫板厚。牌科各栱端卷杀一律三板(三瓣),每板的转角或凿半圆形之折角,与《法式》瓜子栱、慢栱为四瓣,令栱五瓣不同,也与清式"瓜四万三厢五"卷杀瓣数均不同。正间牌科不像官式斗栱要求空档坐中,牌科坐中亦可,并不严格。两座牌科之中心距离,定为 3 尺左右,亦与模数无关。其间设垫栱板,"板多流空刻花卉"(第 17 页)。

牌科在住宅厅堂中较少用,有用者也以不出跳的斗三升、斗六升居多,在殿庭中却占着重要的地位,通常不可缺少。在园林的亭、榭类建筑中常可见到,尤其在亭上更不鲜见,不过一般不超过两跳。

(四)俨若假屋的轩

"凡厅堂往往将内四界以前地位加深,自一界至二界,并于原有屋面之下,架重椽,使前后对称,表里整齐,自下仰视,俨若假屋者谓之轩。轩为南方建筑特殊之设计。"(第 23 页)轩不见于《法式》,明计成《园冶》卷一《屋宇》:"卷者,厅堂前欲宽展,所以添设也。""草架,乃厅堂之必用者。凡屋添卷,用天沟,且费事不耐久,故以草架表里整齐。"并附有厅堂前添卷用草架及九架梁前后卷式之图样(图 1-149)。"卷"因为隆起呈篷状,故称,即《法原》之轩,应是明代所创。中国古建筑具有等级制度,在房屋的开间与进深(即间架)方面,自唐至明,对各等级房屋都作出了严格、明确的规定。庶人房舍的间架为三间四椽或三间五椽,但在明正统十二年(1447)"令稍变通之,庶民

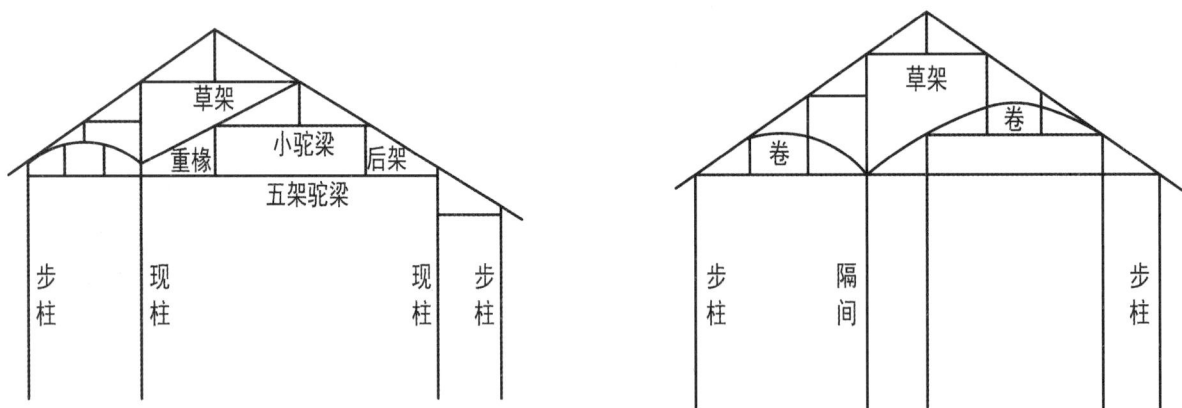

图 1-149 《园冶》中卷及草架图

屋架多而间少者,不在禁限",架被允许增多,为卷(轩)的出现提供了条件。《园冶》尚列九架梁五柱式与六柱式,均有复水椽构成假屋而未用卷。从江南地区现存元明遗构来看,最早出现的似为用复水椽构成的人字轩,如元代上海真如寺大殿,明代徽州歙县潜口中街祠堂,就用了人字轩,苏州东山的明宅中也有人字轩,而后才有卷。到万历以后,江南的厅堂多数用轩。因为初创,明代的轩尚较简单,只有船篷轩一种。后来的形式虽有多样,但主要是轩椽形式的变化。在扬州就有另外形式的轩椽,浙江横店瑞蔼堂更有一种轩,其弧形轩顶不用轩椽,而由木条拼成近似于栏杆的图案花纹,显得华丽、豪气(图1-150)。

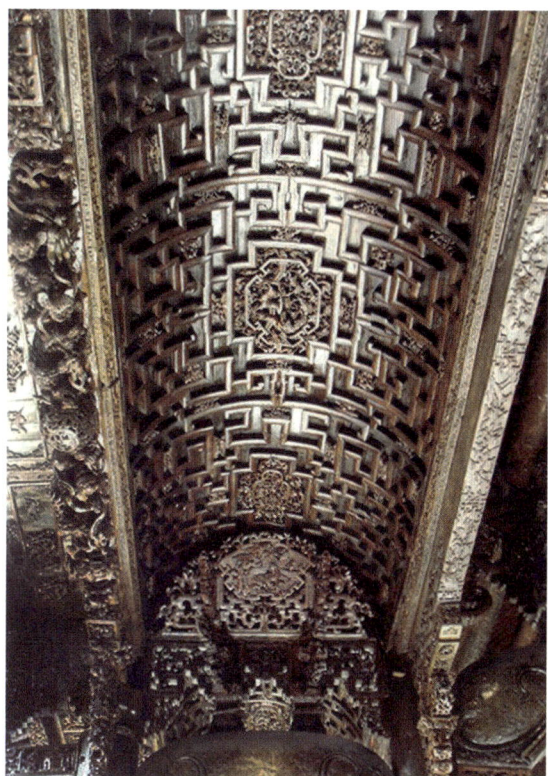

图1-150 浙江横店瑞蔼堂轩

"草架"在《法式·大木作制度二》"举折"条下已有"点草架",因在天花之上,加工不必精细,可以粗率,故名"草架"。在不能看到因而加工粗率这一点上,《法式》与《园冶》是相同的。但它们仍有本质的不同,即《园冶》所说:"重椽,草架上椽也,乃屋中假屋也。凡屋隔分不仰顶,用重椽复水可观。"用重椽,使屋顶下又有一层屋顶(假屋),似乎两个房屋相连在一起,与北方的勾连搭相似。而《法式》草架并无重椽与假屋。但重椽草架尚不能称卷,只是在室内形成人字形的"假屋",即《园冶》的复水重椽,也许可称之为人字轩,但应用较少。草架不仅用在一般厅堂中,也用在一些特殊构造的厅堂中,如满轩、鸳鸯厅等。

(五)平缓与陡峻共存的提栈

提栈即宋式的举折、清式的举架,"定侧与提栈两字音相近"(第12页),似乎提栈是由定侧转化而来。不过吴语"定侧"似乎与"提栈"并不十分相近,据辞书"栈"字本身就有"高峻"之意,所以"提栈"应是将屋顶中间提起成陡峻之义。《法原》石牌楼中"屋顶以前后两石板架成斜坡,称栈板"(第51页),也可说明"栈"字的意思。提栈与宋式举折自上而下形成曲线屋面不同,而与清式举架由下而上一样,前后桁的高差即提栈高,也即举高。提栈高与界深之比称为"算",也可称为"提栈系数",清式称为"举"。"提栈自三算半、四算、四算半、五算……以至九算、十算(称对算）。殿庭至多九算，亭子可至十算。"（第12页）清式的举架不论房屋大小，檐步一律为五举，自此往上推，直至九举。而提栈"起算则以界深为标准（但五尺以上，仍以五尺起算）"，从廊桁推至脊桁。"其第一界提栈算法，称为起算"（第12页）。如界深三尺半，起算即三算半；界深四尺，即四算；界深四尺半，即四算半……以此类推。这与清式不同，由于起算随界深，所以界深小的房屋，提栈总高占共进深的比例就小，屋面坡度也小。插图三——《提栈图》中，同样六界提栈用二个，界深3.5尺的提栈高为0.35、0.4、0.45，而界深4尺者为0.4、0.45、0.5，屋面坡度分别为20%、22.5%（图1-151）。

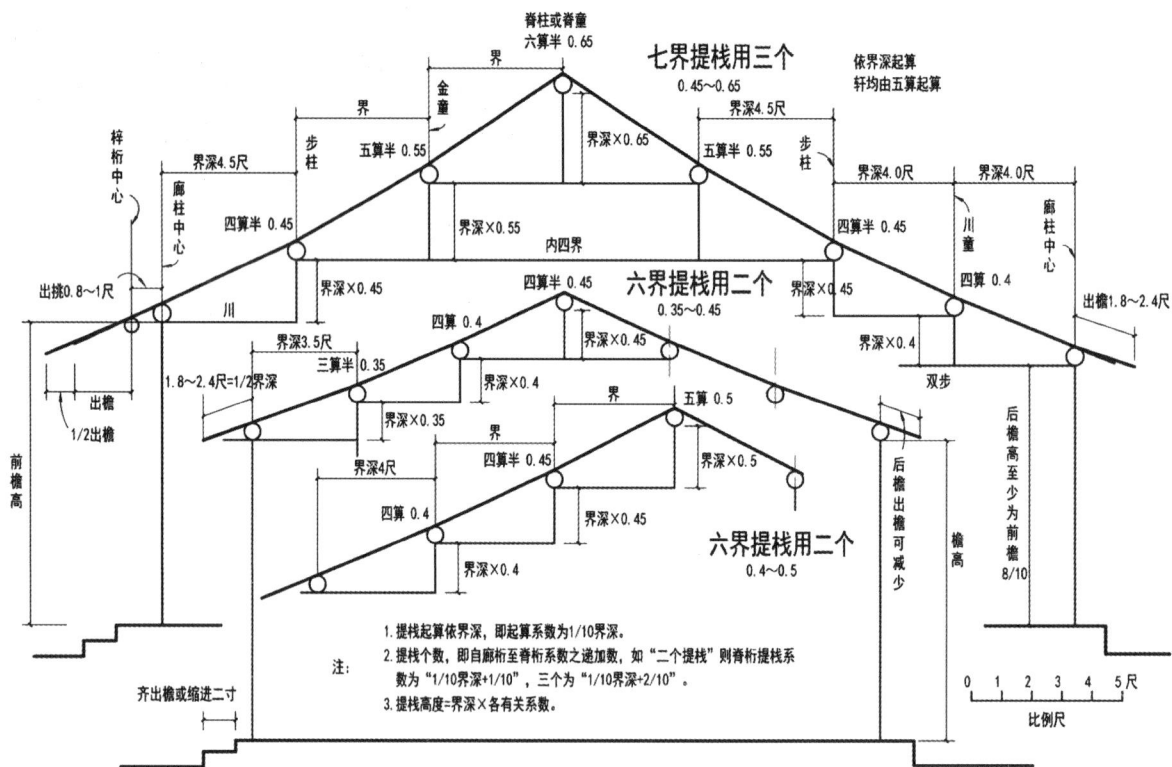

图1-151 《法原》提栈图（重绘）

提栈歌诀（第12页）：

民房六界用二个　厅房圆堂用前轩

七界提栈用三个　殿宇八界用四个

依照界深即是算　厅堂殿宇递加深

提栈个数，即自廊桁至脊桁系数之递加数，如"二个提栈"则脊桁提栈，圆堂为六算，厅为七算，至于殿庭最高为八算。以上均系正脊处提栈一般规定之限度，皆以界深作为起算。提栈系数为"1/10 界深 + 1/10"，三个为"1/10 界深 + 2/10"。

在第二章《平房楼房大木总例》里，尚有"提栈租四民房五""堂六厅七殿庭八"（第 8 页）之说，"租四"系指出租房屋之提栈为四算。民房为五，也有"囊金叠步翘瓦头"（第 12 页）之谚，言其金柱处不妨稍低，步柱处稍予叠高，檐头则须翘起。又认为"殿庭至多九算，亭子可至十算"（第 12 页）这些规定并不是十分严格，只是约数，不乏超过之例，如苏州府文庙大成殿脊部几乎就达十算。而且不同类的建筑提栈常常也不同。

宋《法式》屋顶总高 H 与总进深 S 之比 H/S = 1/3—1/4，即 33.33%—25%，其中殿阁类为 1/3，即 33.3%；厅堂类为 30%—27%。清《做法》七檩以上重要建筑在 37%—30% 间。《法原》插图三——《提栈图》之三个图样，H/S 分别为 27.5%、20%、22.5%；九个厅堂图版实例 H/S 在 31.6%—21.1% 间。《苏州古民居》中介绍的各个厅堂实例（大多为清代建筑）H/S 大多数在 25%—30% 间，[1]可见屋顶较为平缓。据调查，苏州东山的明代住宅 H/S 在 18%—26%，更为平缓。

殿庭提栈与民居不同，比较陡峻，可能是为了显示殿庭的庄重、威严。《法原》图版二十五苏州虎丘禅院二山门歇山屋顶 H/S = 38.76% = 1/2.58，图版二十六苏州文庙大成殿四合舍屋顶 H/S = 36.16% = 1/2.76。

特别陡峻的屋顶在尖顶亭上。《法原》亭子的起算与民居、殿庭都有不同，"方亭提栈自五算起，以七算、八算、九算之式递加之。六角、八角亭，或尖顶方亭，提栈自六算起，以上则须先绘侧样，定灯心木高低长短，视屋面斜势以决定"（第 82 页）。图版十一拙政园塔影亭注曰："方亭提栈自五算起，依七算、八算递加之。六角或八角亭，提栈自六算起，先绘侧样，定灯心木高低，后定第二提栈，常有加半、加倍之例。"而第三章《提栈总论》有说"亭子可至十算"（第 12 页），从中得知六角、八角亭一般都用尖顶，起算六算。方亭如用尖顶，则也可自六算起，如为歇山顶，可自五算起，但江南有的亭屋顶也可按五算起算。《法式》八角或四角斗尖亭榭，"若亭榭只用甋瓦者，即十分中举四分"，即屋面坡度为八举，十分陡峻，如苏州拙政园塔影亭（图 1-152），据图版十一，顶界已达十算。又如网师园月到风来亭（图 1-2）、西园湖心亭等，远超十算。

现在由于公制度量，提栈起算系数与尺寸挂钩已不复应用，但其原则应不变，仍需继续遵守采用。

---

[1] 苏州市房产管理局. 苏州古民居 [M]. 上海：同济大学出版社，2004. 数据从图中量得，不很精确。

图1-152 苏州拙政园塔影亭

（六）多姿的屋脊与脊饰

苏州传统建筑的屋脊分正脊、竖带（垂脊）、赶宕脊（博脊）、水戗等，屋脊上有各种脊饰，富有苏南地方特色，别处很少见。脊饰的题材，人物有文人、武将等，动物有龙、凤、狮子、麒麟、鹤、鹿、蝙蝠、鲤鱼等，植物有松、竹、梅、牡丹、荷花等，器物有暗八仙、葫芦、宝剑、扇子、如意等，传奇故事有文王访贤、八仙过海、三星高照等。这些脊饰大多为灰塑，不似琉璃屋顶那样标准化、规格化，故而题材广阔，式样繁多，姿态各异，正是匠师们各显技艺的好地方。

"厅堂正脊分游脊、甘蔗、雌毛（亦名鸱尾）、纹头、哺鸡、哺龙诸式。游脊以瓦斜平铺，简陋过甚，不宜用于正房，甘蔗、雌毛、纹头等用于普通平房，厅堂多用哺鸡，哺龙则用于寺宇之厅堂。"（第56页）其中以纹头脊最富于变化，应用最广。纹头图案有回文或乱纹，可用直线或曲线，此外还有灵芝、香草、石榴、凤头、蝙蝠、云纹等变体（图1-32、图1-153、图1-154）。脊高1尺至1尺8寸余（28—50 cm），宽略大于瓦宽，在20 cm以下。哺鸡即小鸡，古人认为鸡是一种不凡的灵禽，是凤的原始形象，传说鸡鸣日出，带来光明，能够镇压鬼怪。也有认为哺鸡即孵鸡，吴语"哺"与"孵"同音。笔者认为作小鸡解较妥，因尚

图1-153 各种纹头脊

有哺龙脊，就不能用孵了。如配牡丹、蔓草等纹饰，象征富贵；配云雷纹以降火灾。哺龙为幼龙，寺宇中的厅堂比殿庭等级要低，所以不用龙而用哺龙，也有"用厌火祥"之意。

园林建筑中，不少屋顶戗脊用水戗发戗，其水戗头有许多形态，是工匠发挥手艺的上佳处（图1-155）。

殿庭中四合舍屋顶有正脊与四根竖带，共五根屋脊。歇山屋顶有正脊、四竖带、四戗脊，共九根脊。除给人深刻印象的高翘屋角外，就是巍然耸立的正脊。"殿庭正脊两端，置龙吻或鱼龙吻，称为龙吻脊。"（第57页）分五套、七套、九套、十三套，按建筑间

图1-154 苏州网师园集虚斋凤回头屋脊

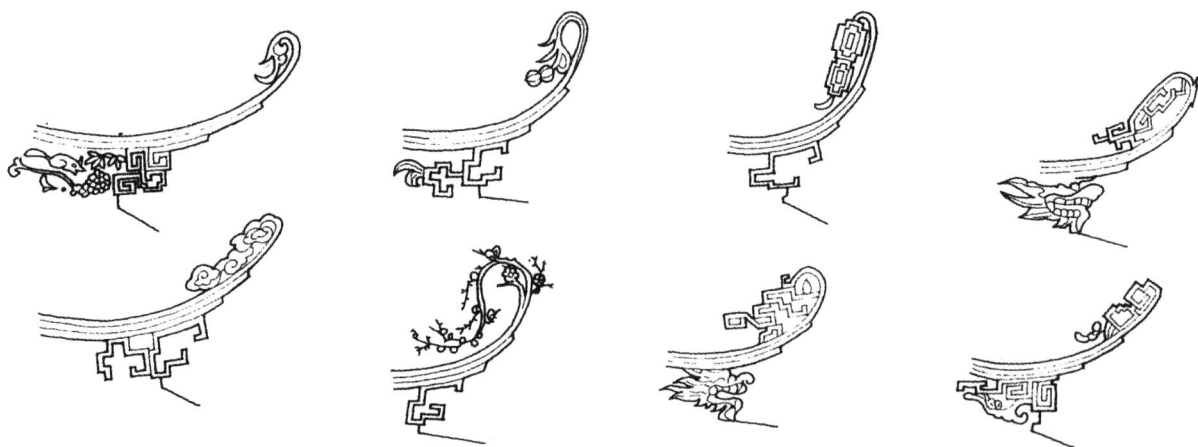

图 1-155　各式水戗头

图 1-156　天津辽独乐寺山门鸱吻

数，自三开间至九开间分别采用（图 1-39）。其构造下部为滚筒，直接砌盖瓦上，底瓦处留空，称风档。滚筒上依次砌二路线、三寸宕、亮花筒、字碑、亮花筒、三寸宕、瓦条、盖筒。亮花筒上下均砌瓦条，中以筒瓦对合砌成金钱、定胜等形状。滚筒下风档与亮花筒间的留空，可减少屋脊所承受的风力与木构所承的荷载。正脊之高度，自约 3 尺 5 寸（96 cm）至 5 尺（140 cm）以上，最高达六七尺（195 cm），"以瓦条亮花筒字碑之取舍增减，随宜伸缩"（第 57 页）。字碑上有时题写"国泰民安""风调雨顺""法轮常转"等祈愿文字。

正脊脊端的装饰，在汉代已有原始的鸱尾，鸱尾沿用至唐，形象为向里弯曲翘起的鱼尾，沿外边有鱼鳍纹，身上较少装饰。至宋辽时期，除尾部尚为鱼尾，边沿仍有鱼鳍外，头部有了嘴、眼等，并张嘴吞脊，渐向龙演变，称为鸱吻，《法式》仍称鸱尾。除鸱尾外，尚有龙尾，金代已与龙十分接近。元、明、清时南方都沿用龙尾，苏州元末张士诚纪功碑的龙吻形象已接近明清之正吻，但比例不同（图 1-156 至图 1-158）。

明清龙尾向后卷，称为正吻。吴地的龙吻比例较瘦高，与北方的正吻不同，在元代已开始变化。苏州寂鉴寺建于元至正十七

图 1-157　山西朔州金崇福寺弥陀殿鸱吻　　　　图 1-158　苏州元张士诚纪功碑龙吻

年至二十三年（1357—1363）的西天寺石殿正吻，已成鱼龙形（图
1-159）。南方的脊兽，如龙吻、哺鸡、哺龙等，早先与北方一样设窑
烧造，后来由匠人自行堆塑，造型不一，更为自由（图 1-160）。

图 1-159　苏州寂鉴寺元西天寺石殿鱼龙吻　　　　图 1-160　龙吻

图 1-161　苏州报恩寺前牌楼花篮靠背与吞头

竖带构造由脊座、滚筒、二路线、三寸宕、二路线、亮花筒、瓦条、盖筒等构成，层次、高低可适当调整。四合舍竖带位于二坡汇合之处。竖带可分上、下两部，上部下端设花篮靠背，置天王，以下为下部，减低为水戗。歇山竖带顺前后坡而下，"其端设花篮靠背，坐天王"（第58页）（图1-161、图1-162）。戗脊又称水戗，其戗根与竖带相接且与竖带同高，做法也与竖带相同。水戗前部与戗根相接处做兽头，作张口状，称吞头，

兽头上做花篮靠背，置戗兽。花篮出现在屋面上，即《法原》的"花篮靠背"，但屋顶受日晒雨淋，极易损坏，经常要维修甚至翻修，原物极难保存至今。苏州寂鉴寺西天寺石殿，在歇山屋顶前檐垂脊之端置有花篮，是最早出现在屋面上的花篮。但花篮上的放置物已难辨识，与宋式、清式的垂兽完全不同，与花篮靠背较接近，尚无靠背，似为花篮靠背的先声（图1-163）。

图 1-162　天王

图 1-163　苏州寂鉴寺西天寺石殿脊上花篮

天王、吞头、戗兽均为灰塑，竖带花篮靠背上有时亦作广汉、文臣武将、历史人物等，也可置麒麟、狮子等瑞兽，及桃、石榴、万年青等植物。吞头为龙头形饰物。戗兽多为坐狮。屋面上的人形饰物，在杭州闸口五代白塔翼角上就已出现，与《法式》之嫔伽不同，没有翅膀，虽已不太清晰，但仍能看出是人像（图1-164），与《法原》所载之广汉相似。武当山明代紫霄殿上也有神像（图1-165），

解

读

《营造法原》

与天王、广汉等是否有传承关系，还需进一步研究。

厅堂与殿庭，在脊的正中称龙腰部位，常饰以龙、凤、牡丹等，以及福禄寿三星、狮子滚绣球，甚至把戏曲故事，如《西游记》中唐僧师徒四个与白龙马都被搬上了屋脊（图1-166至图1-169）。

图1-164　杭州闸口白塔神像

图1-165　湖北武当山紫霄殿神像

图1-166　苏州府文庙大成殿正脊灰塑

图1-167　苏州狮子林福禄寿三星脊饰

图1-168　苏州拙政园狮子滚绣球脊饰

图1-169　苏州寒山寺《西游记》人物脊饰

赶宕脊用于歇山的山面之下，与水戗相连，"脊之中央，作八字宕，隐入博风板之内"（第58页），似宋式之曲脊。也用于重檐下檐之围脊（图1-170）。

图 1-170　苏州玄妙观山门赶宕脊

（七）实用的半碛，简单的鼓磴

第一章《地面总论》称："鼓磴之下填石板，与尽间阶沿相平称碛石。……其傍阶沿者，多用半碛。"（第 2 页）第九章《石作》称："承鼓磴之方石称碛。碛面高起若荸形者，称荸底碛石；四周雕莲瓣装饰者称为莲瓣荸底碛。"（第 48 页）"碛"这一称呼颇具古意，是《法式》中柱础的六个别名之一。

不过宋式的柱础——碛，与《法原》不同，它不是平平一块，其上包括覆盆，有的覆盆之上还带着栌（图 1-171）。荸底碛石虽与《法式》柱础仿佛，是苏州早期的做法，苏州文庙明代的大成殿即用此碛，到《法原》时代已少见。半碛顾名思义就是半块碛石，多用于傍靠阶台四周之阶沿石处，即廊柱与边贴柱鼓磴之下，其表面平整且与阶沿相平。鼓磴一部立于阶沿上，一部则置于半碛上。因为厅堂"阶台之宽，自台石至廊柱中心，以

图 1-171　苏州罗汉院的宋代柱础

一尺至一尺六寸（27.5—44 cm）为标准，视出檐之长短及天井之深浅而定"（第47页）。厅堂阶台的宽度较小，而据第九章所列阶沿石及磉石之尺寸，阶沿石宽为1.4尺至2尺（38.5—55 cm），磉石1.4尺至3尺（38.5—82.5 cm）见方，其中尺寸较大的恐用于殿庭，故厅堂用了阶沿石后，就只能用半磉了（图1-172）。

有的厅堂所用阶沿石较宽，甚至就不用磉石，将鼓磴直接立在阶沿之上，这也算是吴地民居特色之一（图1-173）。究其原因，恐怕与天井深度有关。第二章《平房楼房大木总例》解释歌诀"天井依照屋进深"云："系天井深度与房屋进深相等。"此"天井深度，尚能合日照原理，唯现在吴地筑屋限于地位，常觉湫隘异常"（第11页）。苏州一带，土狭人稠，天井深度"湫隘异常"，大厅前的天井有时还作为大厅室内空间的延伸，如逢吉庆婚丧等仪典时，室内场地不敷应用，可将厅前落地长窗卸下，厅井联成一片，室内外交融。阶台也不宜过宽，以免影响天井的使用。

图1-172　苏州全晋会馆的半磉

图1-173　苏州东山凝德堂廊柱柱础

磉上置鼓磴，"鼓磴或方或圆，有花者施浅雕，素者光平"（第48页）。住宅中鼓磴以圆与光平者居多，式样单一，变化较少，相对于有些地方的柱础高度较高，形式复杂，雕刻繁多，就显得比较简单。明及以前的鼓磴轮廓较圆，直径最大处常在鼓磴中部。清末至民国的鼓磴有的已不是正圆，直径最大处往往靠上。

（八）防火的山墙，空斗的墙垣

明清时期，因为砖瓦生产得到长足的发展，砖瓦广泛应用，出现了砖砌的硬山墙，硬山屋顶逐渐取代了悬山，"悬山一式，南方已不多得矣"（第37页）。但钉在桁端，起保护与装饰作用的博风板却被保留下来，山墙上部山尖做成砖博风，成了苏州地区传统民居的一个特征。早期明代的博风脊

图1-174 苏州东山博风

图1-175 苏州府文庙大成门博风

图1-176 苏州网师园如意垂鱼

部较宽，向檐部逐渐收窄，其端头以几个连续曲线结收，显得厚重且有变化（图1-174）。清代的砖博风一般上下同宽，整体感觉比较平呆。端头的装饰逐渐加强，晚期有用卷草者，有用象鼻图案者（图1-175）。关于博风，《法原》称："博风用于硬山上部，则用砖博风。博风合角处作如意形之饰物，称为垂鱼。"（第38页）名为垂鱼，但已不是宋式类鱼的垂鱼了（图1-176）。至于砖博风如何做，第十章《墙垣》里没有提及。一般均用砖砌，外做石灰粉刷或刷黑，考究的可做砖细。

还有一类高出屋面的山墙，"厅堂山墙依提栈之斜度，有作高起若屏风状者，称屏风墙。有三山屏风墙及五山屏风墙两种。山墙由下檐成曲线至脊，耸起若观音兜状者，称观音兜。观音兜分全观音兜及半观音兜两种，前者自廊桁处起曲势……后者自金桁处起曲势"（第53页）（图1-177、图1-178）。屏风墙的出现主要为防火，俗称封火山墙。江南地区人口密集，建筑密度很高，尤其在城镇，房屋鳞次栉比，防火措施至关重要。康熙《徽州府志》卷八记载，明代徽州太守何歆采用"家治崇墉以居"的办法，来应对防火问题并

图 1-177 苏州东山惠和堂五山屏风墙

图 1-178 苏州网师园观音兜

取得成效。在苏南一带明代民居中未见屏风墙，而清代民居则大量使用屏风墙。屏风墙在民居中的应用比观音兜更普遍，但在园林中却不见踪影，也许屏风墙的轮廓较生硬，不太适合园林环境的缘故。

南方墙垣"砌墙之式不一，就其大要，可分三类，即实滚、花滚、斗子，或称空斗。视其造价、性质，酌情而用"（第54页）。实滚就是实砌，即扁砌（平砌）或侧砌，或实滚芦菲片（平砌与侧砌相错交织，似芦席编纹）。花滚为实滚与空斗相间而砌。空斗即以砖纵横相置，形成斗形中空。实滚常用于勒脚等需要坚固的部分，空斗墙省砖且中空，有利于隔热、隔声，在吴地得到大量应用。空斗有单丁、双丁、三丁、大镶思、小镶思、大合欢、小合欢等砌法（图1-179）。砖墙在民

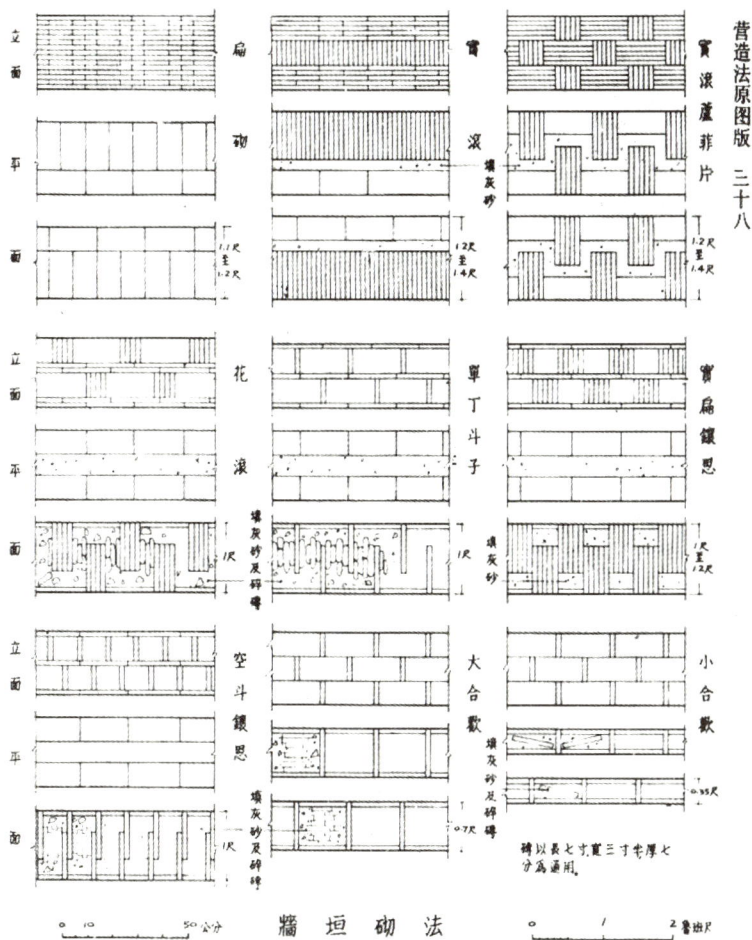

图 1-179 墙垣砌法

间大量应用始于明代，在《法式》中，房屋用墙均为土墙，有夯土墙与土坯墙两种，砖仅用于土墙的底部，称隔碱。

墙面需粉刷，"苏地外墙，类多刷黑"，现今多为白色。"凡庙堂墙面则刷红黄色"（第54页），但目前所见庙宇多为黄色，与北方刷土红色明显不同。

（九）砖雕的门楼

"砖料经刨磨工作者，谓之做细清水砖。"（第72页）有的还在经过刨磨的砖料上施加雕刻，刻出各种线条或图案，现代也称砖雕。苏州一带的细清水作，最突出的表现在门楼与墙门，"凡门头上施数重砖砌之枋，或加牌科等装饰，上覆屋面者，称门楼或墙门"。"门楼及墙门名称之分别……其屋顶高出墙垣，耸然兀立者称门楼。两旁墙垣高出屋顶者，则称墙门。其做法完全相同"（第72页）。

图 1-180 苏州张家巷沈宅三飞砖墙门

墙门的式样分三飞砖墙门与牌科墙门两种，它们的基本构造是门上置下枋，下枋上中间为字碑，两侧为方形兜肚，再上则为上枋，枋间由线条过渡，外侧或有荷花柱。上枋之上用三飞砖出挑，上盖瓦筑脊做屋顶，是为三飞砖墙门（图 1-180）。上枋之上设定盘枋，定盘枋上用牌科，牌科或不出跳，或出跳，牌科以上架桁设椽，盖瓦筑脊，是为牌科墙门（图 1-181、图 1-182）。屋顶以硬山为多，也有歇山顶，屋角多发戗，多用于门楼。

砖雕门楼在我国许多地方都有应用，但苏州门楼秀丽典雅、精巧细腻，是典型的江南风格。此外，苏州门楼字碑上镌刻题字，许多为名人所题，常采自经典诗文，意味隽永，书法各异，平添不少儒雅的书卷气，更胜于他处。

砖的应用在我国有悠久的历史，西周时已有了砖，至春秋战国、秦汉时期，出现了对砖面进行加工的印纹砖、画像砖。南北朝以至隋唐，砖雕工艺得到发展，仿木构件的砖雕装饰逐渐兴起并发展，佛塔中大量运用砖砌的仿木构件，1983年苏州灵岩寺发现了题款隋大业的"古松影壁"。到了宋代，砖雕有了长足的进步，《法式》第十五卷《砖作制度》中有明确的记载，如对砖进行"斫""磨"，制作"细砖"；在砖作功限中有"斫事"与"事造剜凿"用功。"斫事"即对各种砖进行斫磨加工，使成为细

图 1-181　苏州东山制律堂墙门

图 1-182　苏州网师园"藻耀高翔"门楼

砖;"事造剜凿"就是在砖上雕刻龙凤、花样、人物、壶门、宝瓶、花盆等。明清时砖的生产飞速发展,质量提高,砖雕艺术也得到蓬勃发展。砖雕被大面积应用于建筑装饰,明代《园冶》中有"历来墙垣,凭匠作雕琢花鸟仙兽,以为巧制,不第林园之不佳,而宅堂前之何可也"的记载。至清代,砖雕的技术、工艺更达到了顶峰。

门楼产生于明代,由门罩发展而来。明代的墙门有一种在门上架一道或两道门额,额上或安数斗,斗中伸出◪形片状饰物,似木构中的霸王拳,饰物间施有壶门线条。或不用斗,直接伸出饰物。其上出几层飞砖,飞砖上筑屋顶,或出椽再筑屋顶。这可能是墙门的早期形式(图 1-183、

图 1-183　苏州东山遂高堂墙门

图 1-184），到清代这样的墙门已难见踪迹。还有一种墙门，门上已具下枋、大镶边及上枋，上枋之上仍用早期的 ⌐ 形饰物，可能是介于早期与晚期之间的过渡形式（图 1-185、图 1-186）。明后期的门楼已与《法原》牌科门楼接近（图 1-187），但上枋、大镶边、下枋三部分基本处在一个平面上，两侧的荷花柱较长，贯通上下枋，这种风格延续至清初。乾隆年间才有所改变，自下枋以上层层挑出，并增加了挂落、阳台及栏杆，荷花柱变短，只设在上枋外侧，门楼外形显得更复杂，立体感更强，雕刻更深，更显华丽（图 1-188）。

图 1-184　苏州东山遂高堂墙门细部

图 1-185　苏州东山明善堂墙门

图 1-186　苏州东山紫金庵门楼

图 1-187　苏州东山明善堂门楼

图 1-188　苏州艺圃门楼

砖雕门楼的发展从简单到复杂，后期有的门楼更是无处不雕，达到了烦琐的程度，有些透雕真是玲珑剔透、纤细繁缛（图1-189）。《法原》介绍牌科墙门时就指出："有于下枋束编细之处，做阳台、栏杆及挂落者，上下枋及兜肚间，雕刻人物山水，虽备极华丽，不免有纤巧之弊。"（第73页）

其实，《园冶》中除了上面所说，砖雕花鸟仙兽不仅用于园林不佳，也不可用于宅堂，此乃"市俗村愚之所为也，高明而慎之"。更有云："雕镂花鸟、仙兽不可用，入画意者少。"清人无锡钱泳在《履园丛话》里说："又吾乡造屋，大厅前必有门楼，砖上雕刻人马戏文，玲珑剔透，尤为可笑。此皆主人无成见，听凭工匠所为，而受其愚耳。"过度雕饰俗而不雅，亦有纤巧之弊。门楼能较为完整地保留至今已是十分不易，纤细处均有不同程度的损坏。虽然工艺高超，令人叹为观止，但其审美意趣并不高明。

图 1-189　苏州东山春在楼门楼

（十）变化万千的花墙洞（漏窗）、地穴（门洞）、月洞（空窗）

《法原》第十五章《园林建筑总论》云："园林墙垣，常开空宕，以砖瓦木条构成各种图案，中空，谓之花墙洞，亦称漏墙、漏窗，以便凭眺，似有避内隐外之意。花墙外形不一，或方，或圆，或六角，或八角，或扇形，或叶形等。"尚有不规则的异形。"瓦片所搭者，有金钱、鱼鳞、锭胜、海棠、破月、水浪诸景。"其余花墙"其式样有宫式、葵式、万川、八角灯景、竹节、书条、席锦、套环（绦环）、芝花、藤茎诸式"（第83页）。漏窗除了书中所说的各式图案外，尚有松、柏、牡丹、梅、竹、兰、菊、芭蕉、荷花、佛手、桃、石榴等植物花卉题材，狮、虎、云龙、蝙蝠、凤凰和松鹤图、柏鹿图等鸟兽题材。匠心各运，别出心裁，不落常套，无所限制。另外还有小说传奇、佛教、戏曲故事等人物题材。其中几何图案最多，植物花卉次之，鸟兽、人物故事最少，且易流入庸俗（图1-60至图1-63，图1-190，图1-191）。

图1-190　花墙洞

图1-191　苏州沧浪亭花墙洞

"凡走廊园庭之墙垣辟有门宕，而不装门户者，谓之地穴。墙垣上开有空宕，而不装窗户者，谓之月洞。地穴、月洞，以点缀园林为目的，式样不一，有方、圆、海棠、菱花、八角、如意、葫芦、莲瓣、秋叶、汉瓶诸式。"（第76页）（图1-64至图1-69）

千姿百态的花墙洞、地穴、月洞等与墙组合在一起，是江南园林的特色之一，也是李渔所谓"尺幅窗""无心画"（《闲情偶寄·居室部》）。江南多私家园林，占地面积不大，建筑密度高，在建筑上通过对比、衬托、尺度等一系列手法，达到"小中见大"的效果。如常以墙来划分空间、衬托景物、遮蔽视线，但实墙过于封闭，显得沉重。为克服此种缺憾，在墙上开设花墙洞、地穴、月洞等，使各个空间既隔又连，互相渗透，融为一体，虽方寸之地，感觉却景深不尽，仿佛空间深邃无穷。苏州留园的揖峰轩、石林小院就是优秀之例（图1-192至图1-194）。花墙洞图案在光线照射下产生富于变化的阴影，景物若隐若现，具有层次感，与墙面形成虚实、明暗对比，活泼而生动；地穴、月洞就像取景的画框，成为点缀园景的手法之一。墙的色彩以白色为主，偶尔用黑或青灰色。白墙和灰色瓦顶、栗褐色门窗形成色彩对比，可以作为背景衬托湖石、花木等，墙上的光影变幻莫测，为园景大大增色（图1-195）。

图1-192 苏州留园揖峰轩

图1-193 苏州留园石林小院

图1-194 苏州留园石林小院

图1-195 苏州环秀山庄墙上的光影

（十一）丰富的装折式样

苏州地区的木装折式样丰富，构图生动活泼。《法原》第八章《装折》中有专述："二、门"，分墙门、大门及屏门、将军门、矮挞；"三、窗"，分长窗、风窗、地坪窗、半窗、横风窗、和合窗、纱槅；"四、木栏杆"；"五、飞罩及挂落"。窗与栏杆等式样尤其繁多，"长窗因内心仔花纹之不同，有万川、回纹、书条、冰纹、八角、六角、灯景、井子嵌凌等式。匠心各俱，式样不一，其习见者，不下十余种，类多雅致可观。就万川而言，复有宫式、葵式之分，整纹、乱纹之别"（第43页）。《法原》中图版二十七至三十三载有二十多种长窗、半窗图（图1-196至图1-199）。"栏杆式样不一，其常见者有万川、一根藤、整纹、乱纹、回文、笔管式诸式。但可由设计人随宜设计，以合乎美观为宜。"

（第 45 页）（图 1-200）"挂落式样，仅藤茎、万川二式，万川有宫式、葵式之分，其花纹依开间之大小，以万字反复幻变相连，寻常多采用之。"（第 45 页）（图 1-201）

图 1-196　苏州网师园梯云室长窗

图 1-197　苏州沧浪亭长窗

图 1-198　苏州留园什锦窗

图 1-199　苏州沧浪亭半窗

图 1-200　苏州虎丘栏杆

图 1-201　苏州拙政园挂落

　　吴王靠在《法原》第十五章《园林建筑总论》里谈到,亭柱间下部设半墙或半栏,上敷坐槛,"外缘设短栏,以双摘钩系于柱,栏成半圆形,高约尺许,花纹流空,称吴王靠。有贡式、藤茎、竹节之别"(第81页),但没有给出图样。另外还有直条、万字等式,直条式亦可做成如意、竹节等(图1-202、图1-203)。"飞罩式样有藤茎、乱纹、雀梅、松鼠合桃、整纹、喜桃藤诸式。"(第45页)(图1-204)

图 1-202　苏州环秀山庄吴王靠

图 1-203　上海豫园吴王靠

图 1-204　苏州狮子林古五松园落地罩

评　　上
介　　篇

归纳起来，装修的式样大致可分为宫式、葵式、整纹、乱纹、宫万式、葵万式等。这些地方往往是匠人可以发挥，争奇斗艳、别出心裁之处。《法式》中格子门式样仅四直方格和球文两类，方格窗在《清明上河图》及许多宋画中都能见到，《园冶》中也记载窗格及栏杆式样各几十种，以柳条格为主，明代江南住宅亦多用方格。清代以后，特别是清末至民国时期，方格与柳条格已少见踪影。究其原因，可能古代窗格上都糊纸或绢，明代江南则多用蛎壳，格子须小，花纹也需规正。至清末，窗上普遍使用玻璃，取代了纸、绢和蛎壳，窗格也随之发生变化。

长窗一般每间分六扇，每扇尺寸较小，比例高而窄。夹堂板与裙板均可雕花，有上、中、下三个夹堂，共六根横头料。而《法式》的格子门，通常每间分作四扇，梢间狭促时，分作两扇，故每扇尺寸较大，比例相对矮而宽。腰华板（夹堂板）本身不加雕饰，需要时板外可别安雕花板，障水板（裙板）不雕花。多用上下程及双腰串（横头料），共四根。长窗的内心仔图案比《法式》稀疏、明快，显得通透、轻灵。

《法式》矩形断面的边程，其较宽的一面（广）为看面，与明清时以较窄的一面（厚）为看面不同。可能与格子门比例较宽，横向之串又较少，格子相对较密有关，看面取较宽的一面，可使每扇门的整体性加强。格子门程用料之广厚为门高的 3.5×2.7%—3×2.5%，广厚比约 5：4。而《法原》长窗边梃用料为门高的 2.2×1.5%，宽厚比约 5：3.57，格子门尺寸比较宽大，格子又较密，而长窗较窄，内心仔稀朗，格子门重量就要比长窗大，它的用料必须要比长窗大。

关于装折，唐以前缺乏实例，只有从画像砖、画像石、墓葬、明器、壁画以及文字记载等方面间接推知，门多为板门，窗主要为直棂窗或卧棂窗。《法式》中门窗，门有板门、软门、格子门、乌头门等，窗有破子棂窗、板棂窗、睒电窗、阑槛钩窗等。基本承袭了唐的做法，变化不算很大。明代《园冶》记载长槅式图样 51 幅、风窗图 9 幅，式样已十分丰富。阑槛钩窗有坐槛、鹅项柱等，可以凭靠，无疑是吴王靠的先河（图 1-205）。

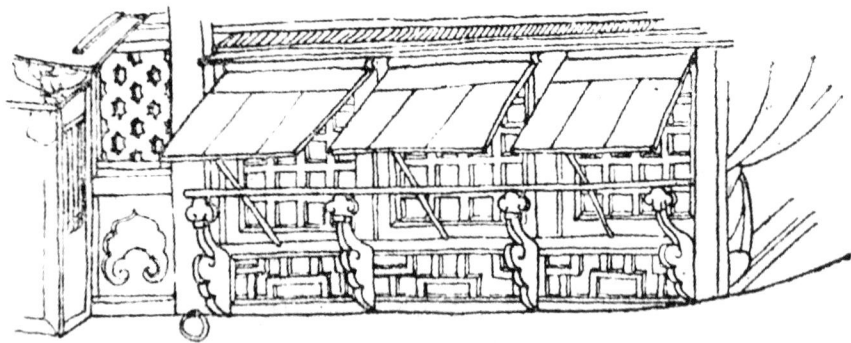

图 1-205　宋郭忠恕《雪霁江行图》中的阑槛钩窗

挂落不见于《法式》，不见于《园冶》，也不见于明代绘画与版画，如明末《新刻绣像批评金瓶梅》，有 200 幅插图，但凡建筑均无挂落。又如安徽休宁万历二十八年（1600）所建"坐隐园"，当时即绘有《环翠堂园景图》（环翠堂是坐隐园的主厅），画幅较大，其中湖心亭等画得很具体，湖心亭已有吴王靠（图1-206），但没有挂落。苏州艺圃明代乳鱼亭与宁波天一阁均无挂落（图1-207、图1-208）。苏州东山明代住宅以及常熟赵用贤宅、太仓张溥宅、常州唐荆川宅和藤花旧馆、南通冯旗杆巷尚书府，都未见挂落。只有常熟彩衣堂前廊下有挂落，但其阶沿

图 1-206 《环翠堂园景图》中的湖心亭

图 1-207 苏州艺圃乳鱼亭

图 1-208 宁波天一阁

石已用花岗石，与厅堂其他地方均用青石相比，明显有经过更换的痕迹，因此挂落也可能为后来添加。在苏州的一些砖雕门楼上可见挂落出现的端倪，凡明末清初的门楼均无挂落（图1-187），至乾隆时期方有挂落（图1-182），绘画中也开始有它的身影，如徐扬的《姑苏繁华图》、刘懋功的《寒碧山庄图》、陈味雪的《留园十八景》（图1-209至图1-211），所以挂落应

图 1-209 徐扬《姑苏繁华图》局部（乾隆二十四年）

图1-210 刘懋功《寒碧山庄图》局部（咸丰七年）

图1-211 陈味雪《留园十八景》局部（光绪二年）

该产生于清乾隆年间。乾隆时期苏州商品经济繁盛，装饰风格趋于繁复，装饰技艺已达成熟，挂落即应时而生，并在之后得到广泛应用。

吴地的挂落以万川为多，风格与北方不同。挂落，北方称楣子，四边作框，故下边成直线，图案有步步锦、灯笼框、冰裂纹等（图1-212）。晚清时江苏扬州挂落有采北方式样者，在南京总统府西花园中也可见到。

图1-212 北京颐和园的楣子

（十二）典雅富丽的装饰

《法原》对建筑装饰无专章介绍，必用的木雕、砖雕、石雕分别在有关章节里提到，但着墨不多。江南的建筑装饰有其独具的地方特色，有必要作些介绍。

从大范围讲，北方建筑质朴、稳重，江南建筑细腻、轻灵。苏州的建筑装饰与江南一带的建筑有许多共性，比如色彩，外用粉墙黛瓦，雅洁清新；内施浅棕、深红，沉稳大方。雕刻精致细腻，构图生动活泼，丰富多样。因所处自然、社会环境的不同，即使同在江南，装饰也有不同之处。试对苏州的建筑分析如下：

1. 最简的外观装饰

苏州古民居封闭性很强，全宅以高大的墙垣围绕，外观朴实，只见斑驳的粉墙、黛色的屋瓦，色彩明快（图1-213）。进入住宅内，才显露出一方精致秀美的天地，华饰缤纷的世界。天井内"凡施用做细清水砖之习见者，为门楼、墙门、垛头、包檐墙之抛枋、门景、地穴、月洞等处"（第72页），墙面考究者往往亦用砖细铺贴。与厅堂正对起门楼，其雕刻精细、造型优美、技艺高超，与厅堂相得益彰。砖雕门楼在其他地方也常能见到，如浙江、徽州等地，但一般作为门面向外，常常上书"大夫第""进士第""方伯第"等，而不是朝向院落（图1-214）。

厅堂有轻灵通透的长窗，上有变化多端的窗格，廊下有精巧的挂落、

图1-213 苏州民宅外观

栏杆，室内有雕花的大梁、梁垫、
椑木、短机、山雾云、抱梁云，以
及蒲鞋头、牌科、各式翻轩等，还
有精美的飞罩、纱槅，色彩沉稳、
做工精良的家具，显得厅堂高敞、
富丽。但厅堂的外观相对简洁，
无过多装饰（图 1-215）。

图 1-214　苏州东山明善堂墙面

图 1-215　苏州耦园厅堂外观

解

《营造法原》

读

2. 尚有节制的装饰运用

雕刻是建筑装饰的重要手段,也体现了建筑文化。明代早期崇尚古风,装饰朴素且只作重点装饰,中后期至清初逐渐崇尚奢华,装饰渐趋繁缛,至清后期达到顶峰。苏州建筑装饰也不例外,民国时期所建东山春在楼(俗称雕花楼)就是如此,融各种装饰手段于一体,木雕则遍布楼中,里里外外无处不雕(图 1-216)。但这毕竟是个例,大部分住宅并不如此。相对于徽州、浙中地区,苏州尚属节制,主要在梁身加强了雕饰,多为花草一类或锦袱,雕刻也不深(图 1-217、图 1-218)。许多东阳木雕,檐下牛腿、梁头以至牛腿旁的饰件,如雀替、琴枋、梁垫等,均满身雕刻,大梁上也常雕各种戏曲故事,可谓无木不雕且风格烦冗(图 1-219)。徽州建筑中此类例子也颇多(图 1-220)。这些雕刻作为工艺品,单独每一件都可谓巧夺天工。可是集中在一起,艺术品位反而不高,让人感到烦琐、堆砌和喧嚣。孙大章《中国古代建筑史》第五卷总结清代建筑装饰时说得很好:"建筑装饰艺术作为建筑艺术的辅助手段,在不违背建筑结构与材料性能的前提下,协助改善或增强建筑空间的表现力。因此历来的建筑装饰多是图案式的表面性处理,用几何纹或经图案变形的动植物纹样来间接地表现其构思内涵。但清代建筑装饰明显有自然主义倾向,为求以逼真写实的图案传递信息,甚至要概括一部分情节内容,抽象想象力减弱,具象表现性增强。后期发展到艺术内

图 1-216 苏州东山雕花楼

图 1-217 苏州张家巷沈宅梁架

图 1-218 苏州西北街吴宅梁架

容与建筑内容脱离，追求纯艺术（绘画性的、雕塑性的）的表现。再加上炫耀财富观念的作祟，形成烦琐、堆砌、臃肿、柔弱的风格，完全背离了建筑装饰的原则与主旨。"（第 452 页）有的做法，如在梁身深雕大幅人物故事（图 1-221），对木材损伤大，不符合《法式》的规定："如月梁狭，即上加缴背，下贴两颊，不得刻剜梁面。"（第五卷《大木作制度二》）只是因为这种"冬瓜梁"本身材料硕大，才不至影响其受力。前面说的门楼砖雕，模仿木构，纤细繁缛，不符合砖的性能，古时已有反对意见。有的雕刻幅面并不大，又在高处，所雕刻的人物故事等内容，尤其是一些精细之处很难看清，徒费人力、金钱，只是满足业主的期盼心愿和夸耀心理。对这些技艺一流，然审美意趣不高的装饰，不能一味赞扬，作片面的评价。

图 1-219　浙江东阳卢宅牛腿

图 1-220　徽州民宅雕刻

图 1-221　徽州宏村承志堂木雕

3. 木构饰面的油漆

浙、皖、赣地区的大木构架，大多为木材本色，不上油漆，唯苏州地区木构如不绘彩画，须做油漆。柱、梁、枋、桁、门、窗等均需略分深浅地油漆，面漆常用广漆，色彩多为栗壳色或荸荠色，即近于栗壳的褐色与荸荠的深红色，有时用深紫色，柱有时用黑色，殿庭柱用银朱。色彩沉着古朴，衬以白墙与青灰色水磨砖，组成素净、温和的色调。本色不上油漆的木构，历经百年氧化以后，颜色暗哑，多呈棕褐色，但由于变化不可能均匀，显得斑驳沧桑。做了油漆色调统一，使室内更显明洁宁静。油漆对木构件除了赋予色彩，还具有防腐、防潮、防污等作用，而且若干年后可以重漆，有利于长期保护木材。

漆树原产于中国，以陕西、湖北、四川、重庆、云南、贵州、甘肃等地最多。故漆在我国有悠久的历史，早在7000年前的浙江河姆渡遗址就发掘出朱漆木碗。油漆工艺始于殷周，兴于汉唐，盛于明清。苏州地区传统，漆用天然漆，即漆树天然分泌的胶液，称生漆，也称大漆或国漆。生漆须经日晒或低温烘烤，加工成熟漆方可使用，干燥后形成褐色的漆膜，起到保护木材的作用。油是指桐油，也是我国特产，由桐树果实压榨所得，再经熬炼加工，具有干燥快、耐高温、耐腐蚀的作用。桐油产于秦岭以南的广大地区，尤以四川、湖南等地为最。我国种植桐树也有一千多年的历史，从唐朝起到宋元明清各朝代都有文献记载。《法式》第十四卷《彩画作制度》就有"炼桐油"一节，云："炼桐油之制：用文武火煎桐油令清……渐次去火，搅令冷，合金漆用。"明黄成著《髹饰录》是我国存世最早的一部关于漆工的专著，主要内容是介绍漆器。但有的做法、所用材料与建筑油漆类似。

传统建筑油漆用广漆，由生漆与桐油调配而成。生漆的漆膜颜色较深，为半透明的黑褐色，桐油的油膜则清澈透明，生漆价高，桐油价廉，配合使用，既经济又性能互补。广漆中还可调入各种颜料，如朱砂、土朱、黄丹、石青、石绿、轻煤等，以获得各种彩色的效果。

广漆施工时需一定的温度、湿度，否则难以自然干燥。江南地区以六月上旬至七月上旬温暖、潮湿的黄梅天为最好，其时用料省，光泽好，干燥速度快。施工工序一般首先清理构件表面，将其打扫干净。第二步处理构件上的裂缝，开缝嵌补。第三步涂刷底漆。第四步涂刷面漆。每一步骤之间都需要打磨，刷面漆遍数可视要求而定。

4. 苏州彩画（包袱彩画）

《法原》对彩画并未论及，但苏州彩画特点鲜明，值得一提，其风格与清官式三大类彩画——和玺、旋子、苏式彩画迥异。苏州彩画，即包袱彩画，亦称包袱锦彩画，以矩形、菱形纹饰缠裹、斜搭或上兜在梁、桁、枋等构件上，这可能与苏州丝织业高度发达有关。中国古代有用锦绣织品缠裹木构柱梁以为装饰的做法，早在秦始皇咸阳宫就有"木衣绨绣、土被朱紫"的记载。至宋代，富豪之家用织物作室内装饰的现象仍较普遍，仁宗景祐三年（1036）曾下诏，禁止臣庶使用"纯锦遍绣"来作壁衣、柱衣等，[1] 于是仿锦的彩画得以发展。在《法式》第十四卷《彩画作制度》中，载有细锦、海

锦（净地锦）、素地锦、五彩锦等名目。苏州本是丝绸之乡，明代丝织业极其繁盛，无疑对社会生活影响巨大。其实丝绸在我国历史悠久，山西芮城元代永乐宫纯阳殿、福建南平元代纪年墓中，都可见到包袱彩画。明官式彩画也有云龙包袱，与扬州西方寺包袱彩画相似。由此可见，包袱彩画应源于宋式彩画，可能产生于南宋至元代，成熟于明中晚期。包袱锦的形式不仅作为彩画，也经常出现在明代的石雕中，如苏州东山明善堂门枕石、安徽歙县许国石坊、浙江宁波百鹅亭、南京玄津桥石栏、北京十三陵定陵棂星门，都刻有包袱锦（图1-222、图1-223）。此后，包袱锦的样式在木雕、石雕、砖雕等各种雕刻上均有出现（图1-218、图1-224）。但北方所称的"苏式彩画"略有不同，它源于苏州彩画，经过演变而成。

图1-222　苏州东山明善堂门枕石锦袱

图1-223　北京定陵棂星门石柱锦袱

锦纹彩画图案以织锦花纹为主，其纹样可分为三类，第一类是几何纹，第二类是花纹，第三类是几何纹地上加花纹。以第一、第三类应用较广。几何纹样有六角、八角、四角、琐纹等。花纹一为

图1-224 苏州东北街李宅"清芬奕叶"门楼

写生花,一为写意花,以写意花为多。花纹图案有缠枝花、折枝花、朵花,花种有牡丹、菊、梅及莲花等。几何纹地上加花纹,常团花居中,边上为几何纹。

　　彩画采用包袱的形式裹在构件上,房屋中如用彩画较多,即布施在梁、桁、枋、椽、斗甚至夹堂板上(图1-225),简单的则仅施于桁或脊桁上(图1-226、图1-227)。

图1-225 苏州东山凝德堂彩画

图 1-226　苏州忠王府桁条彩画

图 1-227　苏州东山凝德堂脊桁彩画

包袱的形式有两种，一种是单一包袱，最常见的是矩形，广泛应用于桁上，菱形相对较少，多用于山界梁以及步桁与枋上；一种是复合包袱，在矩形包袱上叠加菱形包袱，桁上通常是由下往上兜，梁上则由上往下搭、由下往上兜的都有。色彩少用原色而多用复色，以红、褐、黄等暖色为主，间以青、绿、紫等冷色，形成冷暖对比。在色块之间用黑、白等色线隔开，以减弱对比程度，这是我国古代彩画的传统手法。构图上不连续布满全身，主要在构件的中部与两端。桁上的彩画还多加"笔锭胜"图案，有时还在其上点金，金色在比较黝黯的空间闪烁，使厅堂顿显富丽、高雅（图 1-228）。"笔锭胜"图案反映出主人追求高官厚禄的心态，是屋脊装饰的一个特点。也许因为南方气候潮湿，脊饰一般不用于外檐，只施于内檐。至清代中晚期，又增加了堂子画，多在构件中部，以多种弧线画出边框，堂子内以写生花鸟、山水、人物绘画为主（图 1-229）。

图 1-228　苏州东山遂高堂脊桁彩画点金"笔锭胜"

图 1-229　苏州西园堂子彩画

苏州明代彩画在民居中主要应用于大型住宅，中小型住宅较少应用，而祠堂、庙宇中多有应用。徽州彩画同样在祠堂中应用较多，而在住宅中较少，而且住宅彩画多以青绿为主。到清末，徽州彩画多绘于墙角、屋面。自民国后彩画逐渐衰落、凋零。

彩画上可用桐油保护，在《法式》第十四卷《彩画作制度》中有"炼桐油"一段，有云："如施之于彩画之上者，以乱线揩擦用之。"但桐油必须经过炼制，按照《法式》，炼制时需逐次添加松脂、定粉、黄丹等。曾有人为保护东山明善堂的彩画，在彩画上直接涂刷未经炼制的桐油，以致彩画失去本来色泽，价值大减。

5. 精美的雕塑

雕塑是建筑装饰艺术的重要手段，其种类有木雕、砖雕、石雕以及灰塑等。原始社会中晚期已出现泥塑，至殷商时期，有了木雕和石雕装饰。石雕、砖雕以其耐久，主要作为室外装饰，木雕大多在室内或檐下。各类雕刻的题材主要有人物传奇、山水风景、祥禽瑞兽、灵木仙卉、民俗风情、神话传说、戏文故事、文字符号、博古器物、几何花纹等。具体如诗仙李白、苏武牧羊、渔樵耕读、梅兰竹菊、狮子滚绣球、鲤鱼跳龙门、刘海戏金蟾、天女散花、鸟鸣山幽、福禄寿、博古、如意、暗八仙等，均寓意吉祥，含文学之诗情画意，反映了人们的思想情感、志趣向往。有的将诗词、文章、书法、名画等雕在长窗上，彰显苏州的文风之盛。雕刻种类有圆雕、透雕、镂雕、浮雕、浅刻等。此外还有一种实雕，《法式》第十二卷《雕作制度·剔地洼叶华》："若就地随刀雕压出华纹者，谓之实雕。"实雕在木雕、石雕中都有应用，如木雕中的云头、荷叶凳、梁头等（图1-111），石雕中的柱头及云板等（图1-230）。

图1-230 苏州府文庙棂星门柱头、云板

木雕主要施于梁枋（图1-217、图1-218）、梁垫（图1-231、图1-232）、棹木（图1-15、图1-233）、花机（图1-75、图1-234）、山雾云及抱梁云（图1-14、图1-107、图1-235）、雀宿檐（图1-236），内檐装修的飞罩、落地罩（图1-204）和长窗、短窗、纱槅之裙板或夹堂板（图1-196，图

图1-231 苏州留园林泉耆硕之馆梁垫

图1-232 苏州西园寺湖心亭梁垫

图 1-233　苏州艺圃博雅堂棹木

图 1-234　苏州东山凝德堂仪门透雕花机

图 1-235　苏州西北街吴宅山雾云、抱梁云

图 1-236　苏州沧浪亭雀宿檐

1-237 至 1-239)、栏杆，各类云头、荷叶凳(图 1-111)、枫栱(图 1-127、图 1-240)和垫栱板、鞋麻板，花篮厅的花篮(图 1-241、图 1-242)、歇山山面的悬鱼等。苏州的木雕以“精、细、雅、丽”名闻遐迩，精即精到，细即细巧，雅即文雅，丽即秀丽。图案精美，技法圆熟。《法式》第十二卷《雕作制度》记载有四种类型：混作、雕插写生华、起突卷叶华、剔地洼叶华。明清时木雕的运用更为广泛，甚至“无雕不成屋，有刻斯为贵”，风格则趋于烦琐、奢华。

石雕用于建筑有磉石、鼓磴、砷石，石栏与金刚座、丹陛石雕、石牌坊等。普通磉石就是平板一块，“磉面高起若葶形者，称葶底磉石；四周雕莲瓣装饰者称为莲瓣葶底磉”(第 48 页)(图 1-243)。

图 1-237　苏州狮子林指柏轩裙板雕花

图 1-238　苏州网师园看松读画轩纱槅裙板雕花

图 1-239　苏州东山怀荫堂夹堂板雕花

图 1-240　苏州灵岩寺大殿云头、枫栱

图 1-241　苏州狮子林花篮厅花篮

图 1-242　苏州王洗马巷万宅花篮细部

评上
介篇

清代早期住宅中有应用，晚期较少。苏州的柱础在《法原》时代主要就是鼓磴，式样比较单一（图1-244），有时施鼓钉或各种花纹，但不普遍，不如其他地方式样丰富。虽然在宋代、明代式样较多，如罗汉院遗留的宋代石柱、柱础等。

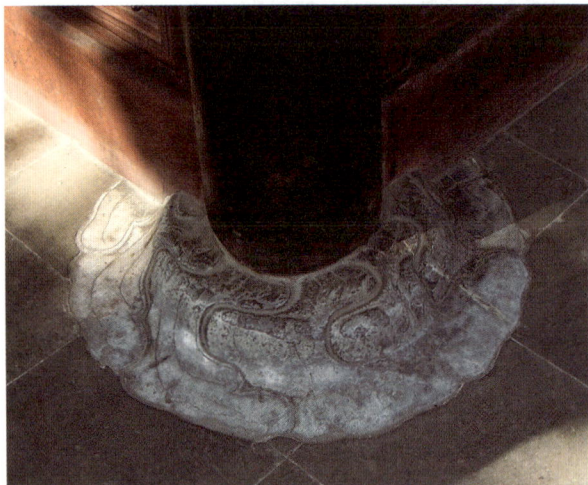

图1-243　苏州拙政园远香堂荸底礩

图1-244　苏州山塘街吴宅鼓磴

砷石则用于将军门、栏杆及牌坊，有"挨狮砷、纹头砷、书包砷、葵花砷等，而门第用者多为葵花砷"（第48页）。清代中晚期以后，将军门用砷石上部大多作圆鼓形，鼓面或素平、或雕花，鼓中下部为长方形之砷座（图1-245）。明代住宅多用方形的书包砷，清代多为葵花砷，也许因为葵花砷较为高大，显得气派的缘故。殿庭前露台之较华丽者常用金刚座，最上为台口石，下设圆形线脚，有时上雕莲瓣，称荷花瓣。上莲瓣下为束腰，其转角处设角柱，或雕为荷花柱，傍角柱处刻椀花结带。束腰下为下莲瓣，最下为拖泥（图1-246）。台上

图1-245　苏州府文庙砷石

图1-246　苏州玄妙观金刚座

常周以石栏，园林中也用低石栏者。早期墙门的门楣石上也有石雕，雕有"笔锭胜"、鸟兽等纹样（图1-247、图1-248）。殿庭正面阶沿（丹陛）中间，常作云龙石刻（图1-249）。

图1-247　苏州东山明善堂门楣石

图1-248　苏州东山明善堂门楣石

图1-249　苏州府文庙丹陛云龙石刻

宋、明时石料多用青石，清代则多用花岗岩，即产于苏州市郊的金山石、焦山石，硬度高、颗粒粗，不易雕刻，故多作无须雕刻的构件，如鼓磴、塘石等；需雕刻者如砷石，仍多用青石。《法式》将雕刻制度列为四等："一曰剔地起突；二曰压地隐起华；三曰减地平钑；四曰素平。"（第三卷《石作制度》）"苏州雕刻制度无专称，就其高低深浅，分为数种：一为素平；二为起阴纹花饰；三为铲地起阳之浮雕；四为地面起突之雕刻。所造花纹分卍纹、回纹、牡丹、西蕃莲、水浪、云头、龙凤、走狮、化生等类。"（第46页）其第二"起阴纹花饰"《法式》却未载，即在磨光的石面上刻阴纹线（图1-250）。

图1-250　苏州东山明善堂门枕阴纹饰

砖雕主要用在墙门、门楼、垛头、照墙、门窗洞上，最突出的是砖雕门楼，前面已述及。住宅后部区分内外宅，并与楼房正对的墙门以上一段高墙称照墙。比较考究的照墙常用砖细贴面，在底部设一近似须弥座的底座，座上雕花，线条流畅，图案生动活泼（图1-251、图1-252）。砖雕用砖以苏州陆墓（今相城区元和街道）生产的细料方砖为佳，颗粒细腻，质地紧密，扣之有金属声，人称"金砖"，陆墓御窑的金砖一度专供皇家

图 1-251　苏州东山尊让堂照壁

之用。苏州门楼与浙、皖、赣的简洁、质朴相比，要显得华丽文秀。明代，砖和石灰的生产有了极大的发展，砖被广泛应用，砖雕艺术进入繁盛期，砖雕被大面积应用于建筑装饰。

图 1-252　苏州东山尊让堂照壁雕花

　　灰塑主要用在屋脊上，厅堂正脊分游脊、甘蔗、雌毛、纹头、哺鸡、哺龙诸式（图1-32，图1-153至图1-155）。殿庭正脊两端，置龙吻或鱼龙吻。在竖带之端吞头之上置天王或广汉，水戗上设钩头狮、坐狮或走狮。无论厅堂或殿庭，正脊正中部位常做灰塑，殿庭主要饰龙、凤等，称龙腰。厅堂正

脊的题材更广泛，有各种动物、植物、人物、戏曲故事等（图1-39，图1-156至图1-160，图1-253，图1-254）。除游脊外，其他脊都有灰塑。过去殿庭筑脊之脊兽以及厅堂筑脊之哺鸡、哺龙等均由窑厂供货，后来窑厂渐少，改用灰塑。园林中有时还在山墙上施灰塑，有人物、鸟兽、花草、如意等（图1-176、图1-255）。灰塑盛行于南方，以铁钉、铁丝为骨架，上敷多层纸筋灰以成型，再以纸筋灰修饰细部。

图1-253 苏州狮子林水戗灰塑

图1-254 苏州留园水戗灰塑

图1-255 苏州留园灰塑

6. 雅俗共赏的情趣

雕刻题材有寓意吉祥如意、福禄寿、鸿运平安、清高纯洁等，表达美好愿望及人生哲理。读书士子最大的愿望就是中举登科、金榜题名，苏州的雕刻中反映此题材，如"笔锭胜"、鲤鱼跳龙门、一路连科、独占鳌头、平升三级、状元游街、锦衣还乡等，尤其为多，虽然别处也有，但数量上不及苏州多。如"笔锭胜"图案，不仅用在彩画上，在砖雕、石雕上也可见到，为他处所无（图1-247、图1-256）。又如鲤

图1-256 苏州东山明善堂砖雕"笔锭胜"

鱼跳龙门图案，是明末清初以来苏州砖雕最常见的纹饰，也最具代表性和典型性。故在很多门楼上出现，不仅书香门第，商贾和一般百姓之家也有使用（图1-257）。[1]如苏州东花桥巷33号系清代康熙年间汪姓富商营建的大宅，宅中"质厚文明"门楼上枋雕状元游街，下枋雕鲤鱼跳龙门（图1-258）。这是苏州文风昌盛的一大反映。

图1-257 苏州东山明善堂砖雕鲤鱼跳龙门

图1-258 苏州东花桥巷汪宅砖雕鲤鱼跳龙门

明正德、嘉靖以来，奢靡、享乐之风渐盛，屋宇高敞华丽，至明末，百姓住宅也常用精美的砖雕、石雕、木雕，逾制越礼。虽然文震亨《长物志》卷一《室庐》言："要须门庭雅洁，室庐清靓。""若徒侈土木，尚丹垩，真同桎梏樊槛而已。"《园冶·屋宇》也有"时遵雅朴""雕镂易俗"之说，主张建筑应删繁去奢、遵雅屏俗。但真正的高洁风雅之士毕竟是极少数，众多"凡夫俗子"自不能免俗。随着江南地区商品经济渐趋发达，城市繁荣，经济结构变化，商人的地位提高了，经商不再被歧视，许多士子也经商致富，产生了亦雅亦俗、雅俗共赏的市民文化。但总的说来，苏州地区建筑装饰的艺术格调和审美意趣比较含蓄、内敛，不似皖、浙、赣那样略显炫耀和夸张。

7. 精湛的制作工艺

木雕、石雕、砖雕在其他地区也有出色的应用，但吴地工艺技术更精湛，更具细腻、文雅的气质。早在宋代，苏轼在《灵璧张氏园亭记》中就说："华堂厦屋，有吴蜀之巧。"《园冶·装折》中就曾提到"掩宜合线，嵌不窥丝"，工艺十分精细。明代苏州还是硬木家具的制造中心，一直延续到清及现代，工艺水平相当高。特别在木雕、砖雕方面，木雕如各类罩，有以整块或两三块木料拼合雕成，构图自由，线条流畅，有的可说是工艺精品（图1-259）。砖雕如网师园万卷堂前之"藻耀高翔"门楼，檐下牌科有尖而翘的昂嘴，玲珑剔透的枫栱及垫栱板，纤细的挂落，层次丰富、细腻传神的戏曲人物故事，等等，巧夺天工的技艺，令人叹为观止（图1-260）。用砖仿木，固然可以做得很精细，但因与材料的特性不符，悬挑过长容易折断，细巧之处极易损坏。"虽备极华丽，不免有纤巧之弊。"（第73页）

木装修的边梃及横头料，正面起线有"亚、浑、木角、文武、合桃等面"（第43页），每一种又有多种变化。《法式》中虽然格子门桯上起线毬文有六等，四直方格眼有七等，除丽口绞瓣双混与丽口

---

[1]居晴磊.苏州砖雕[M].北京：中国建筑工业出版社，2008.

图1-259 苏州留园林泉耆硕之馆圆罩

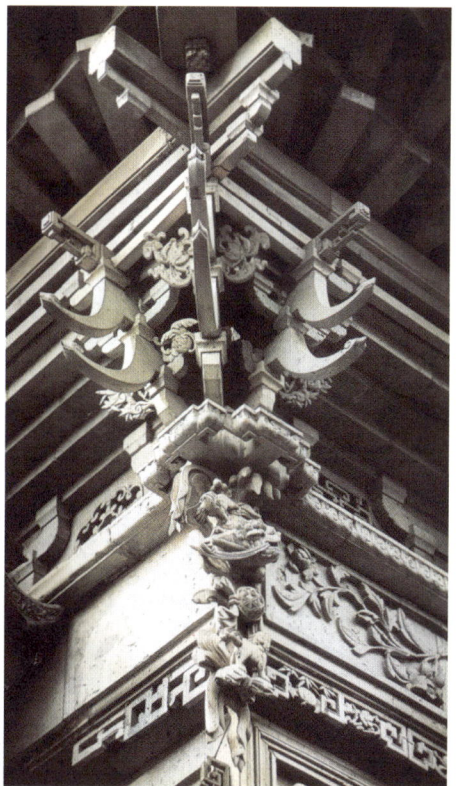

图1-260 "藻耀高翔"门楼细部

素纹瓣外,其余基本相同,总体来说就是浑上起线和平面起线两种,不若后来变化多端。

(十三)轻灵的造型

江南建筑尤其是园林建筑,造型轻灵通透,处理细腻秀美,与北方建筑的壮硕、稳重有着鲜明的对比。获得这样的效果,主要依靠秀挺的骨架、轻盈的屋顶和灵秀通透的装修,所用柱、梁、桁等构件比较细巧。据《法原》图版三—八各实例柱径与柱高数据,列表如下(表2):

表2 《法原》图版三—八柱径高比

图版号	名称	廊柱径(cm)	廊柱高(cm)	径/高
图版三	怡园雪类堂	21	394	1/18.76
图版四	留园林泉耆硕之馆	20.4	384	1/18.82
图版五	拙政园三十六鸳鸯馆	20.4	360	1/17.65
图版六	木渎严家花园	15.9	313.5	1/19.72
图版七	沧浪亭面水轩	19.1	332.5	1/17.41
图版八	怡园可自怡斋	18	335	1/18.61

评 上
介 篇

廊柱径 20 cm 左右，柱高 300—400 cm，视建筑大小决定，径高比为 1/18—1/20。清式小式檐柱径高比为 1/11。据高等学校教学参考书《中国建筑史》（第 2 版）第 165 页：清代北方柱的径高比在 1/10—1/11，而南方民居由于屋面荷载较小，结构较轻，一般在 1/15 左右（中国建筑工业出版社 1986 年）。亭柱按《法原》图版十一，拙政园塔影亭柱围径 62 cm，柱高 299 cm，则柱径为 19 cm，径高比为 1/15.74。据调查，江南亭柱的直径一般 12—20 cm，径高比为 1/13—1/17。而《做法》方亭柱高为面阔之 8/10，径为 7/100，径高比为 1/11.4。《营造算例》方亭径高比为 1/11。故南方之亭显得轻巧、秀丽。《法原》厅堂步柱围径为开间之 2/10，廊柱围径为步柱围径之 8.1/10，即为开间之 1.62/10。而桁围径为开间之 1.5/10，桁径小于柱径。可以将清代《做法》卷九《七檩大木做法》示例，按明间 1 丈 2 尺，廊深 3 尺，金柱间深 1 丈 2 尺，所列之主要柱、梁、枋、桁、椽等构件尺寸，把《法原》按同样的开间、进深所需的构件尺寸列成表，且转换成公制，来作一比较（表 3）。无论大式、小式，檩径等于檐柱径。南方的梁架常用圆作，也不似北方矩形梁显得沉重。

北方的屋角起翘较平缓，显得厚重、稳定，南方的屋角特别是嫩戗发戗，起翘很高，使屋顶显得活泼、轻巧。南方的装修构图生动、明快，与北方的严谨、庄重恰成鲜明的对照。

表 3 《营造法原》与《工程做法》构件尺寸对比（开间、进深相同）

明间 1 丈 2 尺 =384 cm，廊深 3 尺 =96 cm，金柱间深 1 丈 2 尺 =384 cm

做法	构件尺寸				备注
	《营造法原》		《工程做法》		
	比例	高 × 厚或 φ （cm）	单位：尺	高 × 厚或 φ （cm）	
廊柱（檐柱）	步柱 9/10（围径）	φ19.9	φ0.84	φ26.9	廊柱高 = 正开间 8/10=307
步柱（金柱）	大梁 9/10（围径）	Φ22.1	φ1.04	φ33.3	
	或正间开间 2/10（围径）	Φ24.6			
廊川（抱头梁）	大梁 6/10（围径）	20.8 × 10.2	1.35 × 1.04	43.2 × 33.3	
四界梁（五架梁）	围径为内四界深 2/10，二根锯方叠拼	34.6 × 17.3	1.61 × 1.24	51.5 × 39.7	四界梁高跨比 =1/11.1 高厚比 =2
山界梁（三架梁）	大梁 8/10	27.7 × 13.8	1.41 × 1.04	45.13 × 33.3	
廊枋（檐枋）	廊柱高 1/10	31 × 14	0.84 × 0.64	26.9 × 20.5	
廊川夹底（穿插枋）	廊川 9/10	18.7 × 9.2	0.84 × 0.68	26.9 × 21.8	

做法	构件尺寸				备注
	《营造法原》		《工程做法》		
	比例	高 × 厚或 φ（cm）	单位：尺	高 × 厚或 φ（cm）	
桁（檩）	开间 1.5/10（围径）	Φ18.3	φ0.84	Φ26.9	
出檐椽（檐椽）	界深 2/10（围径）	Φ6.5	φ0.25	Φ8.0	

（十四）歇山与四合舍屋顶的构造

歇山与四合舍屋顶，苏州有其地方特色，基本构造与《做法》无大差异，具体做法却又不同，故在此加以分析探讨。

1. 歇山

歇山在殿庭与园林建筑中广泛应用，江南园林中的厅堂、楼阁、亭榭等均可见到歇山的身影。歇山在住宅厅堂很少用，仅少数在庭院或小园中之小型建筑，如四面厅、书斋等才用歇山。《法原》中数次论及，第五章《厅堂总论》："边间边贴间筑山墙，而两旁廊轩上架屋面，上端毗连山墙，称为落翼。而山尖位于落翼之后，称为歇山。边间两旁，通面辟窗者，称为四面厅。则须于边贴梁架旁，加草梁，以承落翼之椽，及山尖墙垣之重。"（第 29 页）第七章《殿庭总论》："殿庭之歇山及四合舍式，转角之处于廊桁之上，成 45° 架老戗，戗之后端，挑于步柱，若步柱与廊柱相距二界时，则架于叉角桁上，桁下置童柱，而以搭角梁架童柱，搭角梁则架于前旁廊桁之上。""歇山拔落翼，恒以落翼之宽，等于廊柱与步柱间之深。譬如三开间，前后深四界，作双步。其落翼之宽，等于双步之长，拔落翼于川童之上。"（第 37 页）"如重檐殿庭，三间两落翼，深八界者，其下檐则就其廊川或双步之深，于步柱上拔落翼，其上层于次间面阔之半拔落翼，而置搭角梁及童柱，承山界梁及叉角桁，以覆屋面。"（第 38 页）第十五章《园林建筑总论》："单檐方亭歇山式者，则于稍间架斜搭角梁于前旁两桁，梁之中架童柱，上架枝梁，然后立脊童，以架桁敷椽。"（第 82 页）

当廊柱与步柱相距一界时，老戗插在步柱上，即所谓在步柱上拔落翼，落翼屋顶椽的上端即可直接架插在梁上，如网师园濯缨水阁（图 1-261）、拙政园香洲（图 1-262）。有的四面厅，如网师园小山丛桂轩、可园挹清堂等，落翼也可如此处理。四面厅为何要在边贴梁架上加草梁承椽及山尖屋面重量？可能是相对于边贴间筑山墙而言，四面厅山面也通面辟窗，就无山墙，为安全起见，需于边贴旁增加草梁以承落翼之椽与山尖墙垣。也可能落翼屋面稍小于廊界深，如常熟燕园仁秋簃，图中可看出承落翼椽的叉角桁偏出边贴轴线（图 1-263）。若廊柱与步柱深相距二界，次间开间与双步同

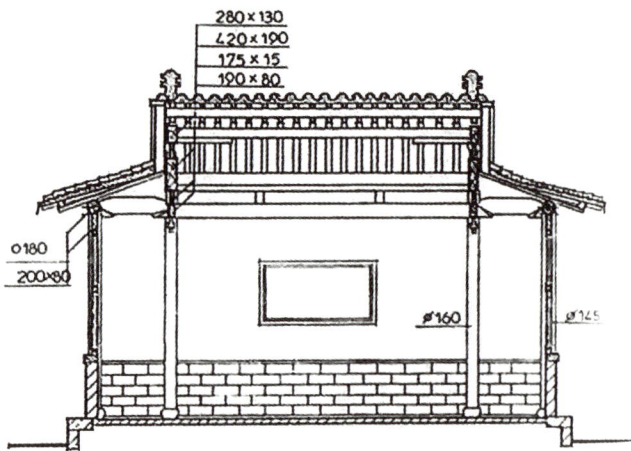

图 1-261　网师园灌缨水阁剖面图

宽，则拔落翼于川童之上，落翼屋顶宽亦为一界。川童下承以搭角梁，川童上架叉角桁，老戗后端架在叉角桁上，桁上布椽并立童柱承山界梁。《法原》图版二十五虎丘禅院二山门就是此例（图 1-264）。若次间开间大于廊柱与步柱的距离，也可用同样办法，但叉角桁不一定在开间之半，如拙政园见山楼（图 1-265）。重檐之下檐则仍于步柱拔落翼。

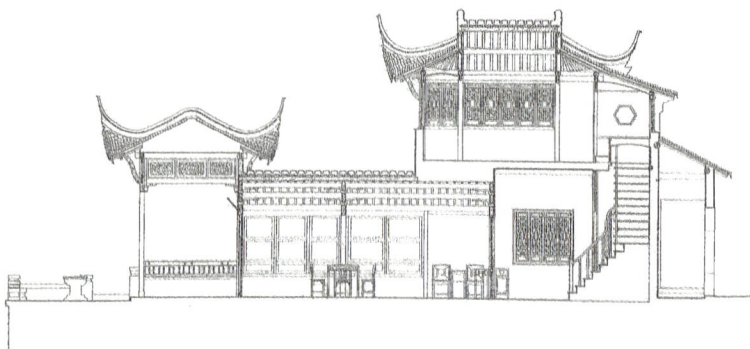

图 1-262　拙政园香洲剖面图

图 1-263　常熟燕园仦秋簃草梁

　　单檐方亭用歇山的构造，同样适用于长方亭以及轩、榭、舫等小型建筑。亭等一般进深较小，有的就不用搭角梁，而在拔落翼处，用通檐四界梁直接架在前后廊桁上，梁中立童柱，架枝梁，再立脊童，架桁敷椽，如拙政园绣绮亭（图 1-266）。

　　《法原》介绍的用搭角梁架童柱承枝梁或叉角桁的歇山转角处理，是从下架起支撑点的一般常用之法，也可用牌科出跳（包括用上昂或挑幹）支承叉角桁，如苏州虎丘二山门用挑幹（图 1-267）。又如常熟言子祠享堂，以长二界且直达脊桁的老戗，来悬挂叉角桁加以解决。总之，要根据实际情况灵活处置。

　　歇山构造南方与北方最明显的不同在于南方用叉角桁或枝梁，而不用踩步金梁，这也是北京明代官式建筑的做法。

歇山殿庭結構

蘇州虎丘禪院二山門

横剖面　　　　　　　　　　　　　縱剖面

平面

前正廊柱興角柱地平相差12公分　前後廊柱現有地平相差14公分

現有地平線

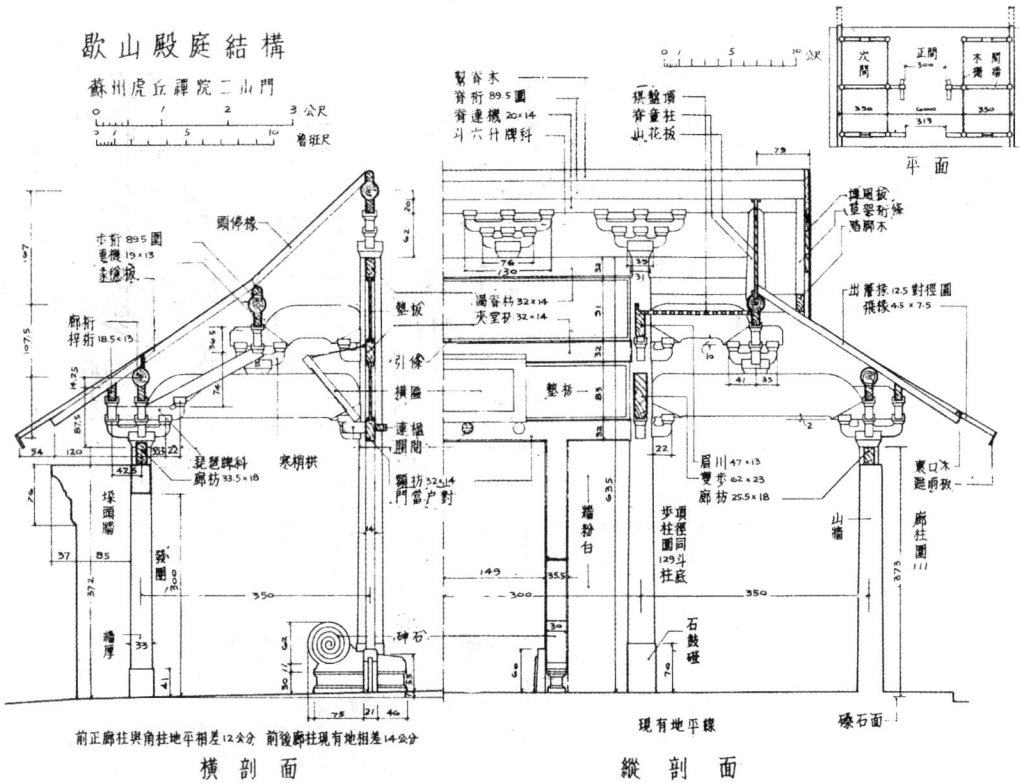

图 1-264　苏州虎丘禅院二山门

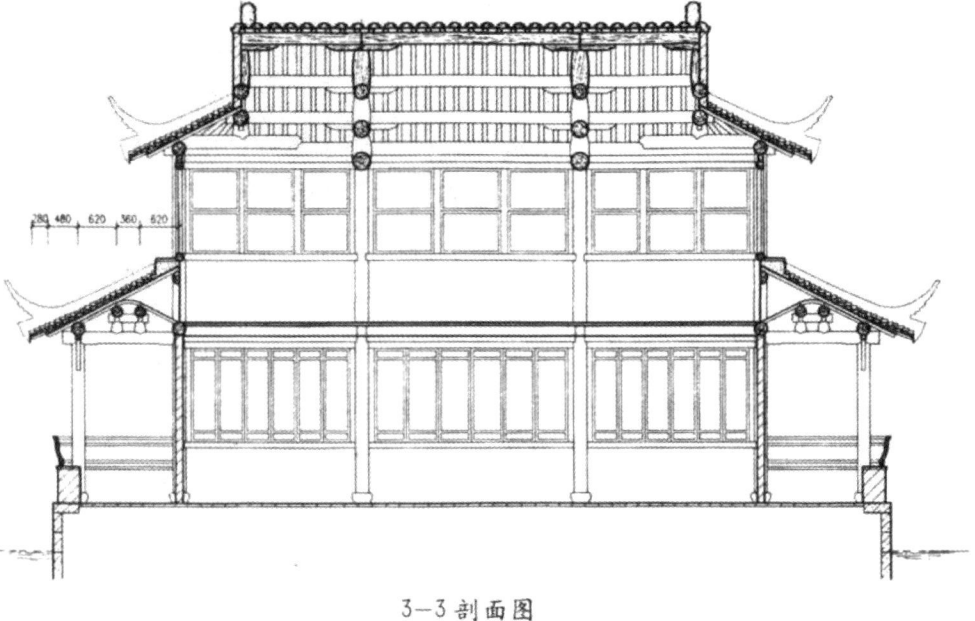

3-3 剖面图

图 1-265　苏州拙政园见山楼

评　上
介　篇

图 1-266　拙政园绣绮亭[1]

图 1-267　苏州虎丘二山门里转角

2. 四合舍

　　四合舍侧面屋顶，第一步用搭角梁、童柱、叉角桁、架老戗，与歇山一样，"其推山之制，与清式规定相似，惟无清式之太平梁及雷公柱之结构，仅以前后桁条挑出，成叉角桁条，下承连机及栱，其结构较为简单"（第38页）。实例除苏州府文庙外，还有吴江县文庙大成殿与南通文庙大成殿之重檐四合舍（图1-268）。清式推山规定檐步（廊步）方角不推，檐步的角脊要保持45°不变。而苏州府文庙大成殿从屋面外观及屋顶平面看，从戗兽始竖带就外推了，而戗兽正位于廊柱上方。依照《法原》图版二十六所示尺寸，如按清式，两转角顺45°角梁之延长线相交点，应在次间脊桁纵中线距正贴157.5 cm处，然后脊桁从此点外推。但现状脊桁已外推367.5 cm，至次间之梁架上，大

图 1-268　南通文庙大成殿四合舍山面结构

---

[1] 该图转引自刘敦桢《苏州古典园林》，中国建筑工业出版社2005年。

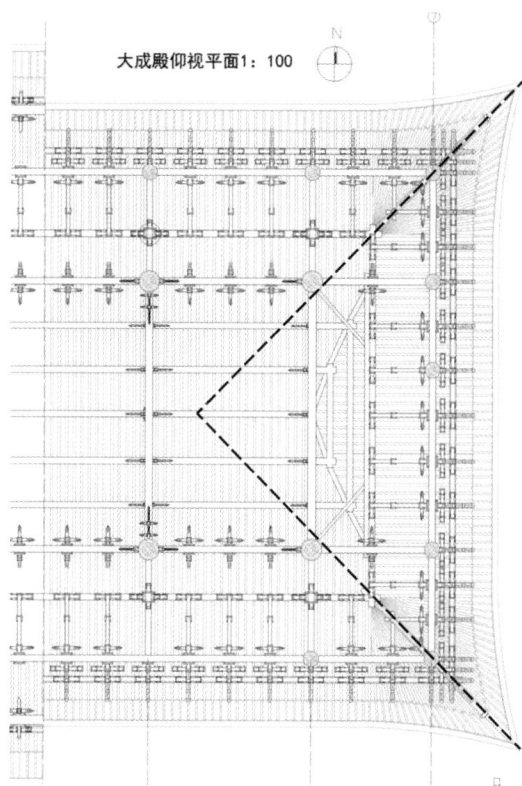

图 1-269　苏州府文庙大成殿平面推山

大成殿屋顶平面　1∶100

图 1-270　苏州府文庙大成殿屋顶平面

大超过了清式推山规定,也不再需要太平梁与雷公柱,从上檐仰视平面图可以看到,山面与正面上金桁、下金桁、步桁相对应的叉角桁集中在次间梁架至川童之间,而且川童与步桁重叠,已经无法按常规推到川童。所以在山面出檐椽上,廊桁与下金桁之间又增加一椽,并且要在老戗背上檐柱分位处与下步叉角桁之间架一角梁,似宋式之隐角梁,才能形成这样的屋面(图 1-269、图 1-270)。转角川童上之下步桁也不是由搭角梁承载,而由牌科后尾伸出挑住。这种推山做法苏州市区仅此一例,恐怕不是常规做法,也许是个案,吴江县文庙大成殿并未做推山。

(十五)四界大梁与承重配料计算

第六章《厅堂升楼木架配料之例》载:"厅堂木架各料,无论圆堂扁作,均以定各料之围径为先。盖扁作段料,亦均由圆料锯可,

吴语称结方。计算围径以定大梁为主,而以内四界之深为比例。"(第31页)

大梁是梁类构件的基准,决定大梁用料的计算方法,综合《法原》有三:

(1)按配料计算表,大梁围径(周长)为内四界进深(L)之 2/10,则其直径为 L 之 0.64/10,也即 L 之 1/15.6,以所得之料去皮结方,两根拼合,则梁高 h =(1/11.1)L,梁厚 b =(1/2)h。

(2)按《法原》第31页所述之段料高、厚计算方法,梁高为侧样图(横剖面图)步桁与金桁之提栈高(以机面线作准)−山界梁机面高 − 斗三升寒梢栱高 − 五七式斗底高 + 大梁机面高。其中山界梁机面约 6 寸(165 mm),大梁机面 7 寸(192.5 mm)。可用斗六升寒梢栱、山雾云斗六升牌科加垫荷叶凳,或放高连机来调节大梁的高度。

(3)据图版十二,大梁段围照内四界深 3/10,则圆料直径为 L 之 0.96/10,去皮结方,两根拼合,梁高 h =(1/10)L,b =(1/2)h。

一般大梁高为(1/10—1/12)L,视屋顶负荷而定。

承重用料计算有两种方法:

(1)围径为大梁进深之 2.5/10 或 2.4/10,直径为 0.8/10 或 0.76/10,结方、两根拼合后承重高 h =(1/8.75)L 或(1/9.25)L,b =(1/2)h。

(2)按界深对折,高 h =(1/8)L,b =(1/2)h。

殿庭大梁计算按内四界深之 3/10,即梁高 h =(1/10)L,b =(1/2)h。

廣漢
天王或
吞頭

滴水
花邊
摘簷板
千斤銷
老戧
嫩戧

中篇

问题与讨论

《法原》"原稿限于姚先生一家之言"又"类匠家记录"（自序第4页），虽经张至刚增补改编，仍有一些不确、不详之处，例如前后不符、图文不符、定义不完整、结论不全面、说明不详细等等。笔者不揣浅陋，提出一孔之见，以供讨论。《法原》虽白璧有瑕，但毕竟瑕不掩瑜，仍不失为中国建筑文化的瑰宝。

为方便读者对照阅读，以下节标题、顺序与《法原》章标题、顺序一致。

一、地面总论

（一）间

"中国建筑之平面，或方或圆或八角或长方，但以长方形为多。其长边称宽，短边称深。就房屋宽面两柱间之宽，乘深所得之面积为间。间为计算数量之单位。"（第1页）

建筑的价值在于它的使用空间，也就是老子《道德经》所说："埏埴以为器，当其无，有器之用。凿户牖以为室，当其无，有室之用。"确实，如果房屋没有屋顶，只有面积，还能使用吗？"间"就是由两贴梁、柱构成的木构架（加上联系的枋、檩）所形成的空间（包括面积），它是中国木架建筑平面、空间和结构的基本单元。

"间之宽称开间。数间相连，其统长称共开间。开间之深度称进深。数间之深度称共进深。进深视界之多少及宽度而决定。"（第1页）

关于进深的论述与上述"间"与"开间"的定义抵牾，开间已是间之宽，如何又成深度、成进深？而共进深为数间的深度，此"间"如何理解？若据上述"间"＝开间 × 深，深为房屋之短边，也即共进深。按照文意，进深似又将在开间的垂直方向每两柱间的深度称"间"，数"间"的深度称共进深。这种提法似与梁思成先生的看法一致，梁先生在《清式营造则例》里称："凡在四柱之中的面积，都称为'间'。"这对最简单的前后两排柱民房适用，但对多排柱的房屋，如平房贴式图中六界、七界、前后四柱、普通三开间者，能呼九间吗？

（二）绞脚石

房屋筑基，先用领夯石，其上复石多皮，称为叠石。"叠石之上四周驳砌石条，称为绞脚石。"（第1页）

绞脚石上置土衬石，可见绞脚石应在地面土衬石以下。但插图一——《阶台柱磉夯石基础图》（第1页）中并未标注绞脚石，而标为糙塘石。绞脚石应指部位，糙塘石指石料，虽然也可用糙塘石作绞脚石，但第2页"筑基用料"中，糙塘石用于地面以上，作为侧塘石"里填糙塘石"，或"后阶沿勿用侧塘"，直接用糙塘石砌。故地下还是称绞脚石较妥。

绞脚石是四周驳砌，但步柱下是否做四周驳砌的绞脚石？或是独立基础？文中及插图中均没有明确提到，似乎是独立基础，而且相互间没有联系。按《做法》柱下为磉磴，磉磴间有拦土，组成比较完整的基础。现代基础也要把各柱基连接起来，以加强基础的整体性。

（三）开间名称

各开间的名称，"假如房屋三间，正中者称正间，两旁者称次间"（第1页）。第五章《厅堂总论》：厅堂"宽五间者边间阔可同次间。边间即最边之一间，屋顶为硬山者"（第29页）。第七章《殿庭总论》："殿庭之广，随屋之大小，由三间至九间。正中间亦称正间，其余称次间。再边两端之一间，除硬山时可称边间外，称为落翼。"（第36页）

图版二十六苏州（府）文庙大成殿的平面上，次间外侧的一间标示为再次间（图2-1）。因此，房屋三间至九间，正中间称正间，其余的称次间，如五间，次间两侧的称再次间。次间外侧最边之一间，硬山时可称边间，殿庭歇山或四合舍时称落翼。厅堂也有歇山，最边一间能否称落翼，文中没有明确，根据图版四《鸳鸯厅正贴式》（苏州留园林泉耆硕之馆）的平面，将次间之外一间称为落翼，故厅堂歇山也可称落翼（图2-2）。

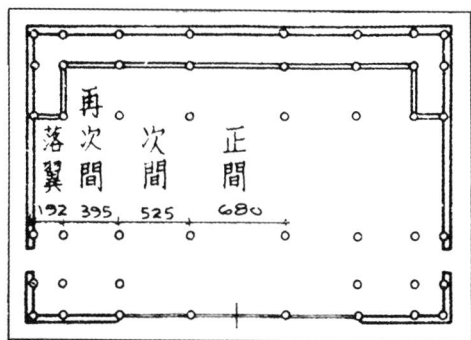

图 2-1　苏州（府）文庙大成殿平面图

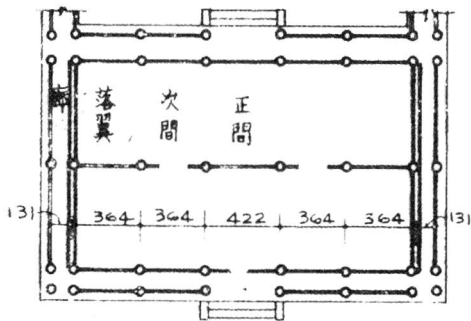

图 2-2　苏州留园鸳鸯厅落翼平面图

（四）开脚深浅

"建造房屋首重基础之坚固，筑础掘土，谓之开脚。开脚之深浅，视负重之多寡而定。""柱下较墙壁负重为多，开脚亦深。"（第1页）"如实滚砌每高一丈，开脚深一尺。花滚砌每高一丈，开脚七寸。单丁砌每高一丈，开脚五寸。"（第2页）

开脚深浅即基础的深浅，但只讲基础深浅是不够的，各柱下基础底面的长与宽是否按磉石的大小确定？文中没有明确。现代设计还须按基地的承载力计算基础的底面积，这是更重要的。

（五）边游磉石

"其介乎山墙两柱间者，称边游磉石。"（第2页）

插图——《阶台柱磉夯石基础图》（第1页）将侧面的阶沿石标为边游磉石（图2-3）。这都是不对的，山墙两柱间的是阶沿石，《辞源》解释"磉"为"柱下石"，也是《法式》柱础的一个别名，故磉石应在柱下，这是定义与功能的不同。《辞解·边游磉石》："边贴柱下之磉石。"（第100页）这是正确的。

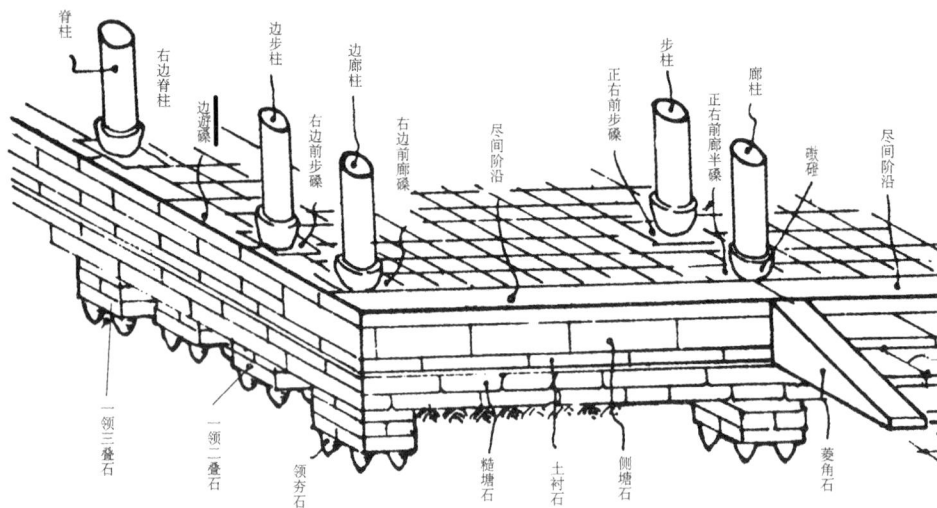

图2-3 边游磉石

二、平房楼房大木总例

（一）贴与贴式

"在一纵线上，即横剖面部分，梁桁所构成之木架谓之贴，《营造法式》称为缝。其式样称为贴

式。"（第4页）

贴的解释似有欠缺，贴不仅含有梁桁，还应包括柱、椽，贴式图所表现的也是一个完整的木构架，贴应是柱、梁、桁、椽等构成的木构架。《法式》的"缝"是指中线，如间缝指间的中线，也即屋架的中线，椽缝指椽的中线，而"贴"指木构架，两者有区别。

（二）边贴

《法原》解释边贴为"用于次间山墙间并用脊柱者"（第4页），而《辞解》释"边贴"为"梁架位于山墙之内者"（第100页）。

当以《辞解》为是，因为边贴不一定非用脊柱，用回顶时也没有脊柱。不过如上面所说，贴不仅指梁架，也应包括柱在内。《园冶》卷一《屋宇》载《七架酱架式》："不用脊柱，便于挂画。"实例中也有很多不用脊柱者。边贴的形式除了上述两种，还有一种柱柱落地的形式（图2-4、图2-5）。

图2-4　苏州留园某厅边贴

图2-5　苏州拙政园某厅边贴

（三）拈金

"苟内四界间，以金童落地，易廊川为双步，则称金柱为攒金。"（第4页）

第5页插图二—五《平房贴式图》之4《六界用拈金》（图2-6），写的是"拈"。"拈"字本音 nian，平声，此字应是误写，当为"攒"。"攒"吴语音同"鑽（钻）""占"（见上篇中关于"方言术语"的解说），或因此而传讹。

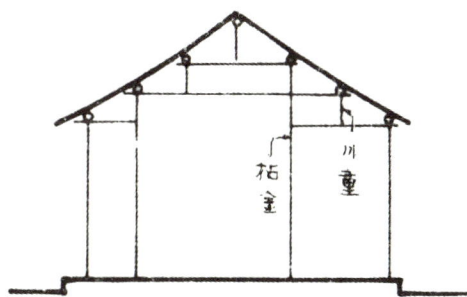

图2-6　拈金贴式

（四）桁名

"桁亦有廊桁、步桁、金桁、脊桁之分。"（第 5 页）"桁之名称依旧分廊、步、金、脊诸名。"（第 22 页）"殿庭桁之名称，一似厅堂，依柱之位置，称廊桁、轩步桁、步桁、金桁、脊桁。"（第 37 页）

在图版各图中看到，轩上的桁称为轩桁。在平房、厅堂、殿庭中都没有提到在双步及三步梁上的桁条之名称。在图版三《圆堂船篷轩正贴式》之后双步川童柱上标示的桁名为"步桁"（图 2-7）；图版十《副檐轩楼厅正贴式》里可见三步梁上两根桁条分别标注为"下步桁""中步桁"（图 2-8）；图版十七《戗角木骨构造图》，立面童柱所承之桁为"步桁"，平面却标为"下步桁"（图 2-9）；图版二十五《歇山殿庭结构》双步梁上桁为步桁（图 1-264）；图版二十六《四合舍殿庭结构》上檐双步梁上为下步桁（图 2-10）。桁名不够统一，双步梁川童上桁也称步桁，不如称双步梁上为川桁，三步梁上为下川桁。图版九里双步梁上有步川、川童柱、川机，《辞解》里也有川及川童柱条目，这样与步桁就不至混淆。

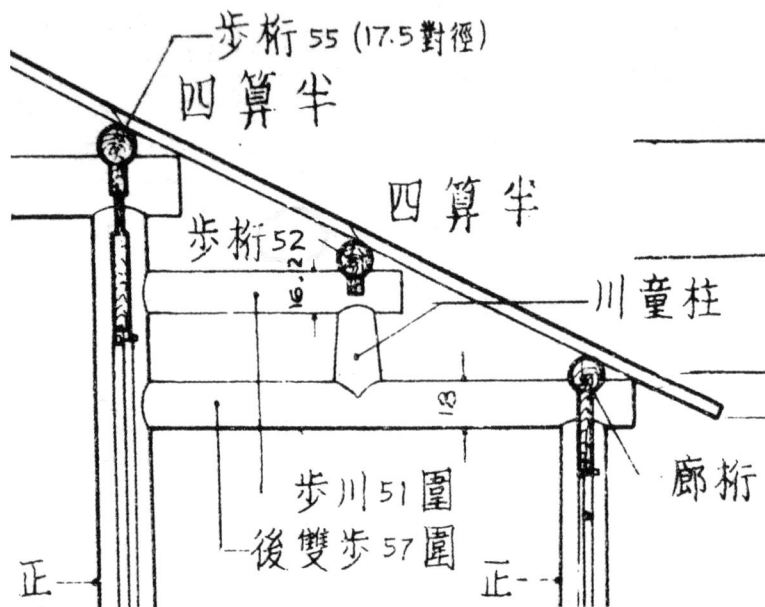

图 2-7　川童柱上的步桁

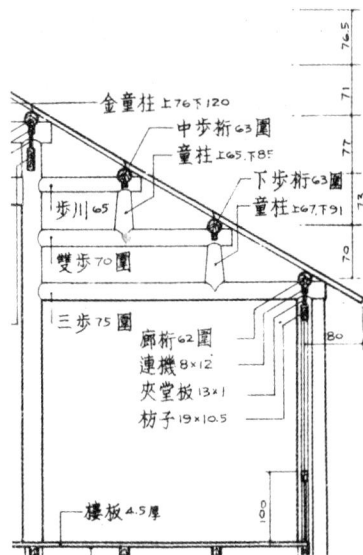

图 2-8　三步梁上的下步桁、中步桁

戧角木骨構造圖

嫩戧與老戧所成之角(瀉水),可自寸到寸二分至寸到寸六分(約130°～122°)

戧根可透出一界,連於柱上,重簷則挑放金桁下

梓桁依斗料八扣

戧山木

廊桁

反托勢

車背

鈍刀

嫩戧槽

籠烏混

嫩戧根縮進三寸

老嫩戧鑲合法

淌樣承平放出一飛椽

戧角撐網椽根

數以單為率

老戧頭斜出自管椽依

須以戧邊該點為中心

彈撐網椽分位線

界深刀(水平計)

下步桁

步柱

牌科出參

約½界深

出管椽斜長

約¼界深

飛椽斜長

椽位分椽

飛腳

立腳飛椽

寬照飛椽

界深增大

管椽照升料

戧頭%

寬按斗寬拽照

上加%頭飛根

戧根照老戧

長按照飛3飛椽

嫩戧

嫩戧根

合角

戧頭%

老戧頭斜出頭照

戧頭高按斗面

老戧

扁擔木

菱角木

立腳飛椽

類推之,一根加三分,二分第二,第一根加自飛根起

寬照%厚

童柱

步桁

樂柱

8.10斗高

廊桁 捧桁

戧山木

孩兒水

猢猻面

高工

按加

高車背

高背

立腳飛椽

撐網椽

千斤鎖

高裏口才

關刀面

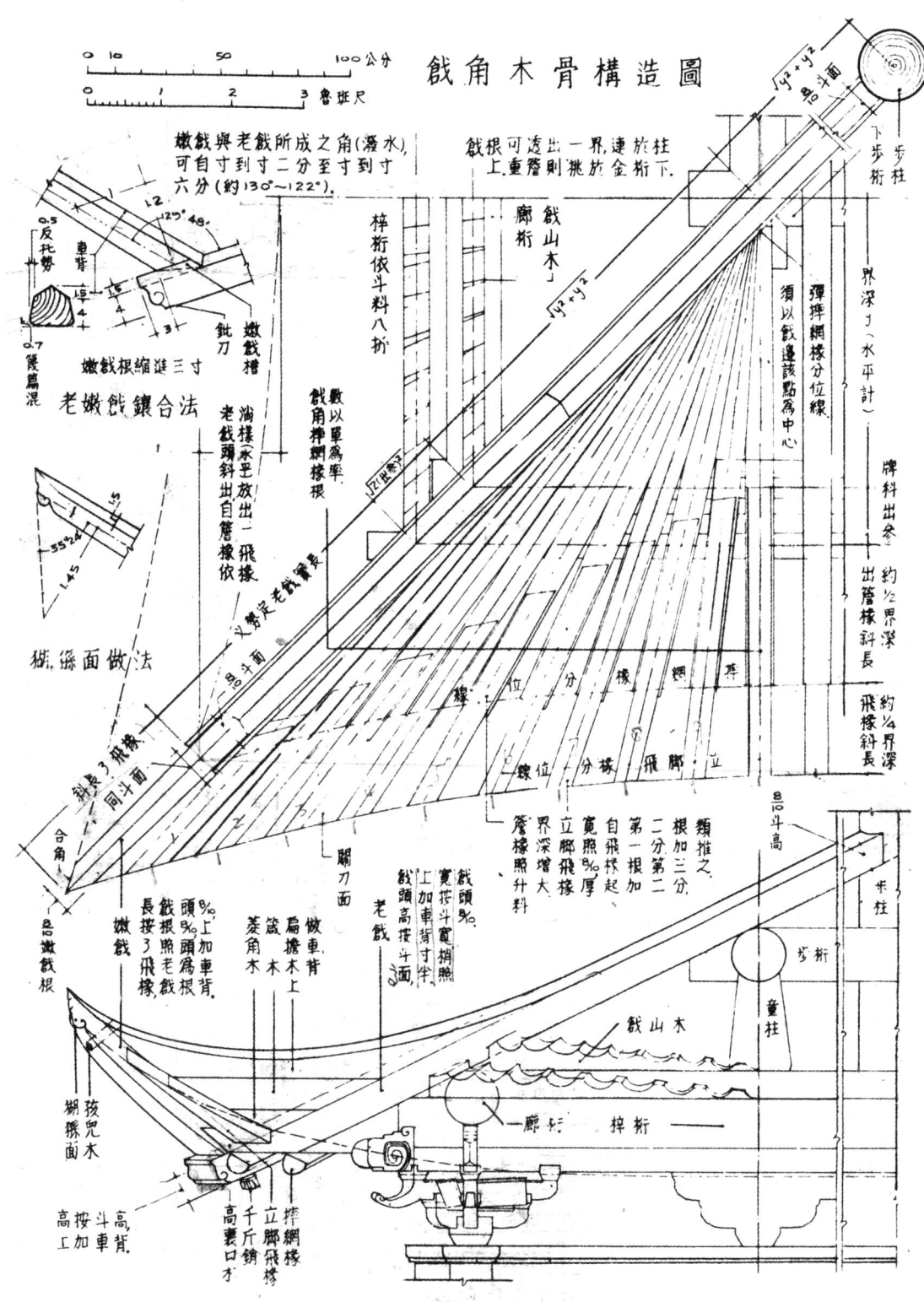

图 2-9　戧角木骨构造图

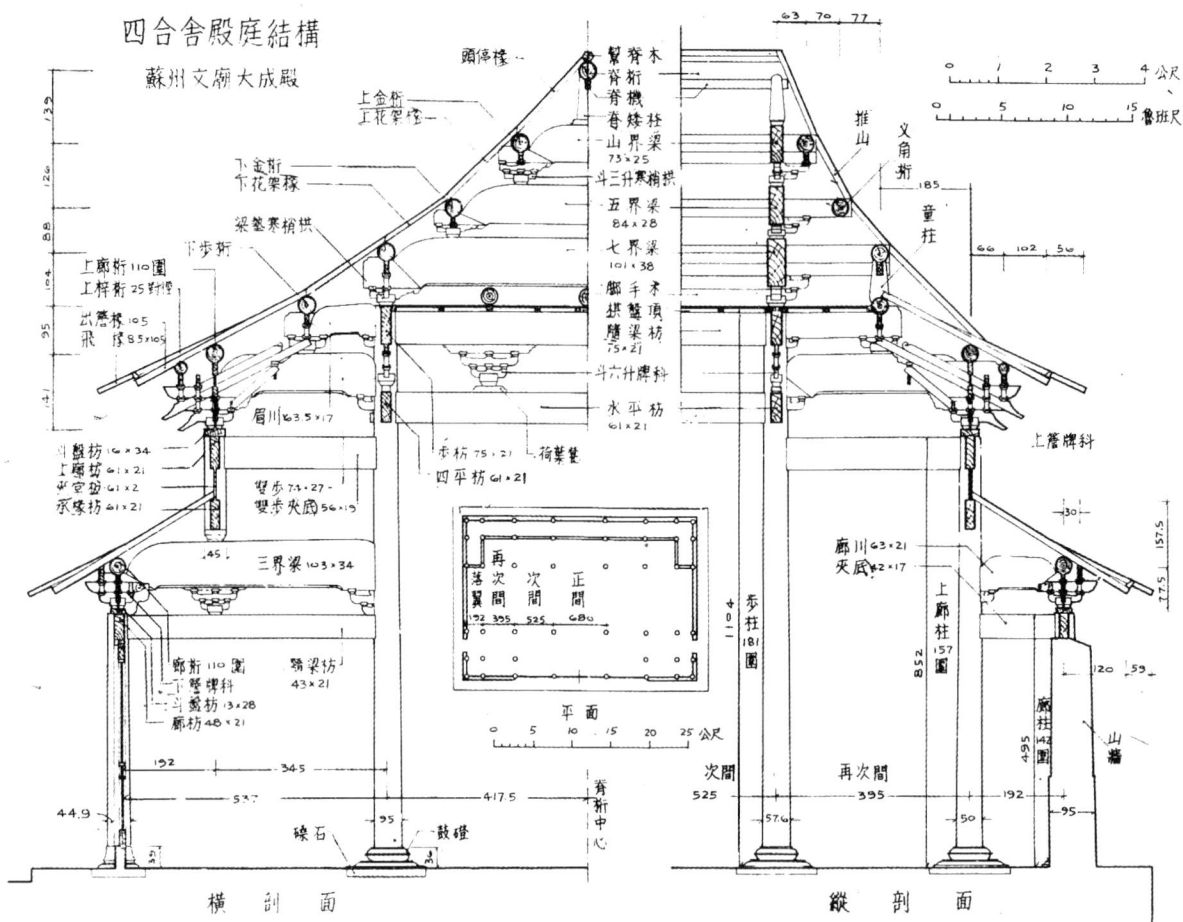

图 2–10　苏州（府）文庙大成殿剖面图

（五）开刻与桁椀

"梁头承桁处，于梁背凿半圆槽，大小同桁径（即北方之桁椀），复于槽中留木高宽寸余，谓之留胆。而于桁端下面，凿去寸余，使于留胆处相吻合，谓之开刻。"（第 5 页）《辞解·开刻（椀桁）》："于梁端凿桁形之槽，中留高宽寸余之木块、槽，称开刻。"（第 98 页）

"椀桁"恐是笔误，应即北方之桁椀。这两种解释略有不同，开刻不仅指梁上之桁椀，还应包括与之配合的桁端下面的加工。从第五章提到的几处"开刻"文意来看，如"梁与桁开刻留胆之制"（第 22 页）、"定此线以开刻架桁"（第 26 页）、"过低则开刻多"（第 26

页）等，还泛指在梁桁搭接构造加工时的挖剔等工序。《法原》未明确桁椀高度，图版十六双步立视图中，显示桁椀高二寸，但不知是否是通则。《图解〈营造法原〉做法》谓："桁椀之深须根据桁的直径而定，一般其深为桁径的 1/4—1/3。"[1]

（六）机

"桁之下辅以长方形之木材，通长留于两柱之间，谓之连机，多用于廊桁与步桁之下。其短者，仅及开间十分之二，谓之短机。……机常雕以花纹，如水浪、蝠云、金钱如意、花卉等，即称机曰水浪机、蝠云机、金钱如意机、花机，后者亦称滚机。"（第 5 页）（图 2-11）

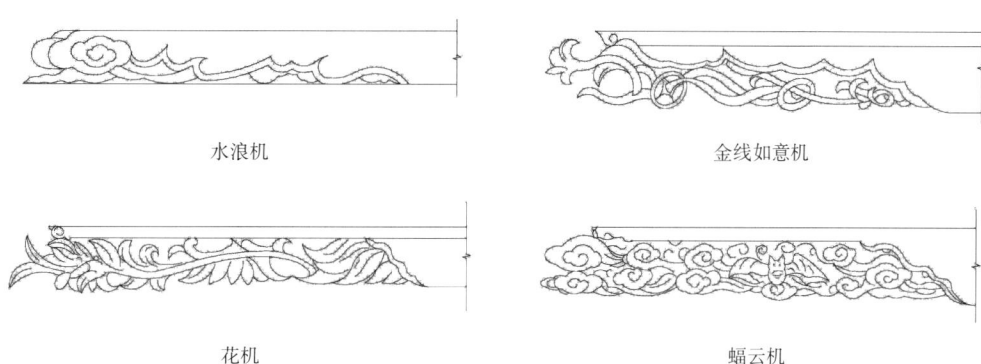

水浪机

金线如意机

花机

蝠云机

图 2-11　短机式样

但《法原》第 31 页《厅堂木架配料计算围径比例表》并未给出机的断面尺寸，实例用料似乎也很自由，机宽可在 60 mm 左右，高、宽比大体在 3∶2。连机与枋的区别是，连机的断面较小。

（七）檐出

关于出檐椽的出挑，云："出檐椽下端伸出廊桁之外，其斜长自一尺六寸至二尺四寸。每进级以二寸为递加之标准，其长约为界深之半。"飞椽"其长约为出檐椽之半"（第 6 页）。但所说不统一，第三章插图三——《提栈图》（第 13 页）中（图 2-12），"七界提栈用三个"，前出檐从梓桁算起，平出檐（不包括飞椽）1.8—2.4 尺 = 1/2 界深，飞椽平长 = 1/2 出檐，后出檐斜长为 1.8—2.4 尺，却包括飞椽在内。"六界提栈用二个"，前出檐斜长 1.8—2.4 尺 = 1/2 界深，无飞椽。后出檐也标为斜长，但是界深均是平长，而出檐却用斜长，不够统一，完全可以都用平长，出入并不大，出檐加上飞椽

---

[1] 侯洪德, 侯肖琪. 图解《营造法原》做法 [M]. 北京：中国建筑工业出版社, 2014：15.

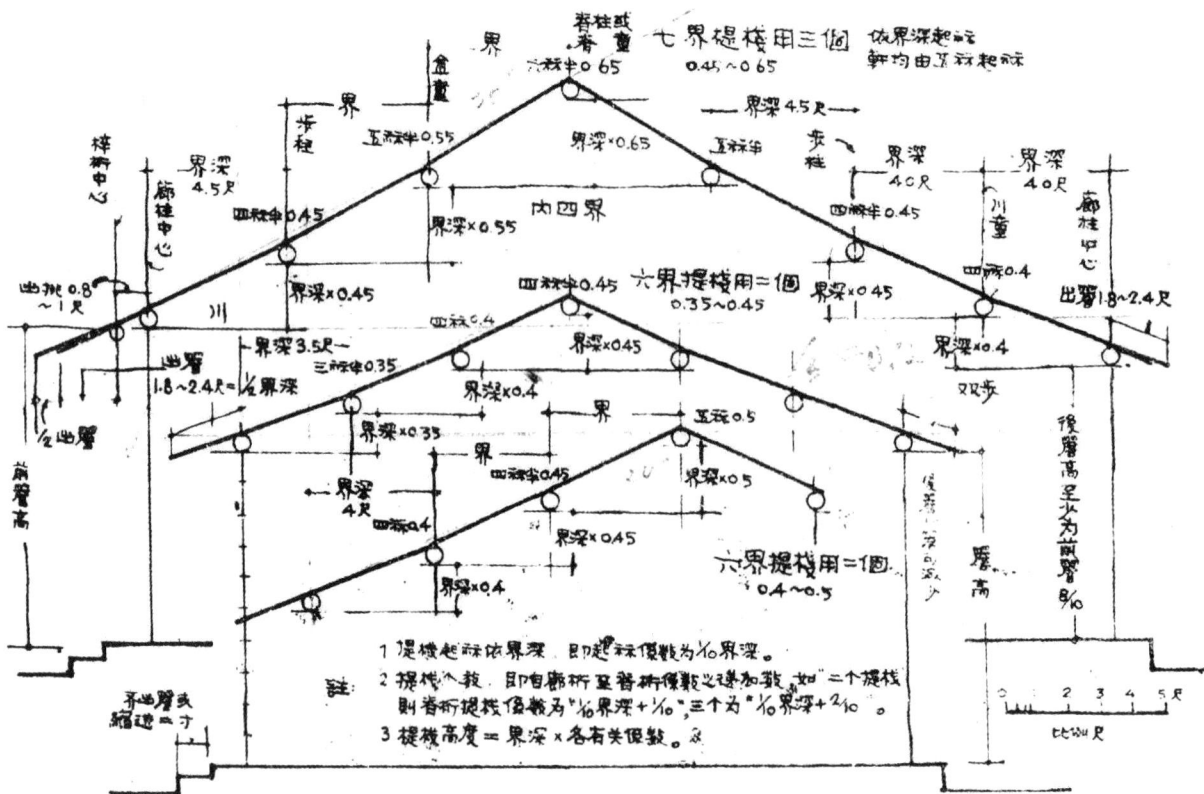

图 2-12　提栈图

长只为界深的 3/4。综合起来，出檐椽长应为 440—660 mm（1.6—2.4 尺），不应包括飞椽在内，其平长小于 1/2 界深，飞椽平长 = 1/2 出檐。

　　《法原》图版实例显示出檐算法不一，有梓桁时出檐既可从梓桁算起，亦可从廊桁算起，根据实际情况来定。所以设梓桁，"同时出檐过多，必须于出檐椽下，设梓桁承之"（第 26 页）。出檐过多，是指出檐超过了后尾的界深，就须设梓桁，将支点从廊桁前移，来调节挑出与后尾的比例。但出檐从廊桁算起，出檐并不大也未过步，而又加梓桁者，似乎只是为了外观造型的需要。另外，檐出只按界深，没有考虑与檐高的比例问题，不同的檐高出檐应不同，房屋才有良好的比例。根据《法原》图版九个厅堂实例，总檐出与檐高之

132

比应控制在 0.25 左右，同时总檐出应"檐不过步"，最好比界深略小。北方有"柱高 1 丈，出檐 3 尺"之说，江南地方出檐比北方略小。后出檐可与前出檐相等或略减少（表 4）。

表 4 《法原》图版厅堂檐出及与界深、檐高之比例 （单位：cm）

| 序号 | 名称 | 檐出 | | | | | 界深 | 檐高 | 总檐出 / 界深 （%） | 总檐出 / 檐高 （%） | 飞椽 / 檐椽 |
		飞椽	檐椽	梓桁	飞椽 + 檐椽	总檐出					
1	铁瓶巷任宅			26	71	97	150	420.75	65	23	
2	怡园雪类堂	27	33	22	60	82	113	394	73	21	1/2.03 （廊桁前）
3	留园林泉耆硕之馆			21	65	86	131	374.9	67	23	
4	拙政园三十六鸳鸯馆	27	35	25	62	87	139	401	63	22	1/2.22 （廊桁前）
5	木渎严家花园花篮厅	13.5	33	23	46.5	69.5	92	313.5	76	22	1/2.44 （梓桁前）
6	沧浪亭面水轩	30	58		88	88	116	355	76	24.8	1/1.93
7	怡园可自怡斋			23	55	78	125	335	62	23	
8	留园楼厅下檐上檐			30	65	95	88	434.5		21	
			76			76	112.5	248.5	68	30.6	
9	灵岩楼厅下檐上檐	31	33.5	26	64.5	90.5	68	369		24.5	1/1.92 （廊桁前）
			80			80	130	353	62	22	

（八）阳台方柱

"如将承重前端，伸长挑出屋外二尺许，筑阳台，绕以栏杆。或于承重之端，立方柱，以短川连于正步柱。"（第 6 页）

楼房贴式图承重前端挑出屋外是在廊柱之外，其端部所立方柱，只能以短川连于廊柱，而不能连于步柱。

（九）檐高

"各进房屋之檐高，均为正间面阔十分之八。"（第 11 页）"论檐高者依次间面阔，即是檐高比例。如用牌科者，檐高均须照加。"（第 29 页）"殿宇檐高，照正间，因有牌科，不照次间论。"（第 29 页）

殿庭比例较厅堂为大，应该是建筑的要求。但何谓檐高，文中没有明确交代。在第三章《提栈总论》中，插图三——一《提栈图》"七界提栈用三个"（第 13 页），前檐高、后檐高均标明在廊桁下皮，也即机面线上（图 2-12）。第七章《殿庭总论》："殿庭檐高以正间面阔加牌科之高为准。"（第 36 页）牌科高正到廊桁底。但前面"殿宇檐高"所说檐高直接照正间，似乎没有把牌科高计入，与后面殿庭檐高不符。应在"不照次间论"后加上"须另加牌科高"，才前后一致。在古建设计中，常常有以檐口高来表示建筑高，这不太妥当，因为檐高是相对固定的，而檐口高要受到提栈、出檐构造等影响，变化较多，而且施工中也不好控制。

（十）檐高比例

《法原》第 11 页《全宅檐高之比例》规定如下：

门第茶厅檐高折（茶厅照门楼九折）	正厅轩昂须加二
厅楼减一后减二	厨照门茶两相宜
边傍低一楼同减	地盘进深叠叠高
厅楼高止后平坦	如若山形再提步
切勿前高与后低	起宅兴造切须记
厅楼门第正间阔	将正八折准檐高

对此规定，书上没有解释。试作解释如下：全宅檐高以门屋为准，茶厅檐高为门屋九折。正厅高大轩昂就要比门楼屋高二成。厅楼要减一成，厅楼之后檐减二成。厨房可参照门屋与茶厅之比减一成，边落的房屋要比正落低一成，包括楼也同样减。后进房屋地面标高应比前进高，但到厅楼为止，厅楼以后就可以平坦，不必升高了。厅楼后面如果是山坡，则需要顺坡再提高，切勿前高后低，兴建住宅必须切记。厅楼的楼面高与门屋的檐高一样，均按正间开间为准，所有房屋的檐高均以正间开间之八折为准。

（十一）木架用料

关于木架用料，第二章描述"枋之断面为长方形"，"桁（亦称栋）多圆形断面"，"桁之下辅以长方形之木材，通长留于两柱之间，谓之连机"（第 5 页），椽"其断面或扁方或圆"，承重"其断面为长方形"，搁栅"有四六搁栅、五七搁栅之制"（第 6 页），就是没有提到最重要之柱、梁的断面。柱一般是圆柱,少数为方柱,可能忽略了。但梁有扁方与圆之分,平房用的全是圆料,没有指出而留下缺憾。

三、提栈总论

(一)提栈与定侧

《法原》第12页:"按《营造法式》大木制度,"举折"条下均有规定:今俗谓之定侧样,亦谓之点草架。定侧与提栈两字音相近。"意提栈是由定侧转化而来。

其实《法式》之定侧样与提栈还是不同的。所谓侧样,就是现在的横剖面图,定侧样就是"定其举之峻慢,折之圆和,然后可见屋内梁柱之高下,卯眼之远近"(《法式》卷五),即决定屋盖的举折,梁柱的高下位置、尺寸,卯眼的距离等。而提栈仅指屋盖一项而言,指以逐层增加相邻两桁的高差来形成屋面斜面与曲面的做法。《法原》中,石牌楼"屋顶以前后两石板架成斜坡,称栈板"(第51页),《辞解·栈板》"石牌坊之有楼者,其屋顶前后所架倾斜之石板"(第106页),也印证了栈的含义。

(二)提栈规定

《法原》第12页有《提栈歌诀》:

民房六界用二个　　　厅房圆堂用前轩

七界提栈用三个　　　殿宇八界用四个

依照界深即是算　　　厅堂殿宇递加深

《歌诀》指出各类房屋用提栈的个数和起算数,"厅房圆堂用前轩"正与第21页"扁作厅与圆堂之贴式及构造,其进深可分三部:即轩、内四界、后双步"相符,故它是说明后句"七界提栈用三个",即厅堂类进深七界用三个。且从《歌诀》内容看,民房六界,殿宇八界,唯七界没有直接指明哪类房屋,故厅房圆堂就是说明七界的。第14页解说苏州怡园雪类堂圆堂抬头轩式时,有按"厅房圆堂用前轩""七界提栈用三个"之句,正是同样的意思。"厅房圆堂用前轩"决不是圆堂厅堂参照前轩按五算起算之意。"依照界深即是算",说明起算随界深,为界深之1/10。

第12页:"提栈计算方法,与工程做法所述相似,均自廊桁推算至脊桁,唯其起算方法各异。"第8页平房贴式歌诀有"提栈租四民房五"和"堂六厅七殿庭八"之说,即各类房屋最高脊部的算数,出租房屋为四算,民房为五算,圆堂为六算,厅为七算,殿庭最高为八算。但第12页又称:"殿庭至多九算,亭子可至十算。"而图版二十五苏州虎丘禅院二山门,据图示尺寸计算,脊步为九五算,图版二十六苏州文庙大成殿脊部更达九八算。如何理解第15页"六角亭,苏州拙政园塔影亭,步桁

提栈为六算，脊柱提栈则为对算"？首先塔影亭是八角，不是六角亭。其次据图版十一塔影亭的剖面，脊部虽然标为对算，但其平面外接圆直径 4 m，对边长为 3.7 m，界深为对边长均分，则脊步为 0.9 m 许，提栈高为 1.2 m，提栈接近十三算，早就超过了对算（图 2-13）。更有一些亭子从外观看就远过十算，如苏州西园寺重檐六角亭（图 1-52）。

起算根据界深，起算系数为 1/10 界深，这是以鲁班尺为基准的，现代长度用公制米尺，起算系数与界深已不成 1/10 的比例，按《法原》旧法得出提栈已不方便。据《法原》插图三——一《提栈图》（第 13 页）及图版所列各实例，以及《苏州古民居》中的剖面图，其屋面总坡度在 0.40 至 0.79 之间（表 5）。其中 0.40—0.49 有 11 例，0.50—0.59 有 31 例，0.60—0.69 有

图 2-13　苏州拙政园塔影亭

10 例，0.70 以上有 5 例。可以看出民居屋面坡度多在 0.5—0.59 之间，殿庭在 0.7 以上。《苏州古民居》中图未标明尺寸，坡度是从比例较大的图中量得，只是约数，不很精确，仅供参考。可以根据房屋的规模、等级，先选定总的屋面坡度，起算系数可按进深约 1 m 为三算半，1.1 m 为四算，1.2 m 为四算半，1.4 m 及以上为五算，再往上推算，并可根据需要作适当调整。

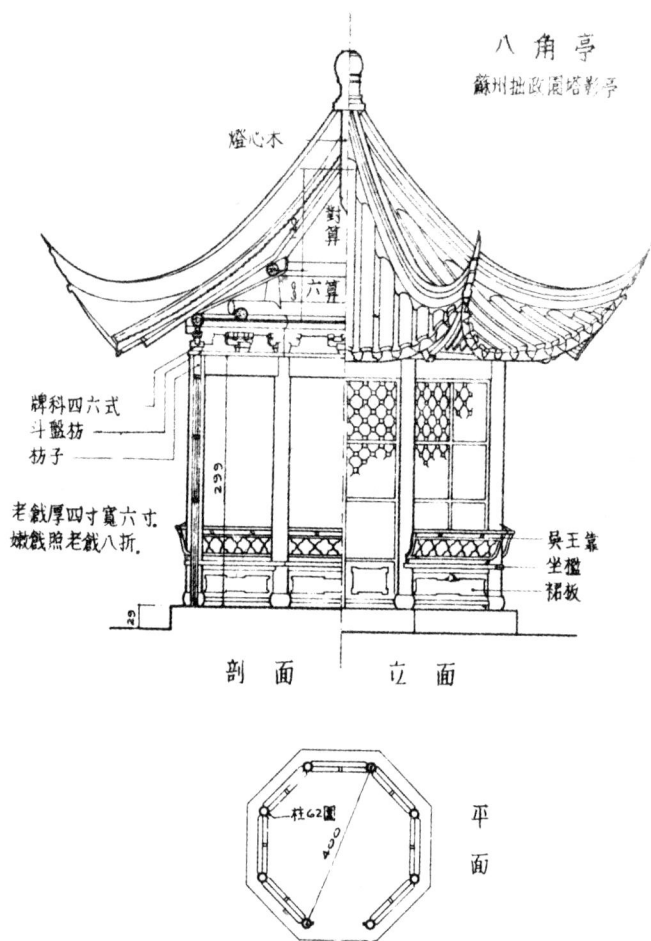

表 5　屋面坡度

序号	名称	提栈总高（cm）	进深 /2（前半）（cm）	坡度	备注
1	七界提栈用三个	1.65 界深	3 界深	0.55	据插图三——一
2	六界提栈用二个	1.2 界深	3 界深	0.40	
3	六界提栈用二个	1.35 界深	3 界深	0.45	
4	铁瓶巷任宅扁作厅	328	538	0.61	

序号	名称		提栈总高（cm）	进深/2（前半）（cm）	坡度	备注
5	怡园雪类堂		193	338.5	0.57	
6	留园林泉耆硕之馆		373.5	667	0.56	
7	拙政园三十六鸳鸯馆		355	587	0.60	
8	木渎严家花园贡式花篮厅		186	354	0.53	
9	沧浪亭面水轩		200	389.5	0.51	
10	怡园可自怡斋		284	560.2	0.51	现藕香榭
11	留园骑廊轩楼厅		219	416	0.53	
12	木渎灵岩寺副檐轩楼厅		367.5	641.5	0.57	
13	东杨安浜吴宅	玉涵堂			0.60	
		内厅			0.55	
		茶厅			0.47	
		祀母堂			0.48	
14	东花桥巷汪宅	中和堂			0.52	
		鸳鸯楼厅			0.57	
15	东北街李宅	正厅			0.56	
		鸳鸯花篮厅			0.71	
16	滚绣坊顾宅	正厅			0.50	
		内厅			0.52	
17	大石头巷吴宅	正厅			0.79	
		贡式厅			0.60	
		堂楼			0.57	
18	钮家巷潘宅	留余堂			0.78	
		鸳鸯厅			0.50	
		纱帽厅			0.48	
		花篮厅			0.64	

序号	名称		提栈总高（cm）	进深/2（前半）（cm）	坡度	备注
19	南石子街潘宅	攀古楼			0.65	
		堂楼			0.51	
20	王洗马巷万宅	花篮厅			0.56	
		轿厅			0.48	
21	庙堂巷王宅	内厅			0.52	
		四面厅			0.50	
22	西北街吴宅	尚志堂			0.66	
		内厅			0.46	
		楼厅			0.44	
23	桃花坞大街费宅	宝易堂			0.61	
		鸳鸯厅			0.55	
24	高师巷许宅	对照厅			0.68	
25	马大箓巷季宅	仁德堂			0.50	
		鸳鸯花篮楼厅			0.54	
26	山塘街许宅	正厅			0.57	
		走马楼			0.58	
27	铁瓶巷顾宅	正厅			0.59	
		内厅			0.51	
		堂楼			0.53	
		艮庵			0.63	
		过云楼			0.51	
28	铁瓶巷任宅	内厅			0.51	
		内堂楼			0.49	

序号	名称		提栈总高（cm）	进深/2（前半）（cm）	坡度	备注
29	卫道观前潘宅	礼耕堂			0.57	
		内厅			0.46	
		堂楼			0.47	
30	虎丘二山门		552	762.5	0.78	
31	苏州（府）文庙大成殿		274.5	350	0.72	

注：1—12、30—31据《营造法原》图版，13—29据《苏州古民居》图中量得。

提栈规定并不是很精确的，大致符合即行，实例多也是如此，应按实际需要来决定。

（三）屋面应用桁代柱

关于屋面的曲势，有"'囊金叠步翘瓦头'之谚，言其金柱处不妨稍低，步柱处稍予叠高，檐头则须翘起之"（第12页），此处金柱、步柱应改为金桁、步桁较为确切。此谚语是指屋面而言，是对提栈的微调，相应的是"桁"而不是"柱"。金柱为脊柱与步柱间之柱，多用于边贴，而且各种房屋正贴步柱间一般除抟金外均无金柱。与北方不同，北方檐柱之后的柱称金柱，而南方则称步柱。

（四）副阶沿与出檐

插图三——《提栈图》上（第13页），最下副阶沿上有注"齐出檐或缩进二寸"，但图上没有标清楚踏步哪边与檐齐或缩进（图2-12），似乎是副阶沿之外边，即第一级踏步之边与出檐齐或缩进二寸。但第47页殿庭"台宽依廊界之进深……或缩进四五寸，唯不得超过飞椽头滴水"，这就是阶台宽与出檐关系之原则。"厅堂阶台，至少高一尺。……副阶沿每级高五寸，或四寸半……宽倍之，其宽称为踏面。台高可随宜增减，用阶沿四五级亦可。阶台之宽，自台石至廊柱中心，以一尺至一尺六寸为标准，视出檐之长短及天井之深浅而定。"（第47页）厅堂同样也遵守此原则。北方所谓上檐出要大于下檐出，有回水，也贯彻了这一原则。"齐出檐或缩进二寸"是为避免雨水滴在阶台上而飞溅至廊柱柱根，从而使廊柱易朽坏，故控制最下级的副阶沿不伸出檐外。但如果阶台较高，副阶沿有四五级时，则副阶沿平面上要伸出3尺或4尺，再加阶台宽1尺至1尺6寸，共宽4尺至5尺6寸。而根据第二章《平房楼房大木总例》，出檐椽最多挑出2尺4寸，加飞椽1尺2寸，共出檐才3尺6寸，如副阶沿级数再增，更要影响到阶台之宽，显然不能这样控制。实际上主要是阶台宽必须比出檐缩进，即北方阶沿须有回水，而踏步的外边沿与出檐并无多大关系。

四、牌科

（一）凤头昂

"与桁方向垂直之栱，苟栱头延长，向下斜垂者，则称昂。昂形有二，其类靴脚者，称靴脚昂。其形微曲，下而复上，其头作凤头形者，称凤头昂。"（第16页）

其实"其形微曲，下而复上"形态的昂不只凤头昂一种，随昂头不同，尚有卷头昂、象鼻昂、书卷昂等。但是，这些称呼并没有严格的定义，有时难免混淆，如卷头昂常与象鼻昂混为一谈。在细部做法上更是千差万别，有的较为简单，有的雕刻较多，有的略具象形，有的甚至做成龙头加象鼻（图2-14至图2-18）。此类昂在我国流传十分广泛，无论东西南北都可见到，大概含有吉祥的意思。从各地遗存的实例来看，它应开始于元代，盛行于明清。

图2-14　广东德庆元代文庙象鼻昂

图2-15　安徽寿县清代文庙象鼻昂

图2-16　山西襄汾丁村清代牌楼象鼻昂

图 2-17　山西朔州崇福寺明代千佛阁象鼻昂

图 2-18　山西长子布村清代玉皇庙象鼻昂

（二）实棋与亮棋

"棋位于柱头之上，为增加荷重能力，将棋料加高，与下升腰相平，而于棋端锯出升位，称为实棋。"（第 17 页）"实棋用于柱上者高五寸，厚二寸半。"（第 19 页）

看来实棋只用在柱头之上，桁间牌科则应用亮棋。但图版十九中，十字和丁字桁间牌科，出参棋均画为实棋，昂为亮棋。在图版二十一中，五七式出参牌科分件图出参的十字棋与昂，棋高只有 3.5 寸，只是亮棋，存在矛盾。一般做法，桁间牌科可用亮棋，柱头用实棋，与《法式》一样，补间铺作用单材华棋，柱头铺作华棋用足材棋。按力学原理，实棋受力较佳。而清官式不论平身科、柱头科、角科，凡翘及其上之昂、要头、撑头木均为实棋，比较符合力学原理（图 2-19、图 2-20）。正心棋也为实

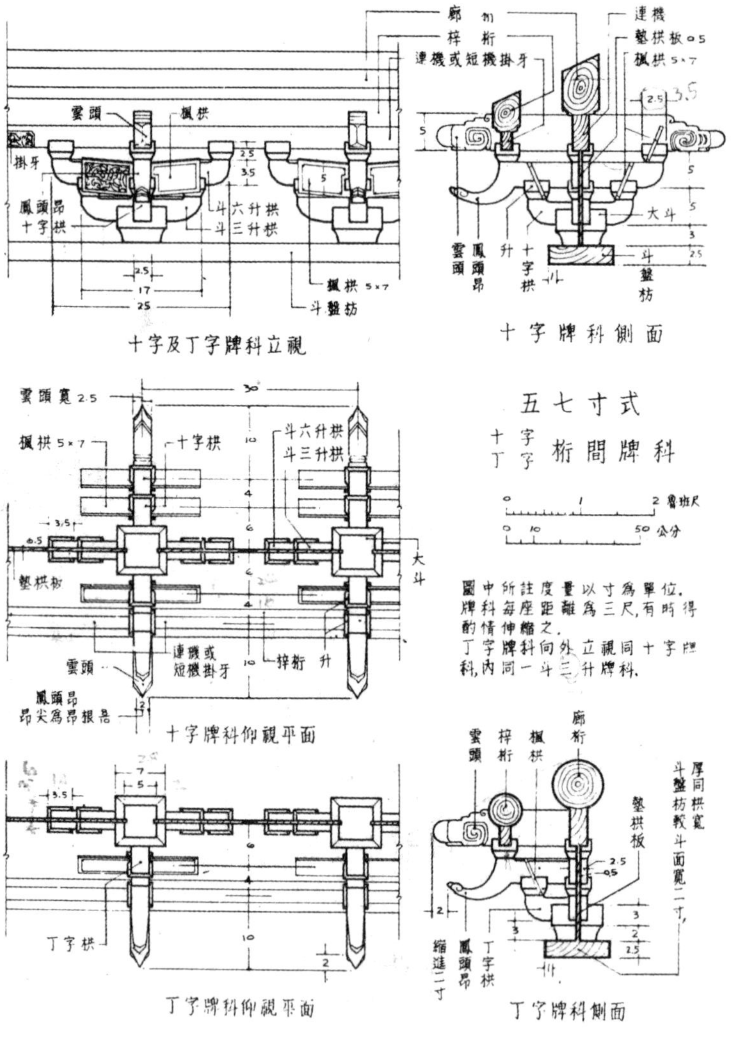

图 2-19 《法原》图版十九牌科

栱，而且厚度增加一垫栱板厚。由于南方牌科尤其是桁间牌科主要起装饰作用，与力学关系不大，用亮栱、实栱均可。

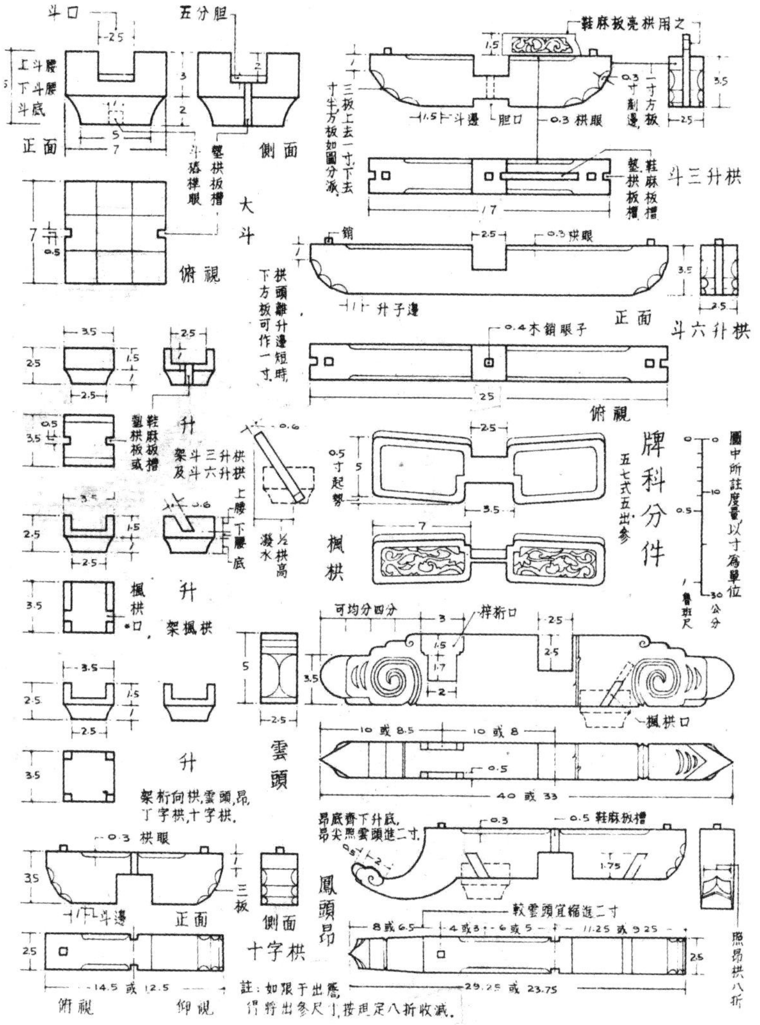

图 2-20 《法原》图版二十一牌科

（三）云头

"承梓桁之栱，其端作云头状，颇似北方之麻叶云，称为云头。与梁端作挑梓桁之云头相平，而其做法大小亦相似。用于十字科者，其内　　　　　"（第 17 页）。"其内"后有几个字的空格，属 1986 年版《法原》的排版错误，据 1959 年版《法原》（建筑工程出版社），知此句当为"其内外相似"。

"两座牌科之中心距离，定为三尺。视其开间之广狭，平均排列。最狭时，亦须以垫栱板之形状，与牌科倒置之形状相似。"（第17页）牌科之中心距离定为3尺，却没有说明牌科的式样，五七式，还是四六式，还是双四六？据《法原》，五七式第一级栱长1尺7寸，第二级栱长2尺5寸，3尺应是五七式牌科所用，否则各式牌科中距一律定为3尺是不可能的，也与后面所说"视其开间之广狭，平均排列"相矛盾。

（四）桁间牌科

"一斗三升及一斗六升牌科，常用于厅堂廊柱间廊桁之下，故称为桁间牌科。"（第17页）《辞解·桁间牌科》："凡一斗三升及一斗六升之牌科，置于廊桁下，介于两柱头之间，枋子之上者。"（第106页）

这两种说法均把一斗三升及一斗六升这种不出跳的牌科称为"桁间牌科"。但在"桁间牌科"词条后，括号内注明北方术语为"平身科"。平身科不仅指不出跳的，也包括出跳的斗栱在内，故平身科要比桁间牌科范围广。实际上图版十九就写明了五七式十字、丁字桁间牌科，所以上述解释不够全面。"桁间牌科"是用于房屋廊柱间、廊桁下、斗盘枋与连机之间的牌科，不仅是不出跳的一斗三升与一斗六升，也应包括出跳的丁字、十字牌科，才能等同于平身科（图2-19）。

（五）柱头牌科

图版十八为斗三升、斗六升柱头牌科（图2-21），图版十九为十字科、丁字科桁间牌科（图2-19），却未有柱头牌科图，所幸有实例可以一睹十字科、丁字科柱头牌科外观（图2-22）。

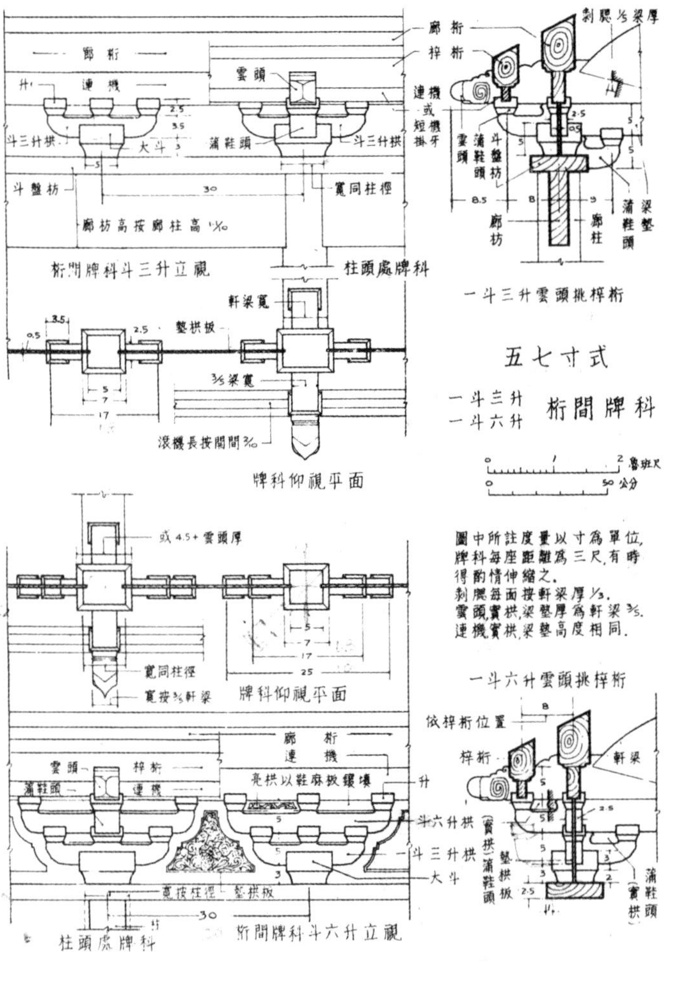

图2-21 《法原》图版十八牌科

图 2-22　苏州府文庙崇圣祠十字科柱头牌科外跳

(六) 云头挑梓桁

"丁字科及十字科于柱头处皆置牌科,向内出十字栱,以承梁底。梁端向外伸长,并予收小减薄,作云头或昂头,外观虽较整齐,但不如云头挑梓桁之能表示其承力作用。"(第18页)

十字科梁头伸出作云头,还不能称"云头挑梓桁"(图2-23),那么什么才是"云头挑梓桁"?"一斗三升及一斗六升牌科,常用于厅堂廊柱间廊桁之下,故称为桁间牌科。柱头处则以云头挑梓桁连络之。"(第17页)第26页指出云头挑梓桁分三种,一为蒲鞋头云头挑梓桁，二为一斗三升云头挑梓桁，三为一斗六升云头挑梓桁。所以"云头挑梓桁"就是桁间用一斗三升或一斗六升等不出跳牌科时，柱头处梁端伸出作云头来承挑梓桁。还有不用牌科时，在柱头上仍然用蒲鞋头承云头挑梓桁。因为桁间不用牌科或牌科不出跳，故梓桁完全由柱头上的云头承挑，充分说明其结构受力作用（图2-24至图2-26）。

图2-23 苏州灵岩寺大殿十字科云头

图2-24 苏州言子书院一斗三升云头挑梓桁

图2-25　苏州狮子林一斗六升云头挑梓桁

图2-26　苏州留园无牌科云头挑梓桁

（七）转角牌科

文中只提到丁字科及十字科用于角柱时，"用桁向栱与枫栱而稍异"（第18页），因没有图样，难以直观地说明问题。所幸有实例（图2-27、图2-28），形象地展示两者的差异。斗三升与斗六升用于亭上，也有转角问题，文中没有涉及。斗三升、斗六升转角做法有两种，一是正侧两面的栱与十字科一样向两侧延伸，上承连机与廊桁，或栱上架梓桁，但均无角栱；二是除此之外还在45°角上出角栱（图2-29至图2-31）。后者与清官式做法比较接近。

图2-27　上海南翔古猗园玩石斋转角牌科

图2-28　苏州戒幢律寺天王殿转角牌科

图2-29　苏州艺圃乳鱼亭斗三升桁间牌科转角

图 2-30　苏州拙政园别有洞天转角牌科

图 2-31　上海豫园会景楼斗六升桁间牌科转角

（八）牌科式样

牌科"规定式样可分下列三种：（一）五七式；（二）四六式；（三）双四六式"（第 19 页）。

其实牌科的规定式样不止这三种，还有二三式、三四式、八六式、一七式、九十三式、双五七式，共九种，都是以斗的规格命名。斗的用料，二三式（2×3 寸）、三四式（3×4 寸）、四六式（4×6 寸）、五七式（5×7 寸）、八六式（6×8 寸）、一七式（7×10 寸）、双四六式（8×12 寸）、九十三式（9×13 寸）、双五七式（10×14 寸）（见《古建筑木工》中国建筑工业出版社 2004 年）。五七式是最基本的，常用于厅堂，四六式用于亭阁，双四六式用于殿庭等大建筑，这三种是最常用的。

（九）出参栱长

"丁字及十字科，出参栱长，第一级自桁中心至升中心，为六寸。第二级为四寸，第三级仍为四寸。"（第 19 页）

此指五七式而言。但对双四六式是否也如此？"双四六式，其大小比例，适为一倍于四六式，故名双四六式。即其坐斗高为八寸，宽为十二寸。余依次类推。此式比例较巨，常用于殿庭等大建筑物。"（第 19 页）四六式"适按五七式之八折"（第 19 页），出参第一级应为 4.8 寸，第二、第三级为 3.2 寸；双四六式就为第一级 9.6 寸（26.4 cm），第二、第三级各为 6.4 寸（17.6 cm）。不知是否正确？因牌科资料太少，无法证实。与图版二十三苏州文庙大成殿上檐牌科出参第一级 33 cm、第二级 33 cm 对比，尚有差距。当然，彼时制度不同，相互比较不一定恰当。

（十）昂底

凤头昂"昂底以不过下升腰为原则"（第 19 页），而图版十九"五七寸式"十字、丁字桁间牌科所绘凤头昂的昂底，不但过了下升腰，而且过了升底。不过下升腰则昂底下沉太少，形象不好，按图昂底应在下升底至大斗面之间（图 2-19）。

（十一）铺作层次

第 20 页"五、杂例"第（二）项："（府文庙上檐）斗外第一级出参为靴脚昂，与（华栱）一料做出，近升处做（隐出华头子），上架桁向栱（瓜子栱慢栱）二道，及牌科（罗汉枋）一道。第三级出参为（下昂），承以（华头子及衬方头），架于昂上升口，（下昂）后尾，即为琵琶撑，其作用类杠杆……其中心则架斗三升栱（泥道栱），及斗六升栱（慢栱）二级，及二连机（柱头方）夹以夹堂板。计共五级，连机之上则设廊桁。"说的即图版二十三苏州（府）文庙大成殿上檐牌科（宋五铺作重昂斗栱），第一级出参上最高为牌条，不是牌科。如将第一昂称为第一级出参，则下昂就是第二级出参，不能称为第三级出参。从铺作层次来论，下昂与华头子同属第三层。所谓"承以华头子及衬方头"，二者本不应在同一层次，按《法式》，铺作最高一层才称衬方头，而华头子连着的后尾不能叫衬方头。《法式》"大木作功限二·殿阁外檐转角铺作用栱、斗等数"里有"八铺作、七铺作各独用华头子二只"，其下注曰"身连间内方桁"，正与此同，因此应该称"外华头子内方桁"。另外，图版上所注衬方头（一作"衬枋头"）在廊桁下一层，与梓桁同层，这实际是清式的槽桁椀所在，衬方头应在梓桁下一层（图 2-32）。《法式》令栱直接上承橑檐枋，而这里是连机与梓桁。

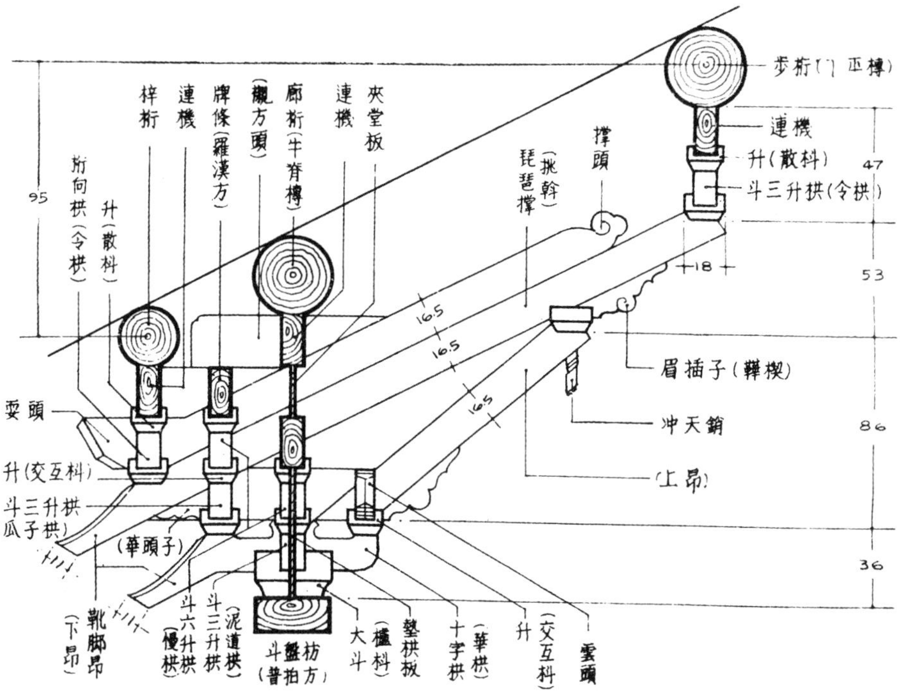

图 2-32 《法原》苏州（府）文庙大成殿上檐铺作

（十二）挑斡

《法原》第20页，在苏州府文庙与虎丘云岩寺二山门"琵琶撑"后括号内都标明宋式名词为"挑干"，这是不正确的。查刘敦桢《苏州古建筑调查记》，圆妙观（玄妙观）三清殿下檐补间铺作"其结构皆用真昂，后尾挑斡幹上，施斗及令栱，即《法式》卷四飞昂制度'挑一材二栔'者是也"。[1]"挑斡幹上"只是一种描写，并非构件称谓。书中插图玄妙观三清殿下檐补间铺作中，明确将其标为"挑斡"（图2-33）。又介绍苏州（府）文庙大成殿斗栱时说："上檐用五踩重昂，栌斗后尾出翘一跳，跳头上施三福云与上昂相交，昂之上端，则支于挑斡之下。此挑斡系外侧第二层昂之后尾。"[2]谈到虎丘二山门外檐补间铺作："栌斗背面，出华栱二跳偷心。其上于第二跳华栱心处起挑斡。"[3]《法式》中也只有"挑斡"，没有"挑干"。《法原》或许受到"挑斡幹上"的影响，抑或是误识"斡"作"幹"，在简体字出版时简写成"挑干"。以至现在许多谈及南方建筑的文章里，想当然地将"挑斡"写作"挑杆"，甚至将《法原》图版二十三《苏州文庙大成殿上檐牌科》中原本标记正确的"挑斡"误写作"挑杆"，更偏离了《法式》原意（图2-32、图2-34）。实际上"干"

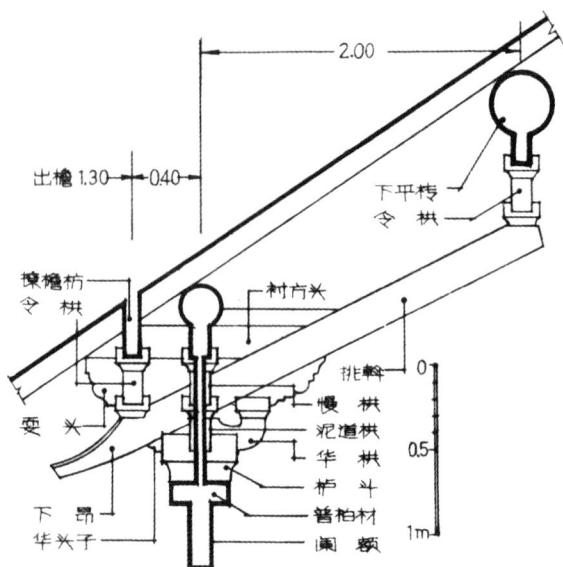

图2-33 玄妙观三清殿下檐补间铺作

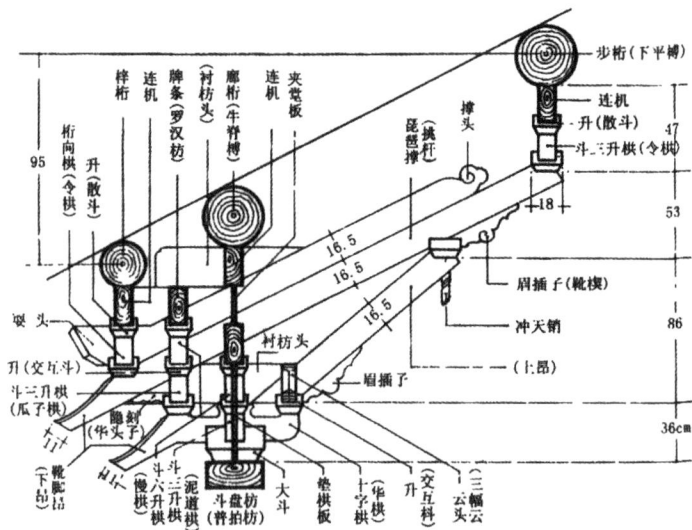

图2-34 苏州（府）文庙大成殿上檐铺作（《〈营造法原〉诠释》）

[1] 刘敦桢. 刘敦桢文集：2［M］. 北京：中国建筑工业出版社，1992：290.

[2] 刘敦桢. 刘敦桢文集：2［M］. 北京：中国建筑工业出版社，1992：309.

[3] 刘敦桢. 刘敦桢文集：2［M］. 北京：中国建筑工业出版社，1992：303.

与"杆"是两个字,并不通用。顺便说一下,图2-34将华头子后身标注为"衬枋头",上面"(十一)铺作层次"一段已说过,这是错误的,《法原》图中也无此注。

五、厅堂总论

(一)厅与堂

"厅堂可就其内四界构造用料之不同,称用扁方料者曰厅,圆料者曰堂,俗称圆堂。"(第21页)

一般来说可以这样区分,但也有例外,有扁作与圆料混用的,如留园某建筑,上部用圆料,下面用扁作。苏州南石子街潘宅西落堂楼上层也是如此,扁作与圆料混用,是原始状态,还是后来加固,就不得而知,难以称厅还是堂了(图2-35、图2-36)。厅堂用扁作,内四界一般大梁上用斗承山界梁,山界梁上用斗六升牌科承花机、脊桁,但也有用童柱代斗之例(图2-37)。

图2-35 苏州留园某厅堂

图2-36 苏州南石子街潘宅堂楼

图 2-37　苏州东山宝俭堂梁架

（二）厅堂贴式

"扁作厅与圆堂之贴式及构造，其进深可分三部，即轩、内四界、后双步。"（第 21 页）一般来说确是如此，这是基本的贴式。但也有例外，如滚绣坊顾宅之内厅内四界之后，并非双步，而有四界且每界均设柱，在两侧还有阁楼，是非常罕见的，说明民间建筑受条条框框的限制较少，做法灵活自由（图 2-38）。

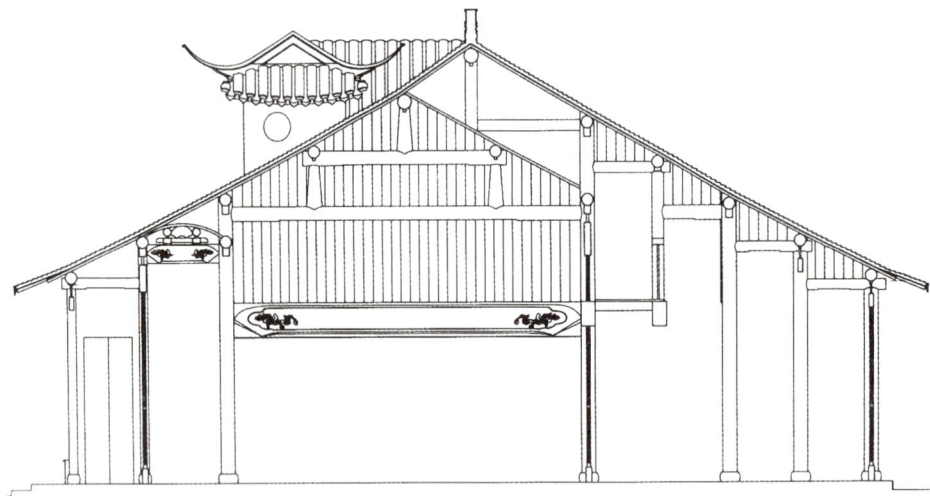

图 2-38　苏州滚绣坊顾宅内厅

（三）圆堂与廊轩

"扁作厅有于轩之外复筑廊轩，而圆堂则无。"（第21页）

实例如沧浪亭明道堂、全晋会馆等，内四界为圆作，轩前又加廊轩（图2-39）。

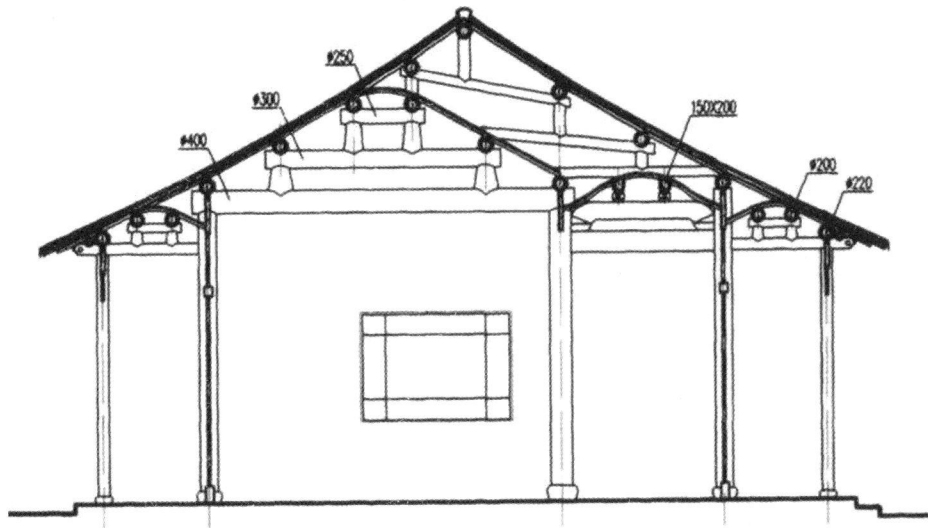

图2-39　苏州沧浪亭明道堂

（四）装窗位置

"厅用于住宅及祠堂时，住宅则于廊柱之间装窗，祠堂窗装于步柱，而于廊柱间装挂落。"（第22页）

实例中装窗于步柱的住宅也有许多，如东杨安浜吴宅、东北街李宅（现拙政园东部）、滚绣坊顾宅等都是如此。

（五）梁头高

扁作梁"梁端伸出桁外，自八寸至一尺，高依圆料锯方"（第22页）。

这里有些令人费解，梁头与梁身乃一料整做，梁头加工时已是方木，如何又以圆料锯方？梁头高以多大的圆料来锯方？都未明确。按大梁"梁作扁方形，其高为厚之二，以圆木锯方拼高"（第22页），第六章"惟大梁山界梁等，则以所得之围径，去皮结方辂合"（第31页），扁作梁乃由按跨度比例计算所得圆料二根，锯成方料后拼合而成，故梁头似应为一根方料之高，即高以圆料锯方，然后两边各挖去1/5宽，成梁头剥腮。但梁除实叠外，尚有独木与虚拼，这两种情况梁头又如何以圆料锯方？实际梁头高应为机面高加桁椀高，机面为桁底至梁底距离，再加桁椀高，方为梁头高。

（六）梁垫高度

"梁端之下垫木材，搁于柱或坐斗，谓之梁垫。长及腮嘴，厚同剥腮，高同五七寸栱料。"（第22页）五七寸栱料高仅3.5寸，合96 mm，做大梁下之梁垫似不够，至少应五七寸斗料，高140 mm（5寸）。图版十二四界大梁下之梁垫更注明厚6寸。

轩"梁垫高依栱料，轩深者则依五七式"（第26页），轩较浅者用四六式栱料，则只有3寸高，似乎高度不够。图版十三之菱角轩梁垫厚4寸，扁作船篷轩和扁作鹤颈轩之梁垫厚4.5寸，均在3.5寸以上。实例图版五苏州拙政园三十六鸳鸯馆满轩正贴式梁垫高12.6 cm，约合4.6寸，图版八苏州怡园可自怡斋（藕香榭）回顶草架正贴式梁垫高14 cm，约合5.1寸，图版十副檐轩梁垫高11 cm，合4寸，看来轩梁之梁垫高基本依斗料，而不依栱料。轩梁跨度较小时，梁垫也许可用栱料。

（七）后双步用料

后双步"双步梁断面为扁方形"（第22页）。"至于圆堂与扁作之分别，在内四界与后双步之用圆料。"（第23页）

实际扁作厅之后双步用圆料者也不乏其例，如苏州滚绣坊顾宅正厅、西北街吴宅正厅等扁作厅的后双步均用圆料。看来后双步用扁作或者圆料，还不足以作为区分圆堂与扁作的根据，主要应视内四界用料而定（图2-40）。

图2-40 苏州西北街吴宅正厅

（八）蒲鞋头

"梁垫之下，复有栱状之垫木，以增梁端搁置之稳固，谓之蒲鞋头。……唯以其架于柱，而不出于斗口，故不名栱而称蒲鞋头。"（第22页）《辞解·蒲鞋头》曰："栱不出斗口或升口者。"（第111页）但图版十二《山雾云及棹木》，山界梁下"梁垫厚按梁3/5，长自腮嘴至桁心二尺。如用蒲鞋头时，腮嘴自1/2界处起"。这里"如用蒲鞋头"，它一定出于斗口，而不能架于柱。图版十八五七寸式桁间牌科所示，出于斗口和升口的实栱也称蒲鞋头。如按定义，它们不能称蒲鞋头，只能称实栱（图2-21）。蒲鞋头应该是用于柱头处、梁或梁垫下，厚度为梁厚3/5的实栱，不论是否出于斗口或升口。

"唯蒲鞋头则须轩深在十尺左右，或满轩，始得应用。"（第26页）蒲鞋头的实际应用还是比较自由的，不限轩深十尺以上和满轩，图版十三圆料船篷轩深6—8尺，在一侧用了蒲鞋头；菱角轩深6—8尺，用蒲鞋头。实例图版二《扁作厅抬头轩正贴式》苏州铁瓶巷任宅，抬头轩深258 cm，合9尺4寸；图版十《副檐轩楼厅正贴式》苏州木渎灵岩寺，副檐轩深192 cm，合7尺，都用了蒲鞋头。

（九）抱梁云

"山界梁背设五七式斗六升牌科一座，与梁成直角，以承脊机及桁。……栱端脊桁两旁，则置抱梁云。"（第22页）《辞解·抱梁云》："梁之两旁，架于升口，抱于桁两边之雕刻花板。"（第103页）

抱梁云应位于栱端，架于升口，脊桁两边之雕花板。但在图版十三之（二）一枝香轩图中，轩梁上脊桁两边也为"抱梁云雕蝙蝠流云"，似乎抱梁云的解释尚不完整。

（十）寒梢栱

"梁（按，指山界梁）端下置梁垫，唯不作蜂头，一端作栱，称寒梢栱。……寒梢栱分斗三升及斗六升二种，视提栈之高低而应用也。"（第22页）第七章《殿庭总论》："梁背安斗及寒梢栱，以承山界梁。寒梢栱或用斗三升，或用斗六升，则视其提栈高低而定。"（第36页）《辞解·寒梢栱》："梁端置梁垫，不作蜂头，另一端作栱，以承梁端，称寒梢栱。亦有一斗三升及一斗六升之分。"（第110页）

寒梢栱既有斗三升与斗六升之分，但这里没有具体说明两者的区别。斗三升与斗六升寒梢栱的区别就是长度不一，斗三升寒梢栱斗上仅有一头是梁垫，一头作栱的一个构件；斗六升寒梢栱斗上先架斗三升栱，再上一层才是较长的，一端是梁垫，一端作栱的构件。因此，图版二十五《歇山殿庭结构》苏州虎丘禅院二山门横剖面上，眉川下所示之寒梢栱就不能称寒梢栱，因为它没有梁垫，只是一斗三升。同样，图版二十六《四合舍殿庭结构》苏州（府）文庙大成殿横剖面，七界梁下标示有梁垫寒梢栱，山界梁下为斗三升寒梢栱。将寒梢栱称为"梁垫寒梢栱"不妥，因寒梢栱已包括梁垫，再加"梁垫"似乎多余。山界梁下应是斗六升寒梢栱，而不是斗三升寒梢栱（图1-264、图2-41）。

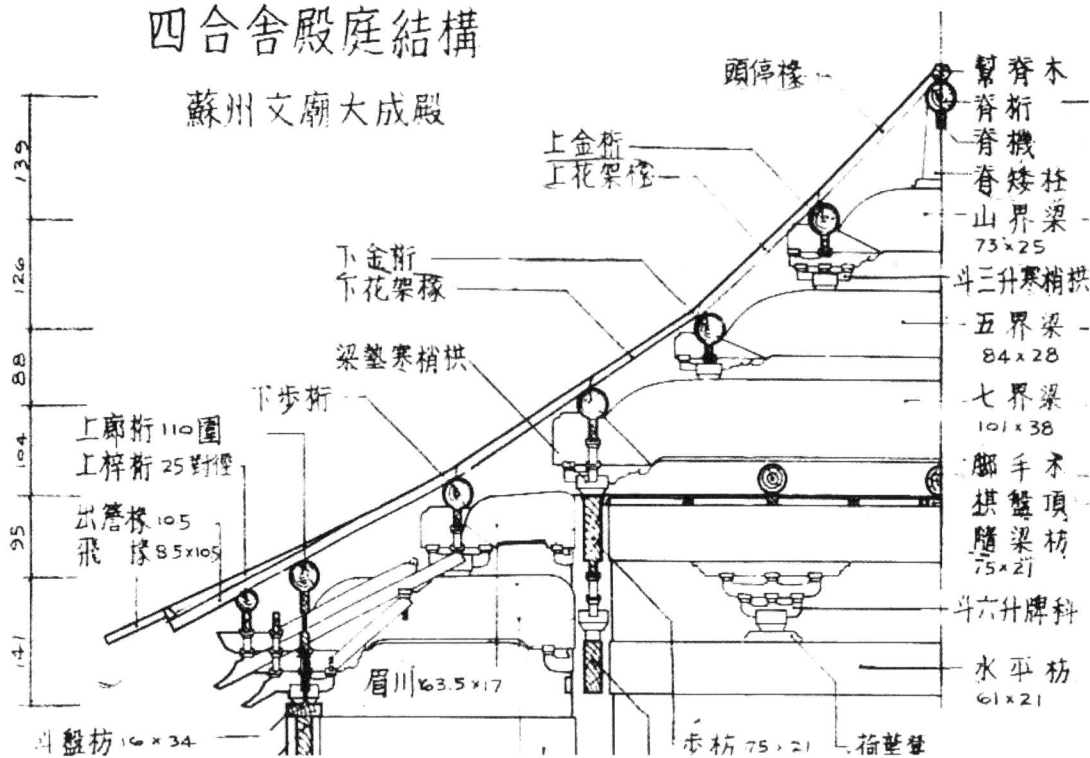

图 2-41　苏州（府）文庙大成殿寒梢栱

（十一）引用错误

"其挖底意即《法式》所谓'梁下当中幽六分'。梁底缘作圆势，尤与《法式》所定之'留二分作琴面相似'，殆亦宋之遗制欤。"（第22页）

"梁下当中幽六分"之"幽"，《法式》原文为"頔"而非"幽"。"尤与《法式》所定之'留二分作琴面相似'"，标点应为"尤与《法式》所定之'留二分作琴面'相似"。

（十二）界之深浅

后双步结构"梁背置坐斗，斗为五七式，界浅时则用四六式"（第22页）。

怎样才算界浅？原文没有说明。但关于轩之深浅却有两种说法，"设轩梁，梁背置坐斗两个，四六式或五七式均可，视轩之深浅而决定，七尺以上，都用五七式"（第24页）。图版十三之（二）扁作船篷轩上标明"坐斗轩深八尺以上，用五七寸式"。轩之深浅以七尺或八尺为界，参照轩深，或可以定双步深七尺以下属界浅者。

（十三）圆料抬势

圆料"大梁进深较长，中部须向上略弯，称为抬势……抬势每丈抬高约一寸"（第23页）。但图版十四却标注"圆梁均有抬势，高起约长度1/100至1.5/100"，两说不够统一。

（十四）草架

"草架制度盛行于南方厅堂建筑，北方较为罕见，疑系明代创作，与宋《法式》迥异。"（第24页）

明计成《园冶》已罗列四种草架式样，但草架起源可能早于明代，元构上海真如寺大殿已用草架与复水椽（图2-42）。但实例中尚有用轩而不加草架者，如苏州仓桥浜邓宅正厅，内四界前用磕头轩而不用草架（图1-3）。

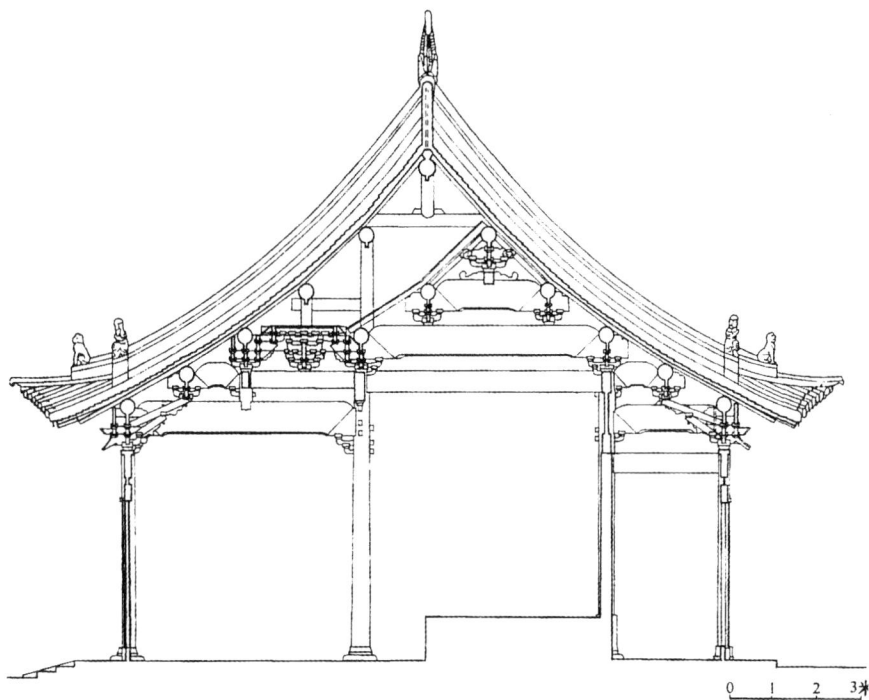

图 2-42　上海真如寺大殿草架与复水椽

（十五）内轩位置

"内四界前，筑重轩时，位于前者称廊轩，轩较浅。位于后者称内轩。……一枝香轩、弓形轩及茶壶档轩，多用于廊轩。船篷轩、鹤胫（颈）轩、菱角诸轩较深，则用于内轩者为多。"（第24页）在后面谈及轩之构造时却说"轩之构造就内轩而言，位于廊步两柱之间"（第24页）。

既称内轩应位于廊轩之后，于轩步柱与步柱间，与廊柱无涉。此外，实例中也有廊轩与内轩同深者，如苏州大石头巷吴宅正厅（图2-43）。也证明民居受限制较少，做法自由灵活。图版十三所有的轩多作廊轩，没有画作内轩的。

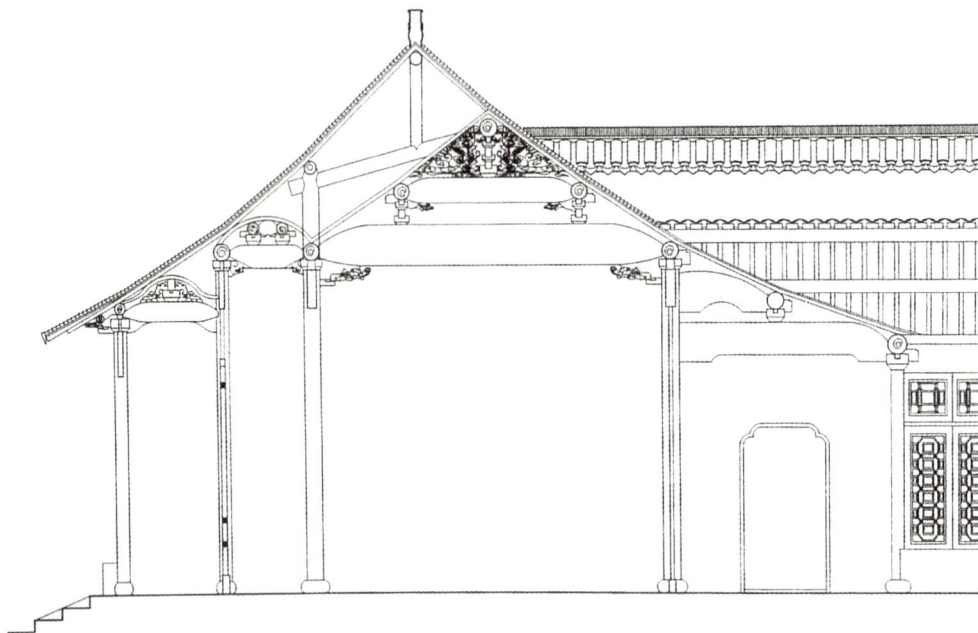

图2-43　苏州大石头巷吴宅正厅廊轩与内轩

（十六）圆料轩

"轩不论用于扁作厅及圆堂，其用料俱为扁作。"（第24页）

此说有点偏颇，不够全面。《法原》图版十三之（一）就载有圆料船篷轩，不用扁作。苏州仓桥巷邓宅正厅等一些厅堂都用了圆料船篷轩（图1-3），此外高师巷许宅对照厅还做了圆料鹤颈轩（图1-4）。

（十七）轩名由来

"轩之名称，随其屋顶用椽形式而分为船篷轩、鹤胫（颈）轩、菱角轩、海棠轩、一枝香轩、弓形轩、茶壶档轩。"（第24页）

"一枝香轩"例外，它不是根据用椽形式来称呼的，第25页："轩梁较短，梁之中仅安坐斗一，上架轩桁者，称一枝香轩。……一枝香轩亦分鹤胫（颈）和菱角二式。"实例中一枝香轩尚有船篷式（图2-44）。

图2-44　苏州拙政园船篷式一枝香轩

关于船篷轩，"弯椽两旁之椽弯曲如船顶者，称其轩为船篷轩，而名其椽为船篷三弯椽。两旁用直椽者，则不称三弯椽"（第25页）。《辞解·船篷轩》："轩式之一种，其顶椽弯曲似船顶者。"（第108页）

称呼船篷轩，是其整个顶似船顶，而非仅仅顶椽弯曲，因其他鹤颈轩、菱角轩、海棠轩等顶椽都是弯曲的，就不能称为船篷轩。船篷轩弯椽两旁之椽不仅有弯曲的，也有直椽，图版十三中，圆料船篷轩及贡式软锦船篷轩顶椽两侧都是直椽。这样的解释都不够严谨。

实际上，轩不止以上几种，如狮子林真趣亭之海棠轩，两轩桁中间本应是顶椽处，又加一桁似一枝香轩（图1-26），杭州也有相似之例（图2-45）。东北街李宅的花篮鸳鸯厅之扁作鹤颈轩，中间顶椽几乎不上弯（图1-30），与其异曲同工的还有西北街吴宅正厅之内轩（图2-40）。高师巷许宅对照厅大梁上不用人字形的复水椽，而是与海棠轩相似的三个弧形轩（图1-4）。扬州个园抱山楼上又是一种（图2-46）。苏州全晋会馆还有一种轩，外观与茶壶档轩相似，但弯起较高（图2-47）。

图2-45　杭州某轩

图2-46　扬州个园抱山楼

图2-47　苏州全晋会馆

（十八）弓形轩梁

"弓形轩之轩梁上弯如弓。"（第25页）

弓形轩的轩梁不全是上弯的，也有直梁（图2-48）。

图2-48　苏州狮子林弓形轩

（十九）引图错误

第25页插图五一八《园冶所载草架式样图》之3"九界梁五柱式"，而《园冶》作"九架梁五柱式"，进深只有八界，而且图中只有四柱，少了一根柱（图2-49）。

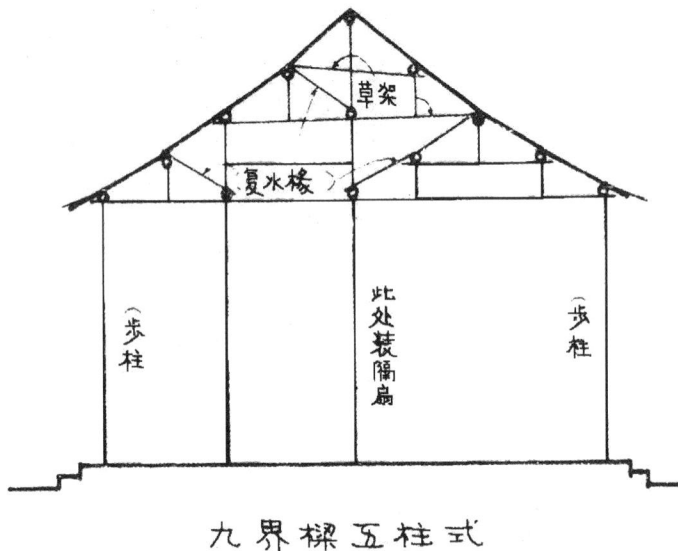

图2-49　《法原》插图五一八之"九界梁五柱式"

（二十）扁作梁机面

"扁作大梁之机面，高约七寸左右。山界梁机面约高六寸半，双步相同。"（第26页）第32页也有"山界梁机面为六寸半"。"唯定机面线，不宜过低，过低则开刻多，而影响梁身之坚固。"（第26页）

图版十二中，山界梁之机面虽然没有标出尺寸，但按比例却不到4寸，差距较大（图1-12）。就连四界大梁之机面也只有5寸许，不到6寸。图版十四圆料山界梁机面就用了6寸半，而扁作山界梁因梁下用梁垫、拱、斗，金机与栱配合，机面受到限制，做不到6寸半之高，仅一机之高，产生形式与结构之间的矛盾。如果要满足机面线的要求，则须进行调整。南方做法比较自由，梁与机并非

一定要搁置在斗口上,梁下也可不设梁垫,机可适当加高,甚至梁的高度也可作适当增减,在实例中均有先例。

(二十一)大梁用料

"无论扁作或圆料,均以进深计其围径。""扁作则依提栈,除山界梁机面及梁垫斗高,定大梁之高度。其厚为高之半。"(第26页)"扁作配料……惟大梁山界梁等,则以所得之围径,去皮结方辑合。其段料高厚之计算方法,先计算其直径,酌定机面高低,然后以提栈之高,减去山界梁机面之高,及斗三升寒梢栱之高,其余数加大梁机面,即得大梁段料之高度,厚为高之半。此可绘侧样,视提栈情形酌情决定之。……如提栈高而觉大梁过高时,可改用斗六升寒梢栱。"(第31页)

由上可见,决定扁作大梁用料的方法有二,一是按《厅堂木架配料计算围径比例表》(第31页)所列,大梁按内四界进深2/10得出围径,然后去皮结方拼合。第22页也有"梁作扁方形,其高为厚之二,以圆木锯方拼高",但均未说明如何拼合,倒是第34页楼房承重举例甚详,按进深定围径,去皮结方,二根叠拼。所以大梁无论厅堂或殿庭,均须按围径锯方,以二根叠拼。二是按剖面来决定。第31页有举例:如内四界深2丈,提栈五算半计高2尺7寸半。大梁围径得4尺,计直径1尺3寸,但未进一步说明如何处置。实际直径1尺3寸,锯方应得9.2寸方木,二根叠拼,得梁高1.84尺。如按剖面,提栈高减去山界梁机面6寸半,及斗三升寒梢栱高8寸,得1尺3寸,加大梁机面7寸,梁高2尺。二者有些出入,"盖匠家用料,但凭经验,所拟口诀又重简要易记,出入诚难避免"(第34页)。又可"按比例酌减自九折至六折"(第33页)。

上述两种方法都未经力学计算,是由经验而得。梁的高度又可以根据感觉来调整,如造价及用量等情况有限制时,可打九折至六折,幅度之大使人无所适从。第10页《选木围量》口诀说,九折者为上等,八折、七折为一般通行中等,六折为下等。对今天的设计而言,下等比较简陋,不太适宜,按中等八折即可。实际梁高为进深的1/10—1/12较为适宜(图1-12),亦可根据荷载等实际情况决定。

(二十二)扁作梁虚拼

扁作梁"其用料分独木、实叠、虚辑三种。独木须圆木去皮结方,实叠系用二木叠辑,虚辑则于梁之两边,各按梁身五分之一辑高,中空于斗底处填实"(第26页)。

因大料比较金贵难得,独木一般用于较小型的梁上,大型的梁常用实叠与虚拼法。以进深定围径,锯方拼高所得之扁作大梁就是实叠之法。梁高可以打折,说明实际应用梁并不需要如此之高,虚拼就是要解决梁的外观高度与实际所需高度的矛盾,既有外观需要的高度,又保证能正常安全地使用,还要经济、节约。"虚辑则于梁之两边,各按梁身五分之一辑高。"图版十二所示拼高部分,其

厚为梁宽之 1/5，但未明确其高度。倒是山界梁上有"料小可拼高 1/4"，但仍不太明确。拼高是实叠还是虚拼？如虚拼，是指虚拼部分不得超过梁总高的 1/4（图 1-12），还是指按下部梁高的 1/4 来虚拼？看图上的比例，似应按总高的 1/4。而据《古建筑木工》（中国建筑工业出版社 2004 年），虚拼部分高不超过总高的 1/3，如用硬木则不过 2/5。只凭经验，故说法各有不同。但是"厅堂木架各料，无论圆堂扁作，均以定各料围径为先"（第 31 页）。虚拼法的下段主要木料，因是矩形独木，就不能从《厅堂木架配料计算围径比例表》得出，如上面扁作大梁用料所述，计算围径比例只能是得出方料，二根叠拼。矩形独木就不能用"去皮结方"得出。那么它们是如何得出的？这就牵涉木材加工，《法原》只介绍梁用结方一种，其他都没有交代。

（二十三）船厅

"船厅又名回顶，多面水而筑。"（第 27 页）《辞解·船厅》："厅堂之作回顶式，常用于园林之内。"（第 108 页）

据此，船厅应该是屋顶用回顶式的厅堂，常用于园林内，面水而建。船厅过去并无严格的定义，比较随意。除《法原》外，刘敦桢《苏州古典园林》云："旱船不位于池侧的称船厅，平面作长方形，多在短边设长窗，长边两面设半窗，屋顶用卷棚歇山式。"（第 36 页）还有一些虽具有上述某些特点，但其外形并不像船，且不在水边，也称船厅，如苏州怡园石舫（白石精舍）、沧浪亭船厅等，屋顶亦不一定用歇山，怡园石舫就是硬山顶。还有把石舫直接称为船厅，《苏州古典园林》载《清光绪八旗奉直会馆图》（拙政园）中，就将石舫香洲标为船厅。《法原》图版一《住宅平面布置图（苏州留园东宅）》中西落也有船厅（第 171 页）。

从建筑类型来说，石舫或旱船应该是一种船型建筑，属舫类建筑，无论是否在水边。船厅应该指整体外形不似舟船，但又部分与舟船相似的建筑，如平面作长方形，多在短边设长窗，长边两面设半窗，内部作回顶，但不一定位于池侧。它的进深较小，属于小型厅堂。尚有一种想象型的船厅，如扬州何园（寄啸山庄）静香轩船厅，建筑本身是一座四面厅，形象与船没有任何联系，只是厅前铺地砌作水波纹状，如粼粼细波、密密涟漪，厅柱有联曰："月作主人梅作客，花为四壁船为家。"通过如波纹的铺地和对联的文学语言，激发人们把厅想象为水中的航船（图 2-50）。

图 2-50 扬州何园静香轩

上海豫园船舫也是同样处理，但这就不是建筑意义上的船厅了。

回顶其实是一种屋顶构造形式，并不局限于船厅，用回顶的厅堂也不都称为船厅，如留园涵碧山房、沧浪亭面水轩等。回顶应用广泛，在园林各种建筑类型中，如厅堂、楼阁、舫、亭、廊等，都能见到。虽然船厅内多用回顶，但还应是两个概念。

（二十四）回顶三界梁与前后脊童、前后脊桁

回顶"深凡五界，称五界回顶。有深三界者，则称三界回顶"。但后面扁作回顶又称："其长五界之柁梁，亦称大梁，梁背安斗架山界梁。……其用圆料者，则于大梁背架金童柱，上承山界梁。"（第27页）

大梁之上架的称"山界梁"。在图版四《鸳鸯厅正贴式》、图版七之（二）《回顶鳖壳正贴式》及图版八《回顶草架正贴式》中，大梁之上均标作"三界梁"。既然大梁跨五界称五界大梁，上层跨三界，似应以前文与图版为准，称"三界梁"较妥。而山界梁一般只承二界，把跨三界的梁也称山界梁，容易造成概念的混乱。

山界梁"梁上置脊童二，有上下脊童之分"。"短梁前后架脊桁，称上脊桁与下脊桁。"（第27页）

回顶脊童与脊桁乃并列而设，无上下高低，此处称上下不知如何区分。图版七之（二）把脊桁称为回顶前、后桁，因此还是称前、后脊童，前、后脊桁较清晰、明确（图2-51）。

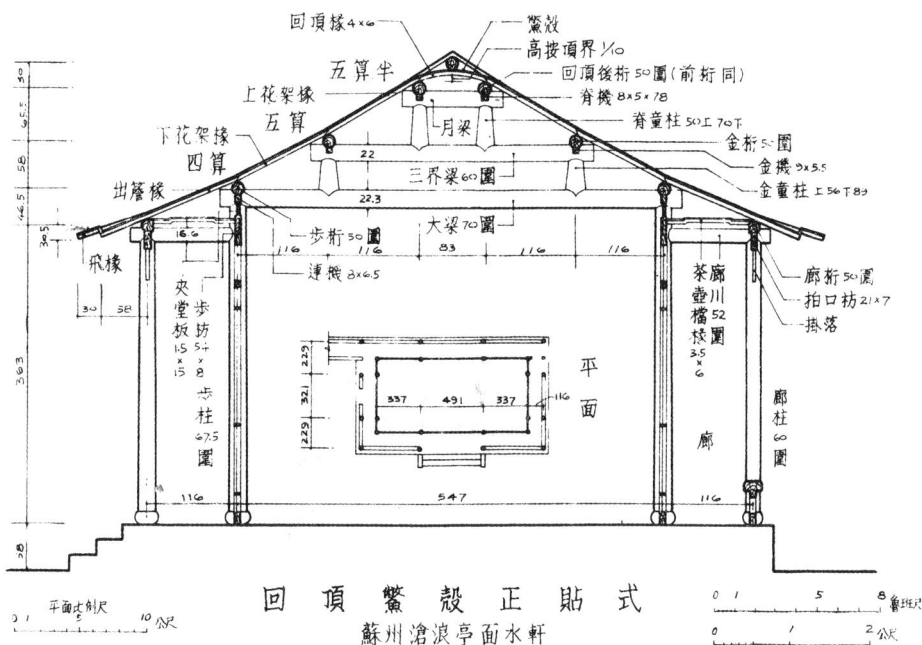

图2-51 苏州沧浪亭面水轩脊童、脊桁

（二十五）鳖壳

"南方回顶，则于顶椽之上，设枕头木，安草脊桁，再列椽铺瓦。其结构成为鳖壳，又名抄界。"
（第27页）

鳖在吴地称为甲鱼而从不叫鳖，这里怎么会冒出一个鳖壳呢？而且形状并不像鳖壳。颇疑此"鳖"乃"别"也。"别"可作"另外"解，意指回顶椽上的又一层屋面，即另一个壳，可见于沧浪亭面水轩。江南建筑做鳖壳处尚有嫩戗发戗的戗角（图1-118）、尖顶亭顶等处，都有双层构造（图2-51至图2-53）。

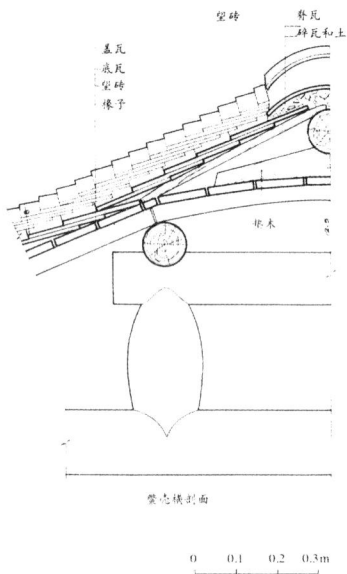

图2-52 苏州拙政园香洲回顶鳖壳　　图2-53 攒尖顶鳖壳

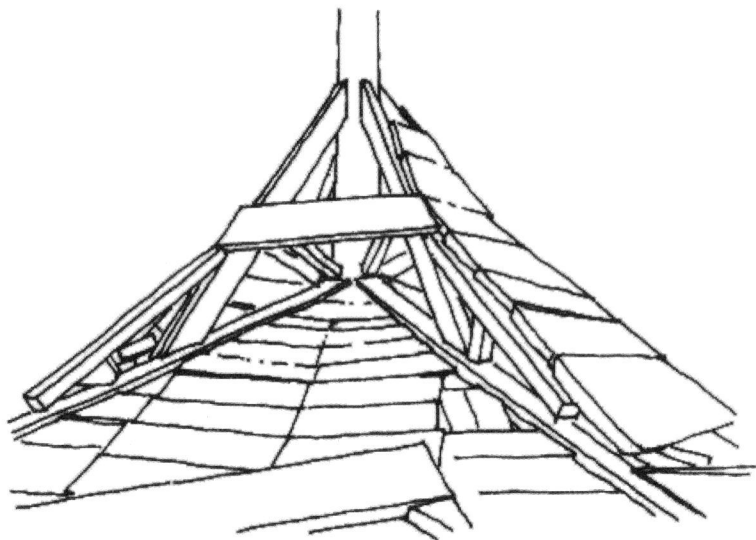

（二十六）鸳鸯厅

"厅较深，脊柱前后，地盘布置对称，唯用料则以脊柱为界，其梁架一面用扁作，一面用圆料，亦有扁作与贡式合用，故名鸳鸯厅。""脊柱前后贴式不拘……唯其布置，则须前后对称。""其草脊桁位于脊柱之上，即匠家所称之脊上起脊。"（第28页）

但也有与此不同者，如桃花坞大街费宅之鸳鸯厅，前后不对称，扁作部分大于圆料部分，草脊桁也不是脊上起脊，不在中柱上，扁作部分之前还有前轩、廊轩（图1-6）。有的鸳鸯厅连脊柱及鼓磴也做成一边方，一边圆，如东北街李宅之鸳鸯厅。

（二十七）花篮厅

花篮厅"厅之步柱不落地，代以短柱，称垂莲柱，亦称荷花柱"（第28页）。

花篮厅一般步柱不落地，但也有例外。张品荣《苏州老宅》（古吴轩出版社2014年）中即有一种内四界花篮厅，金童柱不落地，做花篮，如王洗马巷万宅花篮厅（图2-54）。另一种为檐廊花篮厅，如齐门路潘宅第三进楼厅，"该厅三间加两条侧廊，檐廊省去两只廊柱，改为两花篮状垂柱，同时楼面又硬挑出50 cm，在挑头上立楼廊柱，廊柱下又垂小花篮，所以在楼下天井可见两只大垂花篮与四只小的垂花篮"。

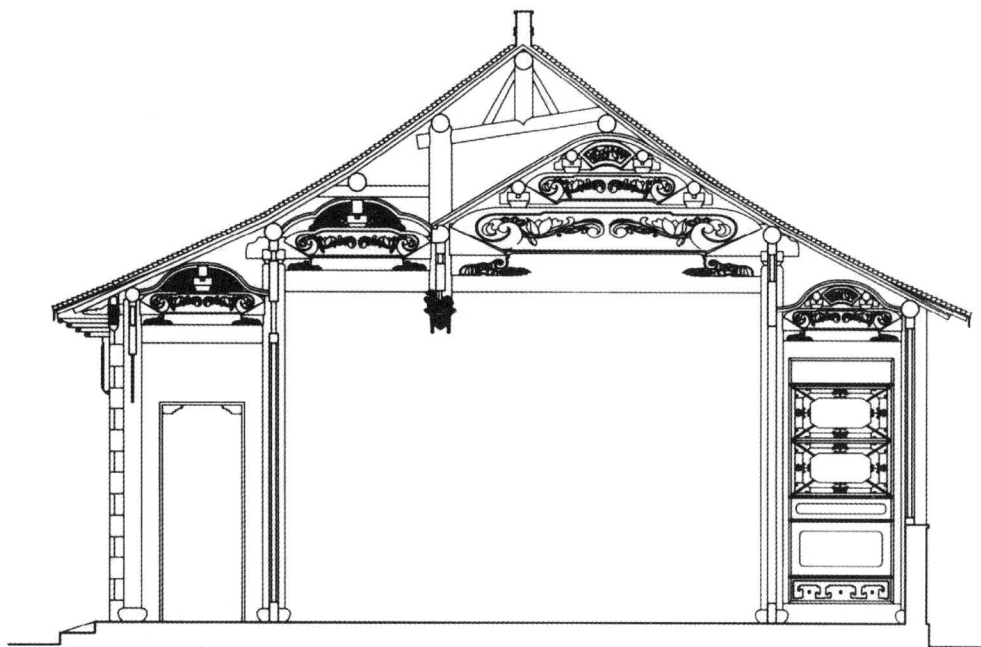

图2-54　苏州王洗马巷万宅花篮厅

"花篮厅贴式不一，唯不用圆料"（第28页）。

花篮厅虽多数用扁作，但也有用圆料之例。如拙政园之东部花篮厅，既是鸳鸯厅，又是花篮厅，用圆料的北部也做成花篮厅（图1-7）。尚有一种不常见的做法，如马大箓巷季宅花篮楼厅（图1-31），因不用步柱，通长的枋子，要承受由上层步柱传下的屋顶荷载以及楼面荷载。在这些十分集中的荷载重压下，已产生较大的挠度，不得已用木柱撑持进行加固。

（二十八）落翼与歇山

"厅堂若鸳鸯厅、船厅之用于园圃者……边间边贴间筑山墙，而两旁廊轩上架屋面，上端毗连山墙，称为落翼。而山尖位于落翼之后，称为歇山。"（第28页）四面厅"则须于边贴梁架旁，加草梁，以承落翼之椽，及山尖墙垣之重"（第29页），"其前后作落水，两旁作落翼，山墙位于落翼之后，缩进建造者，称为歇山"（第37页）。

这里说的落翼，无疑指侧面的披檐屋顶。《辞解·歇山》："悬山与四合舍相交所成之屋顶结构。"（第111页）《辞解·落翼》："在殿庭左右两端之两间，但硬山式仍称边间。"（第110页）并指出它即北方之梢间。第七章《殿庭总论》称："殿庭之广，随屋之大小，由三间至九间。正中间亦称正间，其余称次间。再边两端之一间，除硬山时可称边间外，称为落翼，故吴中称五开间为三间两落翼，七开间为五间两落翼，九开间为七间两落翼。如仅三开间，仍于次间作落翼时，则称次间拔落翼。"（第36页）此处落翼主要指殿庭平面上端头那一间，但不全面，据中篇"一、地面总论"中"（三）开间名称"，厅堂歇山亦可称落翼。重檐殿庭之下檐"于步柱上拔落翼"（第38页），下檐侧面屋顶也称落翼。第十五章中"重檐则于步柱起拔落翼"（第82页），这里落翼还是指屋顶。

由此可见，《法原》每一次的定义不够完整，需要综合理解才比较完整。落翼其实有三种意义：一是有转角屋顶的建筑平面（五间及以上）两端之一间，包括歇山与四合舍（即庑殿）；二是歇山厅堂或殿庭的侧面屋顶；三是重檐的下檐侧面屋顶。

关于歇山，第29页的定义从文意上理解，落翼应为位于山墙一侧、上端与山墙相连的屋顶，此时山尖或山墙位于落翼之后。歇山似乎只是在硬山两侧加落翼而成，但这仅是歇山的一种做法（图2-55）。中国古建筑以木架承重为主，墙体多是围护结构，有无山墙并不是形成

图2-55　苏州拙政园芙蓉榭歇山

歇山的必要条件，如拙政园之留听阁（图 2-56）就无山墙，许多用歇山顶的亭子也根本没有山墙（图 2-57）。

图 2-56　苏州拙政园留听阁歇山

图 2-57　吴江退思园水香榭歇山

对歇山屋顶而言，重要的是山尖而不是山墙。《辞解》"悬山与四合舍相交所成之屋顶结构"（第111 页），与《清式营造则例》对歇山的解释"悬山与庑殿相交所成之屋顶结构"，可谓一模一样。北方多见悬山，但"悬山一式，南方已不多得矣"（第 37 页）。用悬山来解释似乎不太全面，况且南方除一些较大的庙宇殿庭山尖用木构悬山外，尤其在园林中，歇山山尖多用砖砌，桁条并无悬出，呈现出硬山面貌。第 29 页有"歇山山墙外作砖博风，及垂鱼如意等装饰"。第十一章《屋面瓦作及筑脊》也描述了硬山山尖："歇山之厅堂……竖带以外为盖瓦一楞，下砌飞砖二路，逐皮收进，其下为博风，系砖砌粉出，合角处作悬鱼、如意等，此歇山山尖之外观也。"（第 57 页）拙政园远香堂之歇山用了山面悬挑的形式，但毕竟是少数。综合起来，歇山就是正面两坡顶，两侧有落翼，其后有山尖之屋顶。

图版四《鸳鸯厅正贴式·苏州留园林泉耆硕之馆》平面将次间之外一间称为落翼，而外侧是廊（图 2-2），而根据《苏州古典园林营造录》（中国建筑工业出版社 2003 年）第 371 页林泉耆硕之馆正立面，落翼屋顶是在廊上（图 2-58），因此该平面称呼不准确，图上落翼应为再次间，图上廊应为落翼，否则与"落翼"定义不符。

四面厅"则须于边贴梁架旁，加草梁，以承落翼之椽，及山尖墙垣之重"（第 29 页）。

为何四面厅要加草梁？草梁又如何加？文中没有说明。实例中有草梁与山面平行，架在叉角桁外伸的桁端上（图 1-263）。可能的原因在前面已述及。

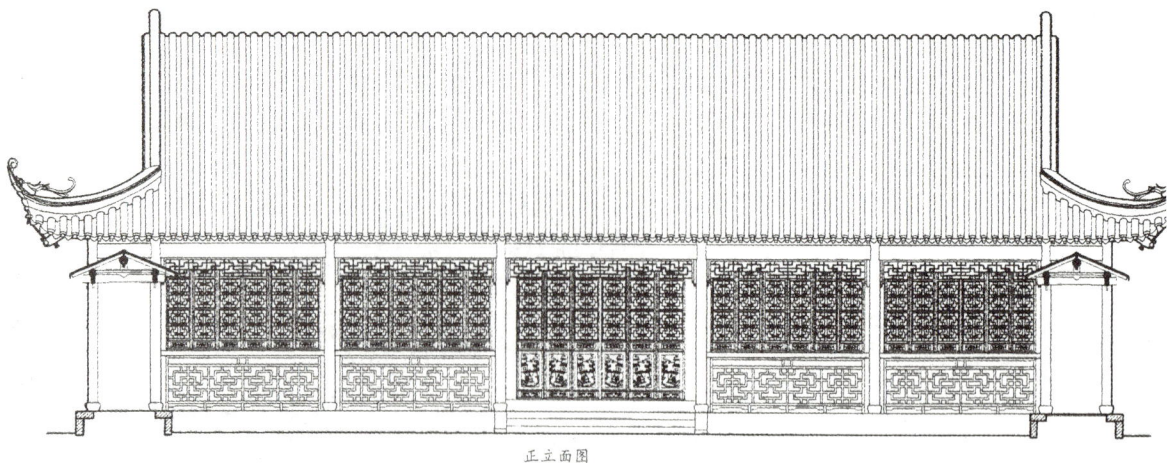

图 2-58 苏州留园林泉耆硕之馆鸳鸯厅立面

(二十九) 水戗发戗

"水戗发戗者,则于转角 45° 处,架角梁于廊桁与步桁之上,称梁为老戗。老戗之上设角飞椽,其厚与飞椽同而较宽。"(第 29 页)《辞解·角飞椽》:"老戗上不置嫩戗,而以飞椽代之,宽与老戗同。"(第 101 页)

角飞椽的宽度不可能与老戗相同,老戗用料常用四六寸、五七寸,六寸为 165 mm,而一般飞椽宽约 60 mm,《辞解》说法不对。还有一种做法,老戗之上仍设一角梁,与北方仔角梁相似,可称为子戗(图 2-59、图 2-60)。

图 2-59 苏州怡园小沧浪用角飞椽

图 2-60 常熟燕园仁秋簃用子戗

屋面水戗"用水戗发戗者，则将戗座垫高六七寸，作壶口形，然后逐皮挑出弯起，或兜转作卷叶状"（第57页）。

这里说了两种水戗，前者戗端翘起，与一般嫩戗发戗的水戗相似。后者秀丽优美，有多种花样（图2-61、图2-62）。

图2-61 苏州艺圃朝爽亭水戗发戗

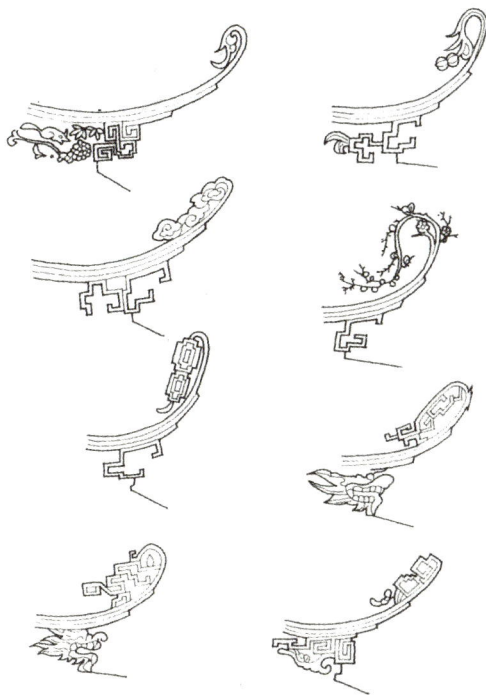

图2-62 各式卷叶水戗头

（三十）园林厅堂用脊

"厅堂用于园林者，屋顶都不用脊，用黄瓜环瓦复于盖瓦和底瓦之上。"（第29页）苏州园林中确有许多厅堂不做正脊，但用脊的厅堂也不在少数。如拙政园三十六鸳鸯馆、玉兰堂和立雪堂，狮子林燕誉堂，怡园藕香榭等用纹头脊；网师园看松读画轩、艺圃博雅堂等用哺鸡脊；网师园集虚斋用属雌毛脊的"凤回头"脊。拙政园远香堂用了鱼龙吻脊，这是苏州园林里唯一的特例（图2-63）。

图2-63 苏州拙政园远香堂鱼龙吻

（三十一）楼房上下层之比例

"如系楼房，将平房檐高作楼面尺寸，上层高低，则以楼底丈尺的七折计算。"（第29页）"唯上层檐高通常为下层阁面高度之七折。后檐高较前檐高减十分之一，但亦可酌情而增减。"（第34页）又阁"上层之高，为下层十分之七"（第82页）。

图版九苏州留园骑廊轩楼厅上层前檐高278 cm，后檐高259 cm，下层高423 cm，上下层高之比为0.66，楼后檐为前檐之0.93。图版十苏州木渎灵岩寺副檐轩楼厅上层高353 cm，下层高420 cm，上下层高之比为0.84。所以，可以按需要来设计，不必限定比例。

六、厅堂升楼木架配料之例

（一）椽用料

"圆堂配料之大小，即依上表比例（《厅堂木架配料计算围径比例表》）所得之围径而定。"（第31页）

但第32页《屋面木架配料名称及尺寸表》中，飞椽围径为1尺，而前表飞椽围径用料为1.2尺，两者略有不同。再两表所列出檐椽均为圆椽，实例中许多用了扁方椽（表6）。

表6　实例椽规格　　（单位：cm）

序号	名称	檐椽	界深	飞椽	弯椽	界深
1	铁瓶巷任宅大厅	7×5@23.5（头停椽）	130			
2	怡园雪类堂	7×5@23	113	5×4		
3	留园林泉耆硕之馆	7×5@23（花架椽）	113		7×5	84
4	拙政园三十六鸳鸯馆	5.5×8@23		6.5×4	6×4	106
5	木渎严家花园花篮厅				6×3@23	69
6	沧浪亭面水轩				6×4（回顶）	83
					6×3.5（茶壶档）	116
7	怡园可自怡斋（藕香榭）				7×5@22	112
8	灵岩寺楼厅	7×5	68	6×5		

序号	名称		檐椽	界深	飞椽	弯椽	界深
9	拙政园	小沧浪	7.5×5.5	83.5			
10		东部花篮厅	7.5×5.5	77.5	6.2×4.5		
11	留园	五峰仙馆	7.8×5.5	158.5	6.5×4.5		
			70×5.5 （花架椽）				
12		寒碧山庄	7.5×5.5	132.6	6.5×4.5		
13		揖峰轩	7.5×5.5	99	6.4×4.2		
14		曲溪楼	7.5×5.5	82.5	6×4		
15		还读我书斋	7×5	106.3	6×4		
16	网师园	殿春簃	7×4	108.3	6×4		
17		濯缨水阁	7×5	152	6×4		
18		竹外一枝轩	7×5	95			
19		集虚斋	8×6	105.5	7×5		
20		撷秀楼	7×5.2	124.8	6×4.5		

注：本表根据《营造法原》《苏州古典园林营造录》编制。

（二）枋用料

"扁作配料，其枋、柱、桁等均用上表所得围径。"（第31页）

柱、桁一般为圆形，可用围径。但枋是矩形，与柱、桁不同。据《厅堂木架配料计算围径比例表》，枋是按柱高1/10定高，厚按斗料或枋高1/2，不通过围径，直接得出高、厚。但厚按斗料，按第9页《屋料定例》"惟枋厚薄照斗论"，解释为"至于枋厚则按斗论，如为四六式大斗，则枋厚为四寸"（第10页）。《法原》图版所载实例，枋的高、厚及其比例并不固定，也无规律，高在19—39 cm，厚在6.5—10.5 cm，高厚比在2.6至4之间，2以下仅一例，最大为4.86（表7）。

表7 厅堂用枋规格

序号	名称	构件	规格（cm）	高厚比
1	铁瓶巷任宅	廊枋	30.5×10	3.05
		步枋	37.5×10	3.75
2	怡园雪类堂	步枋	34×7	4.86

序号	名称	构件	规格（cm）	高厚比
3	留园林泉耆硕之馆	廊枋	28×10.5	2.67
		步枋	39×9	4.33
4	拙政园三十六鸳鸯馆	廊桁	28×10.5	2.67
		步桁	33.5×7	4.78
5	木渎严家花园贡式花篮厅	廊桁	20×7.5	2.67
		枋	19.5×6.5	3
		通长枋	30.5×8	3.81
6	沧浪亭面水轩	拍口枋	21×7	3
7	怡园可自怡斋	步枋	23×7	3.29
8	留园骑廊轩楼厅	上层步枋	28.5×8.5	3.35
9	木渎灵岩寺副檐轩楼厅	上层廊枋	19×10.5	1.86
		上层步枋	29.5×7.5	3.93

注：资料来源于《营造法原》

（三）大梁用料

"其段料高厚之计算方法，先计算其直径，酌定机面高低，然后以提栈之高，减去山界梁机面之高，及斗三升寒梢栱之高，其余数加大梁机面，即得大梁段料之高度，厚为高之半。此可绘侧样，视提栈情形酌情决定之。"（第31页）

山界梁是通过梁垫与斗架在大梁上，所以这里还须减去斗底高才是梁高。

（四）楼厅

"楼房之规模较大，而于楼上下筑翻轩者，则称楼厅。"（第33页）

一般楼厅多在楼下筑轩，楼上作轩较少。轩亦多设在廊界，在承重下筑轩极少，因为将大大增加楼面高度。图版九苏州留园骑廊轩楼厅、图版十苏州木渎灵岩寺副檐轩楼厅，楼上都没有做轩，而且楼上结构均用圆料，它们也称楼厅，故楼上用轩与否并非称楼厅的必要条件。

（五）短窗

"楼上廊柱间，则多装地坪窗或短窗，窗槛与楼板之间，外侧钉雨挞板，内钉裙板，以避风雨。"（第34页）

何谓短窗？书中没有明确解释。从句中看，短窗与地坪窗相似，其上部应相同，唯地坪窗下部为栏杆，而短窗作板壁，外雨挞板，内裙板。但《古建筑装折》（中国建筑工业出版社2006年）言："短窗亦称半窗和矮窗，一般设于前后两边之间半墙之上，或步廊的栏杆上和楼面上，设在栏杆上的短窗亦称地坪窗。"即将比长窗短的半窗、地坪窗都视为短窗。这些都是民间做法，称呼也较随意，不够规范。在第八章《装折》里没有提及短窗，只有半窗（详见第八章）。实例中尚有一种做法，《法原》没有提到，就是窗只有上下夹堂和内心仔，窗高与地坪窗一致，仅及长窗中夹堂下之横头料底至窗顶，窗下砌半墙，与《辞解·半窗》"窗之装于半墙之上者"（第99页）相符（图2-64）。综合来看，短窗即比长窗短的窗，也可称半窗，可分四种。一是《法原》所说之地坪窗；二是窗下半墙与地坪窗下栏杆等高，3尺余，合900 mm，这种窗也即北方的槛窗，或许可以借用北方的称呼，也称之为槛窗；三是上面所述下部为板壁的短窗，可称为板壁窗；四是后面将提到的设在坐槛上的半窗，窗高度比地坪窗略高，或称为坐槛窗。这样就把各类短窗或半窗分清了。《辞解·地坪窗》后括号内注北方术语为"槛窗"（第100页），似乎不确，槛窗下应为槛墙而不是栏杆。

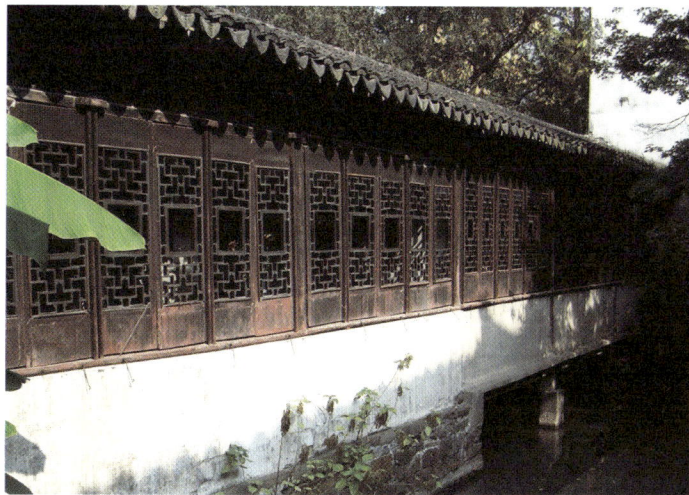

图2-64　苏州拙政园小沧浪水院短窗

七、殿庭总论

（一）明间

"明间较次间为宽，次间宽为明间之十分之八。"（第36页）

明间按南方称呼应为正间。

（二）殿庭檐高

"殿庭檐高以正间面阔加牌科之高为准。"（第36页）

而第29页又谓："殿宇檐高，照正间，因有牌科，不照次间论。"二者有差距。前者檐高（廊桁底）＝正间面阔＋牌科高，后者檐高＝正间面阔（包括牌科高在内）。第40页《殿庭屋架木料名称件数尺寸工数表》采用前者，廊柱高18尺＝正间面阔18尺，檐高应再加牌科高。后者檐高如包括牌科在内，柱高就较低，不利于显示殿庭之威严，以前者比例较为恰当。

（三）殿庭进深对称与用轩

殿庭进深"其深以脊柱为中心，前后相对称"（第36页）。

这可能是针对歇山屋顶而言，因殿庭多用歇山，转角起翘，檐口必须平齐，故进深前后要对称。但前面建筑类型分析殿庭时，已述及殿庭可用轩，这就带来问题，如像厅堂一样只用前轩，就可能前后不对称。如第40页"六、殿庭屋架用木料之例"为三开间，《殿庭屋架木料名称件数尺寸工数表》内未有屋角架戗、布椽等工料数，可见该例为硬山。表列用柱、梁有正步柱4只、正轩步柱2只、正廊柱4只、边步柱4只、边轩步柱2只、边廊柱4只，共20根柱，还有大梁1对、山界梁1对、正轩梁4条、边轩梁4条、正荷包梁8条、正后双步梁2条及边双步梁6条等。据此，本例进深应为前廊＋前轩＋内四界＋后双步［正、边轩梁与荷包梁的数量存疑，见后面"（十四）例中问题"］，于是进深前后就不对称了。可能殿庭用硬山，没有起翘屋角，就可以前后不对称，而用歇山时就需对称。

（四）蜂头梁垫

"举凡双步、川、大梁，俱有梁填（注：垫）及蒲鞋头，但不作峰（注：蜂）头，以视其隆重。"（第36页）实例中也有作蜂头的梁垫（图2-65）。

（五）棋盘顶与藻井

"棋盘顶以纵横木料作井字形，架于大梁之底，上铺木板，涂以彩画，其形如棋盘，即北方之藻井。"（第36页）

此处所谓棋盘顶，应是作棋盘格子的天花，将天花解释成藻井，如同梁思成先生在《清式营造则例》里把藻井解释为天花一样，是不太确切的。天花乃屋内在屋顶之下所设置的顶棚，而藻井是在天花最中心处，向上凹进如穹窿的那一部分。藻井常用在宫殿、庙堂等较尊贵的建筑里。藻井不等于天花，只是天花的一部分（图2-66）。

图 2-65　上海玉佛寺梁垫

天花藻井是室内装饰的重点之处，在汉代就已出现，张衡《西京赋》载"蒂倒茄于藻井，披红葩之狎猎"，王延寿《鲁灵光殿赋》曰"圆渊方井，反植荷蕖"。实物有山东沂南汉画像石墓，墓中顶棚刻有藻井、平暗与莲花等形象（图2-67）。

图 2-66　苏州灵岩寺大雄宝殿棋盘顶与藻井

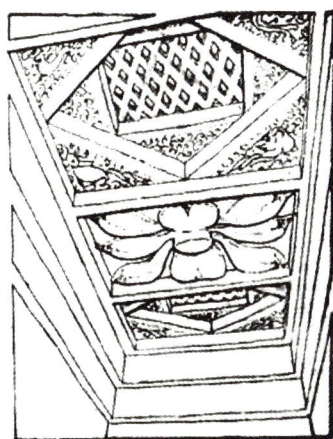

图 2-67　山东沂南汉画像石墓天花藻井

《法式》记载有平暗与平棋两种天花和斗八与小斗八两种藻井。平暗是一种小而密的方格天花，在唐佛光寺大殿（山西五台县）及辽独乐寺观音阁（天津蓟州区）中均可见，后世很少用。平棋是呈棋盘状的大方格天花，明清多用之，故《法原》称棋盘顶。殿庭多用扁作，在《殿庭屋架用木料之例》（第 40 页）中说："其用料、名称、尺寸、件数、人工等，按扁作做法。"如用棋盘顶，则其上梁架与牌科、山雾云、抱梁云及花机等装饰完全不能看到，正如图版二十六苏州文庙大成殿那样，真成"锦衣夜行"全无必要。"苟用棋盘顶天花者，恒于梁背设斗，竖脊童以承脊桁"（第 36 页），已经简化了脊部用斗六升棋承脊桁的做法。而《法式》月梁都用在明栿或彻上明造中，"凡平棋之上，须随栿栔用方木及矮柱敦桥，随宜枝樘固济，并在草栿之上"。天花之上可用草架，不用讲究形式，只要牢固即可。

（六）殿庭出檐

"出檐椽与飞椽之长，其制与厅堂相同。"（第 37 页）

殿庭檐高照正间开间＋牌科高，第 47 页"殿庭阶台高度，至少三四尺"，"台宽依廊界之进深，譬如界深五尺，则台宽自台边至廊柱中心为五尺，或缩进四五寸，唯不得超过飞椽头滴水"。殿庭本身檐高比厅堂高，阶台也高，台宽也宽，其出檐椽与飞椽之长如制仍与厅堂相同，所得檐高与出檐的比例必不佳是可以想象的。

（七）摘檐板钉于椽头

"飞椽下端，钉通长木板以隐椽头，称为摘檐板，亦称遮檐板。"（第 37 页）《辞解·摘檐板》："檐

口瓦下，钉于飞橡头上之木板。"钉于橡头才能隐没橡头。

（八）扁檐木曲势

"老戗与嫩戗之间，实以菱角木及扁担木，木弯曲，盆使其曲势顺适。"（第37页）

此处"盆"字应为排版失误，1959年版《法原》为"益"字，当正确。

（九）砖博风

"悬山为前后落水，其桁端挑出山墙之外，护以木板称为博风，或用砖博风，使山尖悬空于外，故名悬山。悬山一式，南方已不多得矣。"（第37页）"博风用于硬山上部，则用砖博风。"（第38页）

悬山与硬山都用砖博风？没有说清楚，易造成混淆。此处悬山砖博风不可能指用砖砌的博风，而是木博风板外贴方砖，如拙政园远香堂歇山博风（图2-68）。

图2-68　苏州拙政园远香堂博风板

（十）拔落翼之位置

"歇山拔落翼，恒以落翼之宽，等于廊柱与步柱间之深。譬如三开间，前后深四界，作双步。其落翼之宽，等于双步之长，拔落翼于川童之上，而于桁条之上设梁架以承屋面。"（第37页）

从文意讲，"拔落翼"应是歇山侧面的构造做法，此"落翼"不应指平面上的落翼，因为三开间只有正间与两个次间，没有称落翼的间，它应指侧面屋顶及其宽度。"其前后作落水，两旁作落翼，山墙位于落翼之后，缩进建造者，称为歇山。"（第37页）此处落翼也是指屋顶而非平面。因此，落翼不仅指平面。但把称平面的"落翼"与称屋顶的"落翼"都称落翼，极易混淆。"恒以落翼之宽，等于廊柱与步柱间之深"与后之"其落翼之宽，等于双步之长"均指平面上两端之"落翼"，即次间。此处"落翼"如仍指屋面的宽度，似乎不能成立：既"拔落翼于川童"，屋顶落翼宽只能为一界；但平面上只有次间，如何又称落翼？上述"譬如三开间，前后深四界，作双步"，举例应与图版二十五苏州虎丘禅院二山门相同（图2-69）。

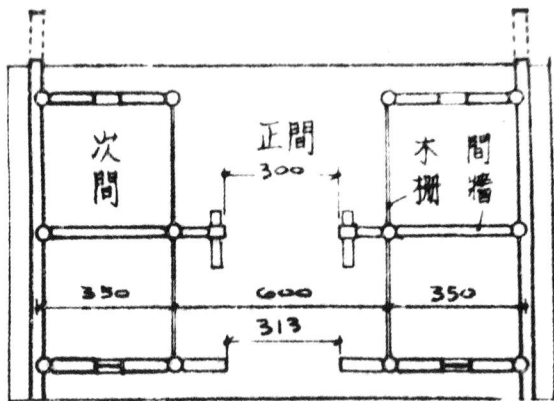

图2-69　苏州虎丘禅院二山门平面

其实"落翼之宽，等于廊柱与步柱间之深"，只是歇山的一种做法，这种做法的好处在于构造较简单，但它不是"恒"的通则，不是唯一的、必须的做法。有的建筑为通檐无步柱，就无从谈起"廊柱与步柱间之深"，早期的如山西五台县唐南禅寺大殿，晚期的如拙政园见山楼（图 1-265）、狮子林指柏轩等楼房上层。即使有廊柱与步柱，也不总是要正、侧两面相等才能做歇山，如北半园之后楼（图 2-70）。

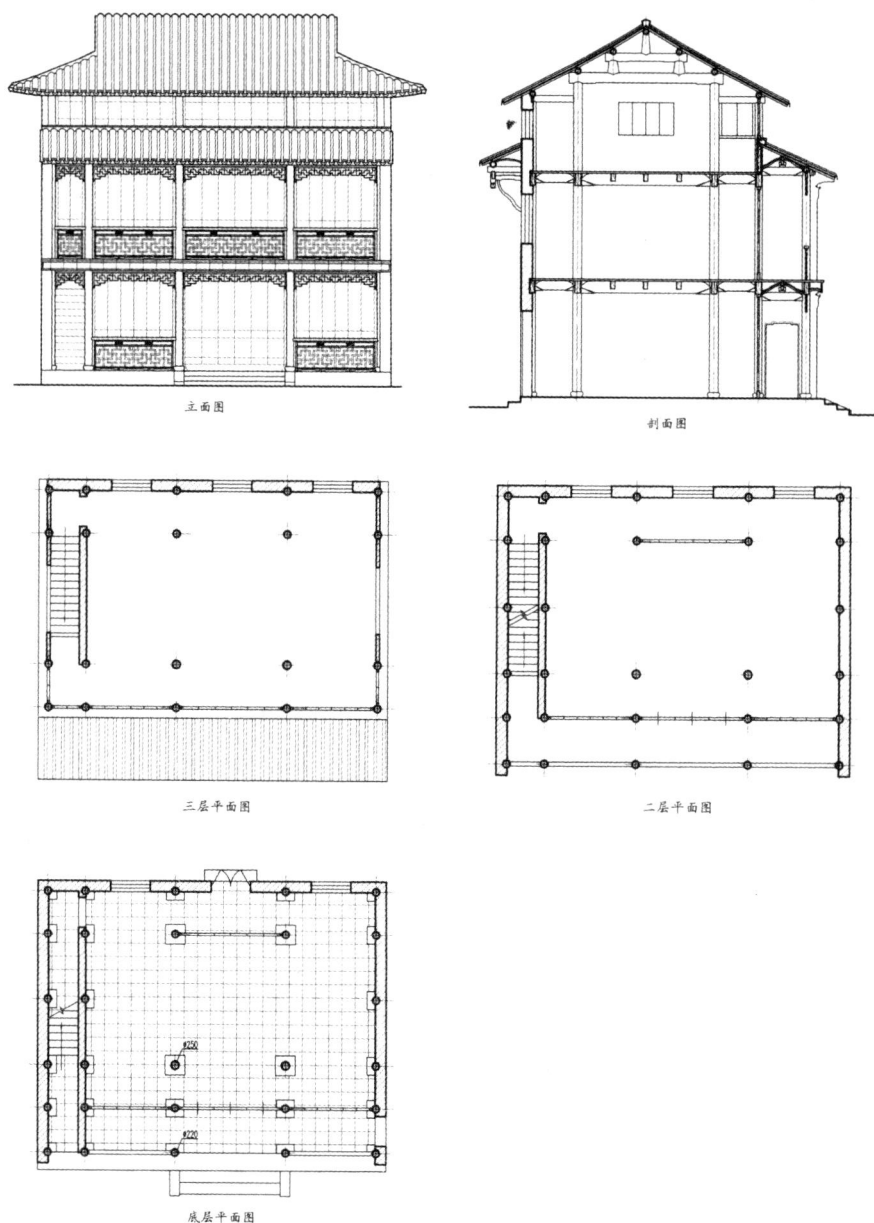

立面图　　剖面图

三层平面图　　二层平面图

底层平面图

图 2-70　苏州北半园后楼

此外，一些亭阁等也往往无步柱，一样做歇山顶。"如重檐殿庭，三间二落翼，深八界者，其下檐则就其廊川或双步之深，于步柱上拔落翼，其上层于次间面阔之半拔落翼，而置搭角梁及童柱，承山界梁及叉角桁，以覆屋面。"（第38页）这里欠缺一点说明，房屋总深八界，则用内四界大梁、前后双步，或内六界大梁、前后廊川，下檐就廊川或双步之深，在步柱上拔落翼。其上层深四界或六界，如拔落翼，落翼宽应与界深相应，才能使叉角桁与金桁相交在角部45°线上，才能在上架置老戗。次间的开间在第七章伊始就指出"次间宽为明间之十分之八"（第36页），这个开间比例是书中一直强调的。如在次间面阔之半拔落翼，次间面阔必须正好为二倍界深，否则便不能做。这是一种特殊情况，限制了平面布置的灵活性。实际上拔落翼不一定非得在次间之半，将自己束缚住，拙政园见山楼、北半园后楼以及留园冠云楼、耦园城曲草堂等，都不在次间之半拔落翼。

从上述二例关于歇山拔落翼的叙述来看，所谓拔落翼，应与落翼宽同步，即在何处拔落翼，落翼宽就到何处，也就是山尖或上层山面之所在。前例拔落翼于川童之上，落翼宽应仅一界。后例落翼宽等于廊柱与步柱间之深，则拔落翼于步柱。如深双步，从构造上说，老戗后端首先应放置在川童之上的叉角桁上，但只是拔落翼的第一步，落翼还要继续向上，直至步柱。

重檐下檐也称拔落翼，也应指屋顶而言。

（十一）叉角桁

歇山屋顶的构造，除上面所说"其上层于次间面阔之半拔落翼，而置搭角梁及童柱，承山界梁及叉角桁，以覆屋面"（第38页），亦有"若步柱与廊柱相距二界时，则架于叉角桁上，桁下置童柱，而以搭角梁架童柱，搭角梁则架于前旁廊桁之上"（第37页）。但对叉角桁未加说明，《辞解》也未设此条目，只有在图版二十六苏州文庙大成殿之纵剖面上注明叉角桁。

叉角桁就是搁置老戗后尾及承落翼椽的桁条，并与前后坡桁条十字相交。在拙政园见山楼（图1-265）图中，可以清晰地看到这种歇山做法及叉角桁、山界梁。

（十二）嫩戗发戗制度

"老戗用料依坐斗。"（第38页）坐斗尺寸文中只举了四六式（4×6寸）一种。"老戗之长，依淌样出檐椽之长，水平放长一尺（或依飞椽之长）。"（第38页）

据《古建筑木工》，不是所有建筑都如此，也要视不同情况区别对待。殿堂可照飞椽长，厅堂为8/10—9/10飞椽长，而一些亭台小阁则还要短些，为6/10飞椽长较宜，总之要看造型是否合宜。

嫩戗发水39°48′—32°，"殿庭用料较巨，发水以发足为宜。亭阁较小，发水宜于酌收"（第39页）。而《苏州古典园林》说："老戗和嫩戗相交的角度，一般须是老戗、嫩戗和水平线成的两锐角大致相等,而老戗与水平线所成角度是根据屋顶坡度而形成的。因此,屋顶坡度决定后,也就决定了屋角起翘的高低。"这也就是《古建筑木工》所说的"对称戗"。但是《古建筑木工》还说:"一般认为凡是为屋檐轻飘曲线平缓的一般均做对称戗,但用于较为庄重有纪念性建筑的屋面,戗角上嫩戗起发其坡度要较对称戗为陡。"[1]与《法原》之说不一致,也许是匠家师承不同。其实,屋角起翘也是按立面造型来确定,老戗、嫩戗的夹角也可

图 2-71 苏州拙政园远香堂戗角

以按需调整,不必固定化,拙政园远香堂的屋角就很平(图 2-71)。老戗头有梓卷、梓珠、杨叶、龙吞头等式(图 2-72)。据《古建筑木工》介绍,嫩戗发戗尚有琵琶戗、弦子戗等式(图 2-73)。

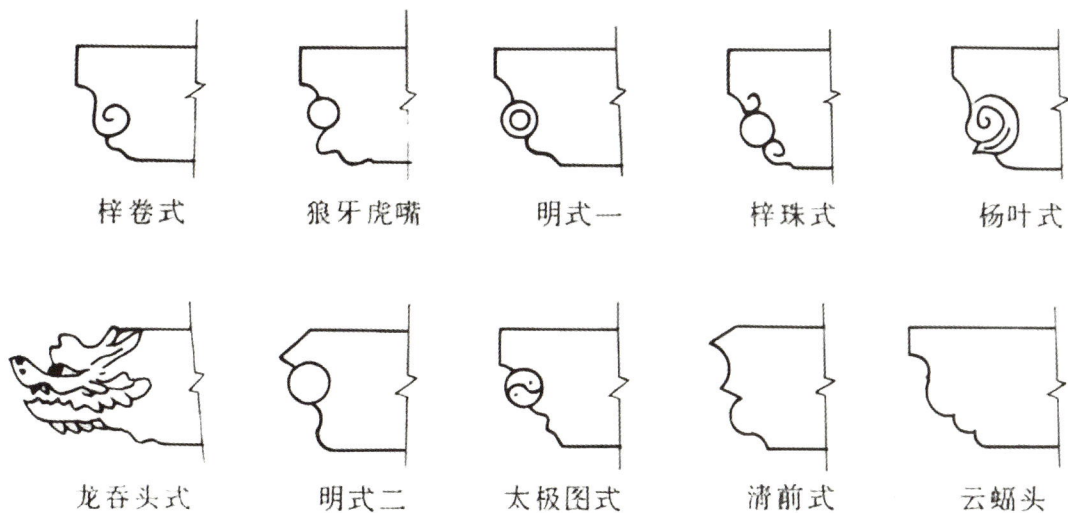

梓卷式　　狼牙虎嘴　　明式一　　梓珠式　　杨叶式

龙吞头式　　明式二　　太极图式　　滴前式　　云蜗头

图 2-72 老戗头式样

[1] 过汉泉.古建筑木工[M].北京:中国建筑工业出版社,2004:134.

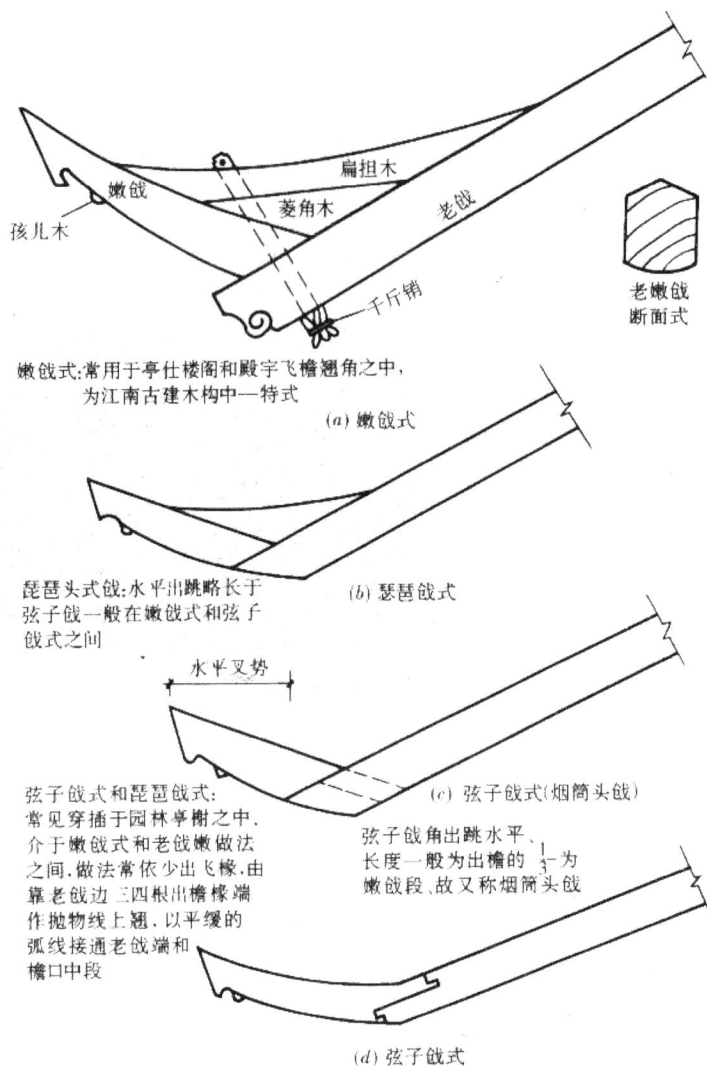

图 2-73 嫩戗、老戗形式

图中标注文字：

扁担木
嫩戗
孩儿木
菱角木
老戗
千斤销
老嫩戗断面式

嫩戗式:常用于亭仕楼阁和殿宇飞檐翘角之中,为江南古建木构中一特式

(a) 嫩戗式

琵琶头式戗:水平出跳略长于弦子戗一般在嫩戗式和弦子戗式之间

(b) 琵琶戗式

水平叉势

弦子戗式和琵琶戗式:常见穿插于园林亭榭之中,介于嫩戗式和老戗嫩做法之间,做法常依少出飞椽,由靠老戗边三四根出檐椽端作抛物线上翘,以平缓的弧线接通老戗端和檐口中段

(c) 弦子戗式(烟筒头戗)

弦子戗角出跳水平、长度一般为出檐的$\frac{1}{3}$为嫩戗段,故又称烟筒头戗

(d) 弦子戗式

（十三）构件用处有误

"（五）直里口木……按用于摔网椽下。""（七）钉弯里口木八条。按用于立脚飞椽下。"（第39页）

里口木有弯里口木与直里口木两种,直里口木即用于除翼角之外的里口木,直里口木用在出檐椽上飞椽之下,而不是在翼角摔网椽下。摔网椽下是戗山木、廊桁,戗山木工料也阙如。

"（十四）直挺飞椽,厚度每挺依次增加。""（十五）直挺飞椽头,因立脚之故……"（第39页）

此处也有误,直挺椽按"（六）……直挺椽即出檐椽部分",即除翼角之外的出檐椽与飞椽,所以其厚度不会依次增加，只有立脚飞椽才须逐根加厚。同样，直挺飞椽头也与立脚无关，应该说的是立脚飞椽头。

（十四）例中问题

"譬如殿庭进深连轩计十二界，每界深四尺，共深四丈八尺。正间宽一丈八尺，两次间宽一丈六尺。廊柱高一丈八尺，前檐用重昂十字牌科，逢柱设斗。其用料、名称、尺寸、件数、人工等，按扁作做法，见下表，凡扁作大梁、随梁枋、牌科、抱梁云、山雾云等，均按件计工。"（第40页）

但从下面的《殿庭屋架木料名称件数尺寸工数表》中可以看出，表列构件数与殿庭的规模要求不符，多有矛盾之处：

（1）此例殿庭有大梁、山界梁各一对，正贴贴式应为内四界，有正轩梁4条、边轩梁4条，应为前后轩，从"前后双步、轩步梁下牌科"44座这一项看，前后均应为双步。内四界＋前后轩＋前后双步，符合殿庭进深"以脊柱为中心，前后相对称"（第36页）的文中论述，也符合进深共十二界，但有正廊柱，似乎还应有前廊。又从表中只有正步柱4只、正轩步柱2只、正廊柱4只、正后双步梁2条，贴式只是前廊＋前轩＋内四界＋后双步来看，深又不能达到十二界？若大梁为六界，进深可至十二界，但又缺少四界梁。

（2）木料件数有些费解，如正轩梁4条，边轩梁4条，正荷包梁8条，却无边荷包梁？正、边荷包梁应该各为4条。正后双步梁2条，正双步夹底6条？边双步梁6条，却无边双步夹底？边轩梁4条，边轩双步夹底10条？

（3）表中用柱共22根，但柱头十字牌科却用48座？

（4）前檐重昂14座，前檐垫栱板13块，前檐重昂牌科不是一顺排开，三开间前廊柱有4只，柱头上均有牌科，正间1丈8尺，安5座桁间牌科，牌科间距3尺；次间1丈6尺，置牌科4座，间距3.2尺，与"两座牌科之中心距离，定为三尺"（第17页）正相合。桁间牌科只有13座，垫栱板共16块（5＋6＋5）。如牌科14座，正间须6座，此时间距为2.57尺，五七式斗六升栱长2.5尺，两端置升，各出升腰，长共2.6尺，显然牌科布置过于密集。即使按14座计，垫栱板须增至17块。

八、装折

（一）内檐装修

"至于门窗、栏杆、挂落等项，即北方之内檐装修，吴语称为装折，今沿用之。"（第41页）

北方装修分外檐装修与内檐装修两大类，外檐装修处于建筑外围，分隔建筑内外。内檐装修完全处在室内。而门窗、栏杆、挂落等均处于外部，故为外檐装修，而非内檐装修。

（二）砷石

"两旁门当户对之下，左右置砷石，或称硱石。"（第42页）"砷"字音 shen，平声，吴语音 kun，借用"坤"字，因用石制，从石旁。"硱"则是杜撰，现在有的直接写成"坤"。

（三）长窗高分派比例

长窗比例"高自枋底至地，以四六分派。自中夹堂顶横头料中心，至地面连下槛，占十分之四。以上窗心仔连上夹堂至窗顶占六份"（第43页）。

但图版二十七"长窗剖面"，长窗高度四六比例是以中夹堂顶横头料之上皮为分界，不是以横头料中心来分，当以图版为准（图2-74）。因为横头料等构件较小，以它的中心来分，会出现很多细小尺寸，给设计、施工带来不便。但图上所注裙板高为窗高之24.5%，内心仔高为45.5%，这是错误的。按照这两个数字，上下两部分比例即为52.5%与47.5%，与边上所注6/10总高、4/10总高不符，而

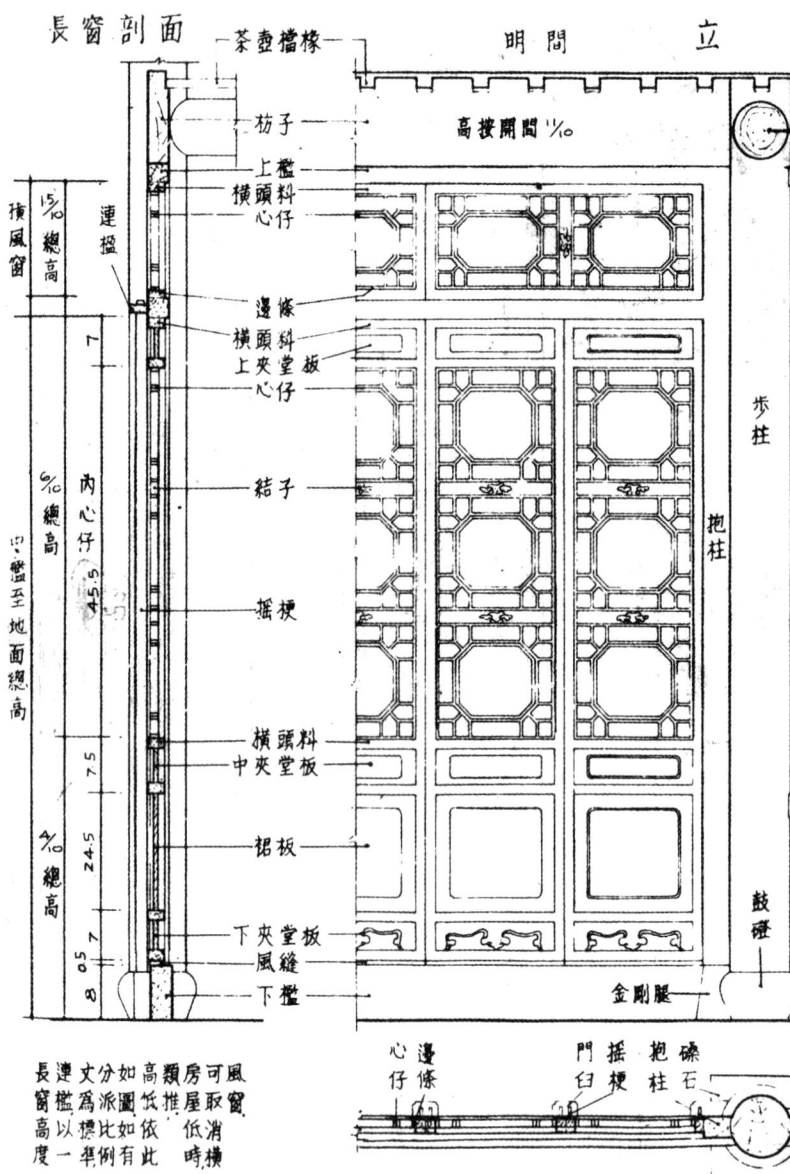

图 2-74　长窗比例

且图上裙板高度比例也不到24.5%。所以裙板高比例应为17%，内心仔高应为53%。

（四）半窗

"常用于次间、厢房、过道及亭阁之柱间。较长窗为短，分上夹堂、内心仔、裙板三部。窗下砌半墙。墙高约一尺半，上设坐槛，以装半窗，复可凭坐，用于亭阁者，其外可装吴王靠。"（第44页）《辞解·半窗》曰："窗之装于半墙之上者。"（第99页）

实例可见无锡寄畅园凌虚阁（图2-75），此半窗是装在坐槛之上，或可称为坐槛窗。所谓半窗或短窗，都是与长窗相对而言，此半窗装在坐槛上，比之其他短窗，如地坪窗要长一些，所以其下部用裙板替代下夹堂。

图2-75　无锡寄畅园凌虚阁

半窗"窗之宽视开间而分派，约与长窗仿佛，自一尺至一尺三四寸"（第44页）。

此说似有误，一尺合27.5 cm，一尺三四寸合35.75—38.5 cm，这样的宽度显然太窄，窗宽应为2尺至2尺3、4寸，合55—66 cm。与《苏州古典园林》言半窗宽度"大致与长窗相同，自一尺半至二尺（50厘米至65厘米）"（第41页）基本吻合，但《苏州古典园林》用的是市尺，不是《法原》用的鲁班尺。

九、石作

（一）引用字错

"按《营造法式》对造石之次序亦有叙述，其一……其三为细尘。"（第46页）

"细尘"应为"细漉"。

（二）殿庭阶台

"殿庭阶台高度，至少三四尺……故北方有三分之一殿高之规定。"（第47页）

此处殿高指哪一高度？柱高还是檐高，抑或是屋脊高？据《工程做法注释》序说："台明高一般以檐柱高度为准，折取成数，本例大式做法，台明高一尺（小式未注明），折合12.5%柱高。见于原编石作大式做法的高一尺二寸，合15%柱高，小式做法高八寸。《营造算例》瓦作大、小式，台明高都按15%檐柱高（60斗口）定分（9斗口），房式大的则按两倍檐柱径（6斗口）九扣（10.8斗口）。石作台明定高又按20%柱高（合12斗口）；歇山带斗科、石须弥座做法，则按须弥座台面至要头（蚂蚱头）下皮高（即台面至挑尖梁下皮高）25%定分。"[1]

"殿庭阶台常四周绕通"（第47页），按现行设计规范，如此高的阶台四周必须加设围栏，以免有不慎掉下之虞。

（三）菱角石

"以三角石一，护于阶沿两旁，称菱角石。"（第47页）
《辞解·菱角石》："踏步两旁，垂带石下部之三角部分。"（第108页）

两个解释有些不同，前者应是阶沿步数较少、较简单的做法，后者是阶台较高时所用（图1-83、图2-76）。

图 2-76　菱角石

（四）栏杆

"栏杆以整石凿空，中部作花瓶撑，上部为扶手，称石栏杆。"（第48页）

特别指出石栏板为整石凿出，既是整石，应较厚重。但插图九—三《露台石栏杆及金刚座图》（图1-83），石栏板的厚度未给出。石栏杆之剖面花瓶撑以下的下栏板部分，画得不似整石而像木构，似《营造法式》宋式做法，宋式石勾栏从形式到尺寸完全模仿木勾栏。

---

[1] 王璞子. 工程做法注释[M]. 北京：中国建筑工业出版社, 1995: 30.

同页"石栏杆各部详细尺寸，……莲花头高则式样不一，大概以高一尺五寸为度"，但插图九—三却标明莲花头高"一尺四"，与"一尺五寸"稍有出入。

（五）鼓磴直径

"鼓磴高按柱径七折，面宽或径按柱每边各出走水一寸，并加胖势各二寸。"（第48页）鼓磴最大直径比柱径大6寸，合165 mm，根据实践，在厅堂及较小的建筑中，由于柱径不大，此鼓磴直径有些偏大，鼓磴显得较扁而单薄，没有力量感。走水各20 mm、胖势各40 mm比较相宜（图2-77），但还需视实际情况来调整、决定，使鼓磴比例恰当。

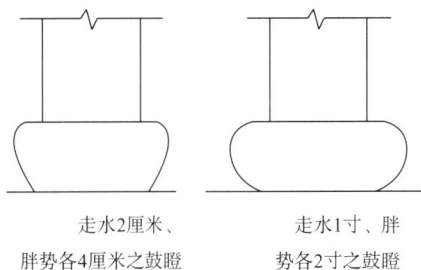

走水2厘米、胖势各4厘米之鼓磴　　走水1寸、胖势各2寸之鼓磴

图2-77　石鼓磴

（六）错字

"至于阶沿面阔，须照码虚三寸，磲石虑二寸"（第49页），"虑"为排版错误，应为"虚"。

（七）石牌坊柱高

石牌坊（有楼）"柱子露明部分（即自下枋底至地面），按面阔十分之十二，为柱高三分之二。自下枋底至上花枋面，占柱高三分之一"（第51页）。

图版三十六却注"柱高等于12/10明间宽"，标注在自地面至定盘枋下，关于柱高就有了两种不同的说法，而且互相矛盾。按，前者柱子露明部分应指自地面到下枋底，为柱高的2/3。下枋以上部分则占柱高的1/3，柱高则应为正间宽之18/10。《营造算例》石牌楼"三间四柱火焰牌坊分法"载："明间柱子高，按明间面阔十分之十二分，即是柱子露明尺寸。""柱子俱系柱顶石上皮，至蹲龙下皮尺寸。"[1]所谓露明尺寸，即地面以上的柱高，仅指下枋底至地面的高度似乎不妥。图上总柱高424，为开间274的15.5/10，而非12/10。"露明部分"高282只有开间之10.3/10，与文中所说亦不符。图中柱上部高142，可以说符合柱高424之1/3。但图上标记有错，应标记在定盘枋底而不是枋顶，才能与下枋、花枋、中枋、上花枋的总高相吻合（图2-78）。此石牌坊图的各部比例比较恰当、匀称，无论按文中或图示的说法，都不能得到比图更良好的比例。看来必须根据实际情况，才能作出最优的设计，不可拘泥于书本的框框。另外，明间是北方的称呼，南方则"牌坊宽三间者，中为中间，两旁为次间"（第50页），二柱牌坊应称正间或中间。

---

[1] 梁思成.清式营造则例[M].北京：中国建筑工业出版社，1981：187.

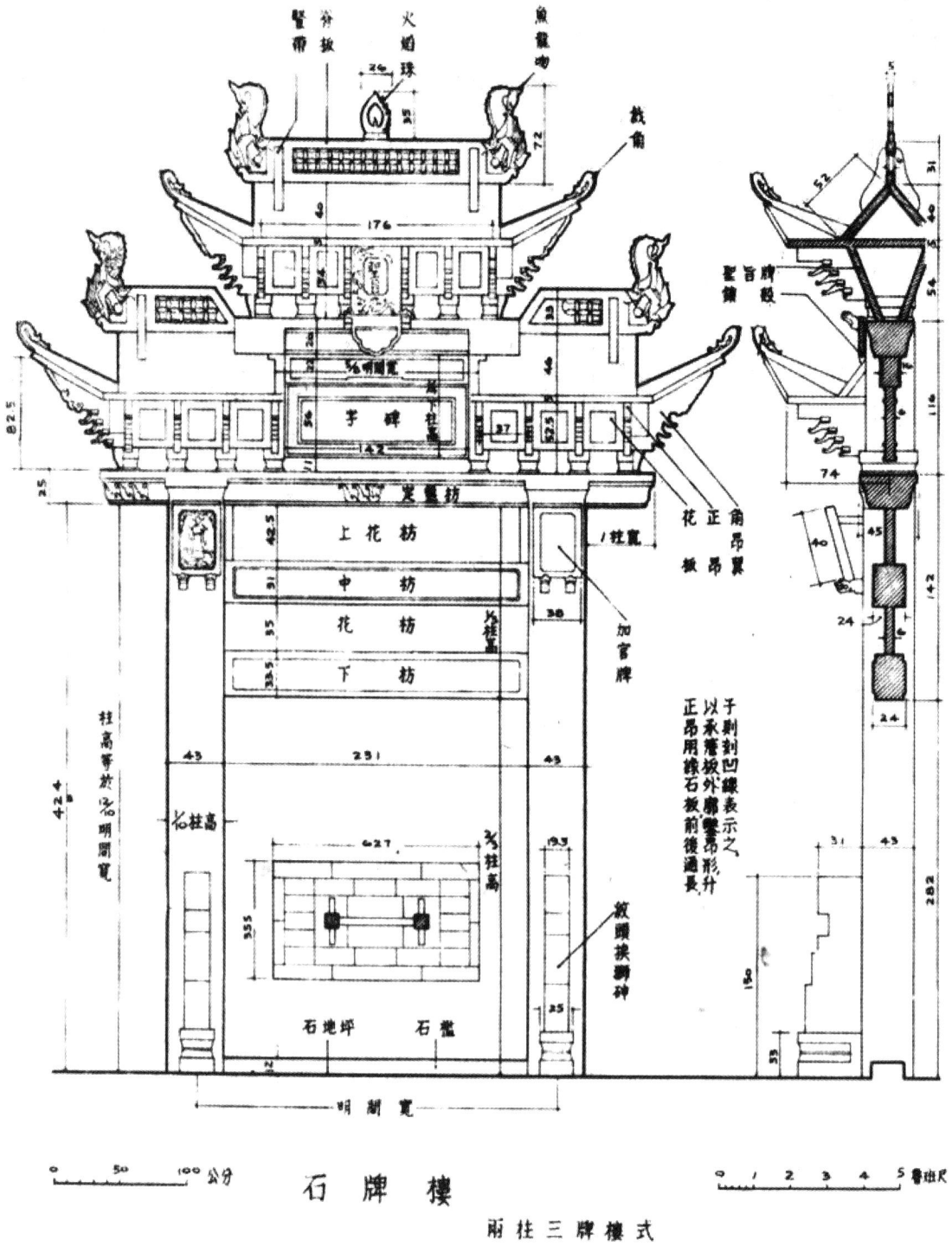

石牌樓

兩柱三牌樓式

图 2-78 《法原》图版三十六石牌楼

十、墙垣

（一）半墙

"在窗下之短墙，称半墙，半墙多用于半窗坐槛之下，其余窗户之下，都用栏杆及裙板。"（第53页）《辞解·半墙》："矮墙，砌于半窗或坐槛之下。"（第99页）

《辞解》说得不太清楚，半窗与坐槛似乎是两种不同的做法，根据前面半窗的叙述，一种半窗下就是坐槛与半墙，半墙高1尺半，合约400 mm；另一种半窗下为窗槛与半墙，墙高3尺余，合900 mm。它们均在半窗之下。还有"半墙之砌于将军门下槛之下者，称月兔墙"（第53页）。故较完整的解释应为：半墙就是矮墙，砌于半窗窗槛或坐槛之下，高约3尺或约1尺半。或砌于将军门下槛之下，称月兔墙。

（二）界墙

"墙垣之用于分隔邻居界限者称为界墙。"（第53页）又有"两进房屋之间往往设界墙""两进房屋之间不设界墙"（第11页）之语，两者混淆不清。据"厅堂天井两旁及前后之墙，用以分隔前后左右之房屋，及天井者，称为塞口墙"（第53页），故两进房屋间的墙以不称界墙为妥，应称塞口墙或院墙。

（三）外墙刷色

"苏地外墙，类多刷黑。"（第54页）

可能过去如此，但现时苏地的外墙已"面目全非"，基本是粉墙一片白。

十一、屋面瓦作及筑脊

（一）厅堂筑脊

"厅堂正脊分游脊、甘蔗、雌毛（亦名鸥尾）、纹头、哺鸡、哺龙诸式。""游脊以瓦斜平铺，简陋过甚，不宜用于正房，甘蔗、雌毛、纹头等用于普通平房，厅堂多用哺鸡，哺龙则用于寺宇之厅堂。"（第56页）

这些说法有些互相矛盾，按后一说，游脊、甘蔗、雌毛、纹头等不能算厅堂用脊，与标题不符。实际上并无如此严格，住宅厅堂用纹头的也不少，偶尔也有用哺龙者。在园林中也不分厅堂与平房，除游脊偶用于游廊，各种脊都有应用（图1-32），纹头脊有多种花式（图1-153）。雌毛亦名鸥尾恐

有误，鸱尾作为屋顶上的饰件晋以后才有，西安唐代宫殿遗址有出土的鸱尾。雌毛脊的形象与鸱尾毫无共同之处，而且鸱尾在唐代以后已不再使用（图2-79）。《营造法式·瓦作制度》虽有用鸱尾的记载，但实际是鸱吻，也许当时鸱尾与鸱吻尚未分清，仍通用。宋、辽、金遗存的实物，已变成有鱼鳍的龙或兽头张口吞正脊的鸱吻（图2-80）。据南宋周必大《思陵录》，南宋皇陵的殿、殿门等，用的是鸱吻而不是鸱尾。一些宋画中见到的也是鸱吻，如宋徽宗《瑞鹤图》。现在所作的一些宋代建筑的复原图，用的都是鸱吻。到明清时，就成了正吻。

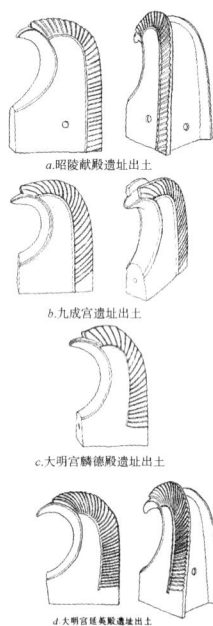

陕西西安唐代宫殿遗址出土鸱尾

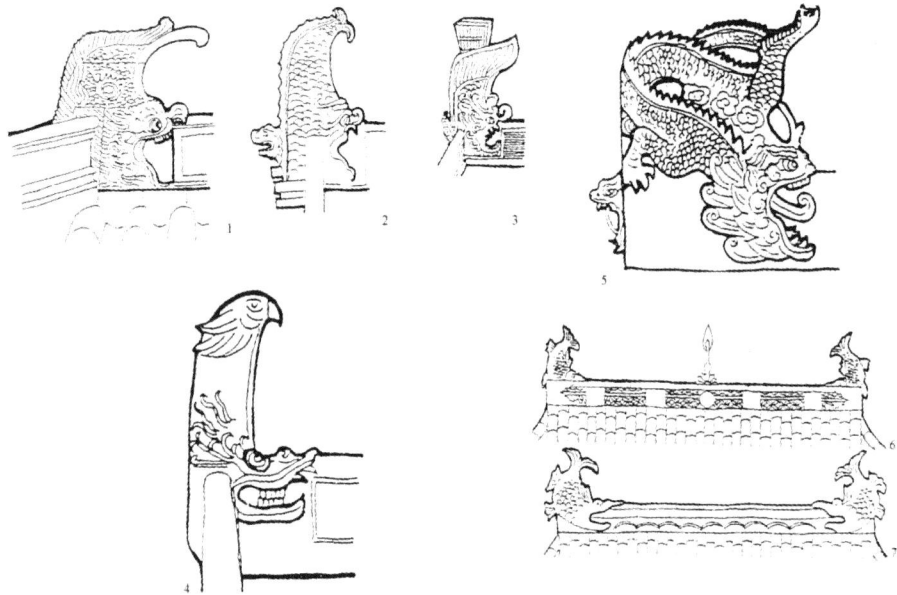

a. 昭陵献殿遗址出土
b. 九成宫遗址出土
c. 大明宫麟德殿遗址出土
d. 大明宫廷英殿遗址出土

宋辽金时期的鸱尾

1. 蓟县独乐寺山门鸱吻；　2. 大同下华严寺壁藏鸱吻；　3. 宋画瑞鹤图鸱吻；　4. 福建太宁甘露庵蜃阁鸱吻；
5. 朔县崇福寺弥陀殿鸱吻；　6. 金山寺佛殿鱼形吻；　7. 何山寺钟楼鱼形吻

图2-79　唐代鸱尾　　　　图2-80　宋、辽、金鸱吻

（二）竖带

竖带做法厅堂与殿庭不同。"歇山之厅堂，除正脊外，复傍山尖，依屋面斜坡，自脊起至戗根筑脊，称为竖带。……竖带自戗根处，沿戗而下，下端至角飞椽或嫩戗头，翘起兜转如同半月状者，谓之水戗。"（第57页）水戗的构造，下为脊座，上为滚筒，上筑二路线，复盖筒，"水戗高同竖带"（第57页）。

因住宅正厅一般都用硬山，不用歇山，此处的歇山厅堂多用于园林，较少用正脊。竖带与水戗同高，构造做法相同。或不用滚筒，即所谓的背包戗，在各类园林建筑上应用极广泛（图2-81）。

188

解

《营造法原》

读

图 2-81　苏州留园贮云庵

　　同页最后一段亦说竖带，但这里说的是殿庭屋顶的竖带，又有四合舍与歇山的不同。四合舍竖带"可分上下两部，其上部之高就屋面斜度，其顶与正脊相平。其下端至老戗根上，减低而为水戗"（第 57 页）。竖带构造比水戗增加三寸宕、二路线、亮花筒、瓦条等，具体依提栈及屋面坡度而定。"竖带下端，做花篮靠背，置天王。"（第 57 页）根据实例，端部还须做吞头，吞头上做花篮靠背，置天王（图 2-82）。歇山之竖带构造同四合舍，但垂直于正脊。"惟竖带沿屋面直下，过老戗根，其端设花篮靠背，坐天王。"（第 58 页）其戗脊后部与竖带相接，高同竖带，做法应类似，是否也算竖带？

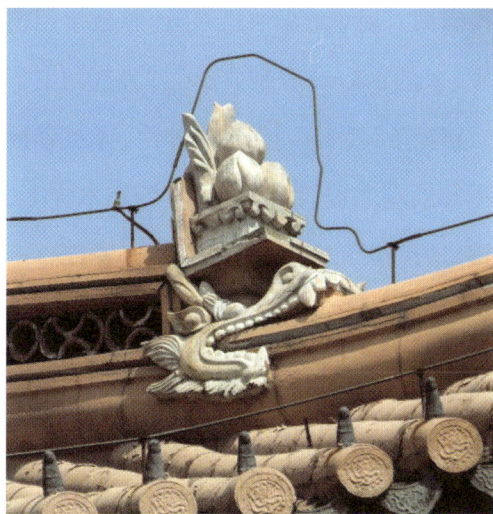

图 2-82　苏州府文庙大成殿四合舍竖带吞头

《辞解·竖带》："竖带（垂脊），殿庭自正脊处沿屋面下垂之脊。"（第106页）

竖带不仅殿庭（包括四合舍及歇山）上用，歇山厅堂也有。园林建筑亭阁类尖顶屋面上也有屋脊，《法原》没有明确如何称呼与做法，它们的构造、做法多同水戗。在《做法》中，攒尖顶也称垂脊，做法一般与庑殿相同，垂兽前脊较低，上安仙人走兽，兽后脊较高。南方亭却很少这样做，尤其尖顶，几乎均为水戗一直到顶，并无花篮靠背，其后也不做亮花筒等，称竖带似乎不妥，还应称水戗。

（三）铁戗挑

"水戗内必须贯以木条或铁条，戗端承以铁板，上端承戗头弯起，其下端则竖钉戗角木骨上。"（第57页）"（二十四）铁戗挑：戗端用，长一丈，或一丈二尺，每长一尺，重一斤。"（第60页）

《姚承祖营造法原图》[1]有插图说明（图2-83），铁戗挑只有一块，长达1丈或1丈2尺。铁戗挑如竖钉在戗角木骨上，势必要穿过并打断戗座、滚筒、二路线及盖筒，戗端才能挑出，这将使砌筑水戗变得麻烦。现今的做法已不同，铁戗挑用二块，长约1.5 m，分别放置在二路线的上下二路瓦条（望砖）上，前端伸出，承挑朝板瓦和戗端之盖筒，它们并不钉在木骨上，挑出的朝板瓦实际为粉刷而成。

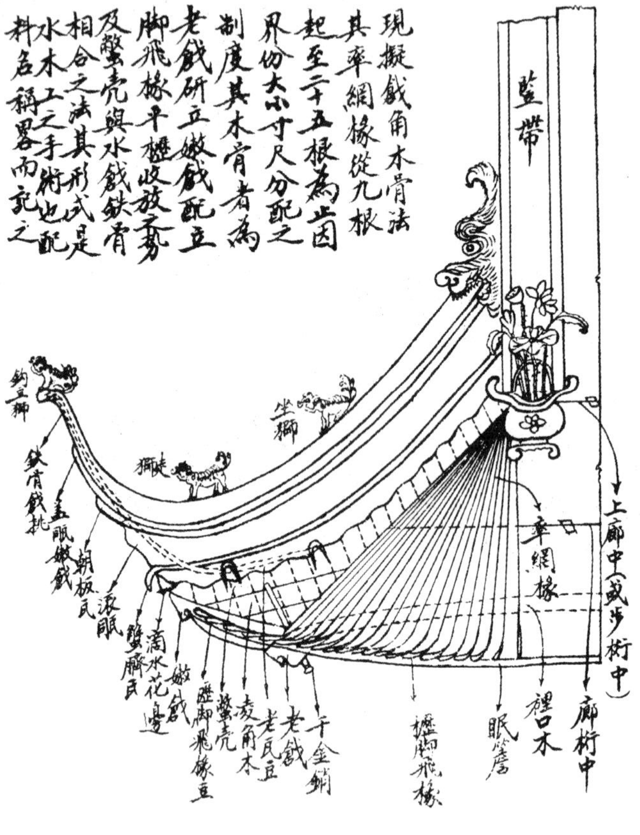

（四）水戗

《辞解·水戗》："水戗（戗脊），建筑物翼角屋面上之脊。"（第97页）也就是第29页所说之"戗角处上筑小脊，称为水戗"。四合舍、歇山殿庭之水戗上有时置钩头狮、走狮、坐狮以为装饰，园林水戗中一般不用此类装饰，但偶有似水戗发戗所用卷叶状者（图1-253）。四合舍水戗自竖带吞

图2-83 《姚承祖营造法原图》中戗角图

---

[1] 该书由陈从周整理，同济大学建筑系1979年印。

头至戗尖成一线，而第58页介绍："歇山屋顶之水戗成四十五度，接于竖带下端，花篮靠背之后。戗根高同竖带，其相接处，饰以兽头，作张口状，称为吞头。戗之半作花篮靠背，上置坐狮，戗旁亦作缩率装饰，坐狮以前，水戗构造一如四合舍。"歇山殿庭之戗脊分前后二段，后段戗根高同竖带，坐狮（图版四十注为戗兽）以前才为水戗。所以戗脊不全等于水戗。此外文中所示吞头的位置认为在戗根与竖带的相接处，在《姚承祖营造法原图》中《戗角木骨法》及《戗角屋面》二图中，确实如此画法（图2-83），但这是不正确的，实例中也无此种做法。而《法原》图版四十歇山侧面图画法却与实例一致，吞头设在花篮靠背之下，衔吞水戗，是正确的，但歇山正面图却漏画吞头（图2-84）。

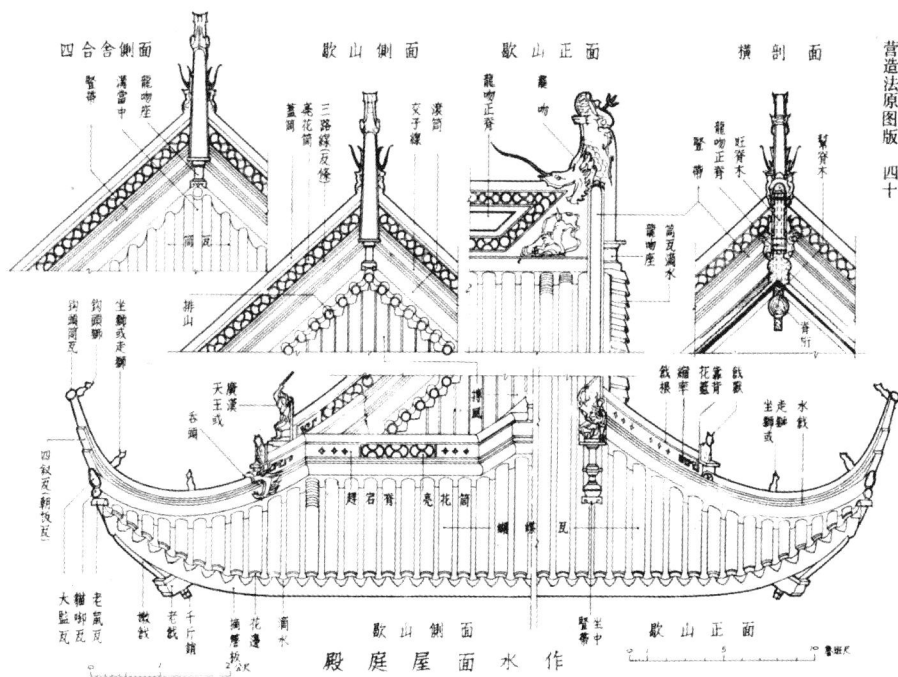

图2-84 《法原》图版四十殿庭屋面水作

（五）赶宕脊

"歇山侧面，沿落翼屋面上部，与水戗成45°相连之脊称赶宕脊。"（第58页）《辞解·赶宕脊》："歇山屋顶落翼上与水戗成45°相联之脊。"（第107页）意思与此一致。

赶宕脊还有一种意思，即"重檐筑脊，其上层与单檐相同。其下层椽头架承椽枋上，离枋尺许，绕屋筑赶宕脊"（第58页），重檐之下檐的搏脊也称赶宕脊。

（六）水戗泼水

"水戗泼水与垂直成25°角。"（第58页）又本页："水戗形式为南方中国建筑之特征，其势随老嫩戗之曲度。"

前面已谈及老嫩戗之间的夹角并不是固定的，可以按需要变化，实例戗角也平陡不一，因此水戗泼水也要随之而变，不会局限于25°。

（七）望砖刷色

"铺望砖，即将望砖朝下，正面刷白，边缘刷黑。"（第59页）

望砖刷白这种做法可能年代较早，现在一般刷青灰色，边缘刷白。

十二、砖瓦灰砂纸筋应用之例

屋面铺瓦用灰

第69、70页记载有殿庭屋面窝瓦用灰及做盖筒瓦用灰，可见殿庭铺底瓦、筒瓦均需用灰。而厅堂屋面铺瓦一般不用灰："（六）铺底瓦、盖瓦、直楞，勿用灰泥。"（第78页）

十三、做细清水砖作

（一）纹头

第75页"二、垛头"中有"绞头诸饰""绞头诸式""以绞头为最富丽"等，"绞头"有误，据图版四十二、四十三，应为"纹头"。

（二）门景

"凡门户框宕，满嵌做细清水转者，则称门景。"（第76页）又有地穴、月洞，它们的边框也"量墙厚薄，镶以清水磨砖"（第76页）。

同做清水砖框宕，其间有何区别？"门景边缘、起缘不妨华丽"（第76页），而地穴、月洞则"边缘起线宜简单"（第76页）。即安装有门的墙洞框宕为门景，做细清水砖时，线条要复杂、华丽，而无门的墙洞边框线脚宜简单。

十四、工限

（一）板窗

第78页"（三）作门窗用木工之数"有"10.板窗"一项，在《装折》里没有说到板窗，《辞解》里也没有。板窗应是开于外墙的窗，虽说一般外墙极少开窗。其构造与实拼门一致，门板外贴方砖。用料较薄，无铁栿及吊铁，窗上石过梁、窗下石窗台，均凿窝以纳窗轴。因防卫要求窗外装铁栅（图2-85）。

图2-85　苏州东山遂高堂小板窗

（二）殿庭屋面工作内容

"（二十三）铺灰铺底瓦，每间一面计，筒瓦通楞，一百工。"

"（二十四）盖筒拓纸筋，每间一面计一百工。"

"（二十五）刷糙水压光，每方四工。"

"（二十六）叠水罩煤（即罩青煤水刷黑），每方一工。"（第79页）

"屋面刷黑：每见方一丈，用轻煤二十斤。"（第70页）

由此可见，殿庭屋面用筒瓦，铺瓦时需用灰，每楞筒瓦外还要用纸筋灰抹面，因为瓦的规格、颜色等存在差异，用抹灰来取得瓦楞的顺直，然后刷糙水压光，再刷黑。这是混水做法，没有提及清水做法，即瓦上不加粉刷，对瓦件与施工的质量要求比较高。

（三）十字牌科

第80页"（七）十字牌科"，此十字牌科有误，其列在"做细清水砖墙门工限"内，墙门牌科只有一面出挑，不可能作十字牌科，故只能是丁字牌科。

十五、园林建筑总论

（一）亭之平面

第81页，"亭……其平面有方、圆、八角、六角、扇子、海棠诸式"，所列举的六种亭除海棠之外，均为常见之亭。此外在江南园林中，尚有一柱、三角、五角、梅花、圭角、长方等亭。如将亭依墙而建，则有半亭，还可将亭组合，如鸳鸯亭、桥亭等。还有于屋顶开孔透光之井亭（图2-86至图2-93）。

图 2-86　杭州西湖三角开网亭

图 2-87　上海南翔古猗园五角白鹤亭

图 2-88　杭州西湖一勺梅花亭

图 2-89　苏州留园至乐亭

图 2-90　苏州拙政园绣绮长方亭

图 2-91　苏州北半园倚云亭

图 2-92　南京煦园鸳鸯亭

图 2-93　扬州瘦西湖桥亭

（二）亭之比例

"方亭柱高，按面阔十分之八。柱径按高十分之一。六角、八角亭柱高按每面尺寸十分之十五，八角亭可酌高，占十分之十六。柱径同方亭。圆亭柱高可按八角亭做法。"（第81页）

《苏州古典园林》记载："方亭柱高按亭面阔的十分之八，柱径按柱高的十分之一；六角亭柱高按面宽的十分之十五；八角亭柱高可占面宽的十分之十六。"[1]与《法原》完全相同，可能受到《法原》的影响。而清《做法》卷二十二四角攒尖方亭大木做法记载："檐柱以面阔十分之八定高，十分之七定径寸。"径高比为1/11.4。《营造算例》第三章《大木杂式做法》记：方亭，柱，高按见方十分之八，径按高十一分之一；六角亭，柱，高按每面尺寸十分之十五，径同方亭；八角亭，柱，高按每面尺寸十分之十六，径同方亭。按此，柱高与面阔的比例南北方均相同，但柱径比例南方反而更大，似乎与实际不符。江南园林实例亭中却较自由，不一定用这样的比例，尤其是柱径的比例。关于柱高与面阔的比例，许多实例可作参考，有基本符合书中比例的，也有不符者，不能一概而论。方亭如苏州艺圃乳鱼亭柱高约为面阔的7/10（图1-207）；拙政园绿漪亭却为10/10，松风亭为11/10（图2-94），别有洞天亭为8.5/10，梧竹幽居亭却为5/10。六角亭如网师园月到风来亭为19.2/10，沧浪亭为9/10，拙政园宜两亭为15.3/10，怡园小沧浪亭为14.7/10；一些小六角亭更为自由，如怡园螺髻亭近24/10，因其檐高才2.3 m，比例不得不放大（图2-95），扬州何园近月亭也在20/10以上。拙政园八角塔影亭按《法原》图版十一，亭之直径为400 cm，柱围径为62 cm，柱高为299 cm，则亭每边长153 cm，柱径为19 cm，柱高为面阔的19.5/10（图1-152）。天平山八角重檐御碑亭大约要显示碑亭的庄重，下檐立面显得扁平，柱高与面阔之比约为6.2/10（图2-96）。

图2-94　苏州拙政园松风亭

[1] 刘敦桢. 苏州古典园林 [M]. 北京：中国建筑工业出版社，2005：37.

图 2-95　苏州怡园螺髻亭

图 2-96　苏州天平山御碑亭

北方亭柱柱径为柱高的 1/11，显得较粗壮、厚重，江南园亭比较细巧、轻盈，用比北方还大的比例显然是不合适的。从实例来看，江南亭柱的径高比都小于 1/10，在 1/13—1/17 之间，柱径在 120—200 mm 之间。

亭的比例应按所处的环境、亭的性质等决定，才能得出合适的比例，得到优美的造型，不必拘泥于固定的比例（亭之比例据《苏州古典园林》《江南理景艺术》《苏州古典园林营造录》等插图量得，不很精确）。

（三）重檐亭用柱

"其重檐者，方亭多至十六柱。八角、六角亭数较单檐倍之。"（第 81 页）"重檐则于步柱起拔落翼。"（第 82 页）

重檐者用柱要翻倍，拔落翼于步柱，这是做法之一，通常用于较大的亭上。也有不增加柱，而用梁抬上檐柱的做法，此法尤其适用于小亭（图 2-97）。

（四）亭用牌科

"亭之较具规模者，则用四六寸式桁间牌科，以为装饰，大都为一斗三升。"（第 81 页）

图 2-97　扬州二分明月楼伴月亭

亭用牌科比较自由，无论大小，并非较具规模者才用。如著名的沧浪亭，边长才 3 m 多，就用了五出参单栱单昂牌科，无锡寄畅园碑亭、上海豫园听鹂亭均用重昂，南京瞻园岁寒亭用重栱，它们规模都不大（图 1-8）。

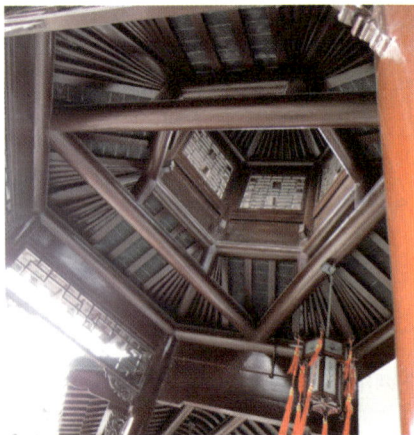

（五）尖顶方亭屋顶结构

"尖顶式其四面屋顶汇合成尖形。其内部结构，则依进深分界，界深约三尺，计提栈，筑屋顶。"（第81页）书中没有交代具体做法。

苏州通常的做法是，在四面廊桁中架斜搭角梁，成四方形，于梁中立童柱，上架金桁，与搭角梁转过45°，上置老戗、角梁，上端支承灯芯木。拙政园之绿漪亭、松风亭、梧竹幽居亭等都是这样的结构。

（六）枝梁

"单檐方亭歇山式者，则于稍间架斜搭角梁于前旁两桁，梁之中架童柱，上架枝梁，然后立脊童，以架桁敷椽。"歇山式"于屋内拔落翼，用枝梁，搭角梁以架屋顶"（第82页）。

"稍间"是笔误，应为"梢间"。何谓"枝梁"？书中没有解答。有人认为枝梁是"歇山大木，在梢间顺梁上，与其他梁架平行，与第二层梁同高，以承歇山部分结构之梁，做假桁头与下金桁交叉放置在金墩上"（《苏州香山帮建筑》附录一）。这样的解释完全是北方踩步金的做法。所谓顺梁、金墩、假桁头等，都是北方的术语，虽然枝梁所处位置及作用与踩步金相同，但与枝梁用搭角梁架童柱，再架枝梁的搭设方法完全不同。枝梁中立脊童与山界梁的作用相同，但山界梁并不承椽且标高稍低。枝梁承落翼之椽又与前说之歇山与四合舍式之叉角桁相同。

（七）六角亭、八角亭梁架

"单檐六角或八角亭，则于前后左右桁面，架斜搭角梁，成四方形，于梁之中立童柱，再于童柱架搭角梁，与下层搭角梁转过45°，亭之老戗及角梁即架于其上，上端相交，支于垂直之灯芯木。"（第82页）

这个做法如将上层转过45°的搭角梁换成金桁，就是尖顶方亭的做法。这种有两层搭角梁的做法能用于八角亭，但下层搭角梁上应直接搁置转过45°的上层搭角梁，然后在上层搭角梁上立童柱架金桁。如在下层搭角梁上直接立童柱，则童柱上所架的应是金桁而不是搭角梁了，而且童柱并不立在梁中。六角亭一般不能用此法，六角亭即使围成正方形，上须立六童柱，只有四个能立在四方形搭角梁上，还有两个无处立脚，须另增构件或将两侧搭角梁外移至此两个童柱下，围成的不再是正方形，而是矩形，具体见分析图（图2-98）。图中 R 为六角形外接圆半径，即六角形边长，r 为正方形外接圆半径，A 为廊界进深。由该进深可计算得出，$A = 0.232R$，内一界为 $0.634R$。按《法原》六角亭柱高为边长之15/10，则柱高为 $1.5R$，$A/1.5R = 0.232R/1.5R = 0.155$。假定边长为200 cm，则柱高300 cm，此法廊界深仅46.4 cm，合近1尺7寸，距"界深约三尺"甚大。按檐不过步的原则，这点出檐无疑不够，势必影响亭之外观。又转过 45° 的上层搭角梁仍旧是一个正方形，与六角形并不匹配，不可能在上架成屋面。八角亭实例，如拙政园之塔影亭（图 2-99）。

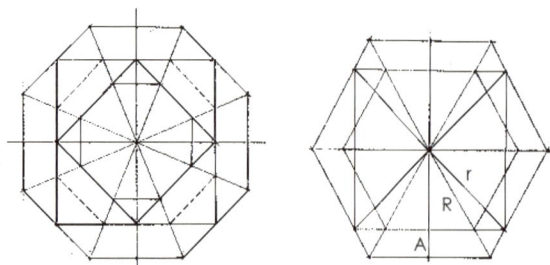

图 2-98　八角亭、六角亭做法分析

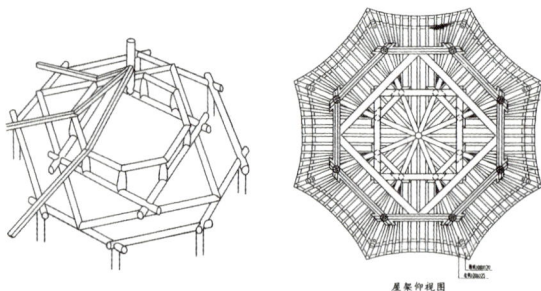

图 2-99　苏州拙政园塔影亭梁架

六角亭可在廊桁中架搭角梁，形成一个正三角形，然后在上立童柱，架枝梁（图 2-97）。也可在两侧廊桁中点上架两根平行于对边的梁，再于这两梁上搁置梁间之短梁，其正对前后两柱，这也就是北方长短趴梁法，是南北通行的常规做法（图 2-100）。

（八）阁

"阁为重檐双滴，四面辟窗，可登临之建筑物。其平面皆为方形，列柱八至十二，以步柱通长作楼。……屋顶之构造，为歇山式。"（第 82 页）

阁的平面也有作正多边形者，不皆是方形，而且屋顶也不只歇山一种，也可作尖顶。苏州拙政园浮翠阁、上海豫园耸翠亭（按，实为阁）即为八角形、尖顶。至于拙政园留听阁、狮子林修竹阁，只是名为阁，实际为单层，不是建筑意义上的阁（图 2-101）。

（九）旱船

"旱船，为仿舟楫（楫）之形，筑于水中之建筑物。其装置式样，宜令人起似置身舟楫（楫）之念。"（第 82 页）《辞解·旱船》曰："筑于水中，仿船形之建筑物。"（第 102 页）

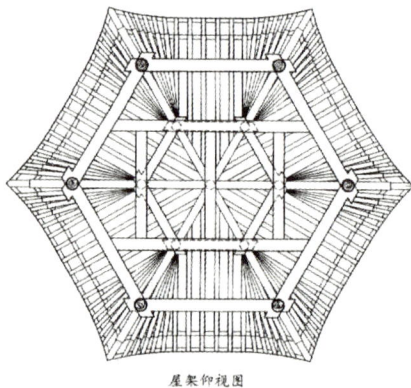

图 2-100　苏州拙政园宜两亭梁架

图 2-101　苏州拙政园浮翠阁

解

读

《营造法原》

旱船也有不在水中的，但从建筑类型来说，无论是否在水边，它们的外形都是一种船型建筑，属舫一类。旱船组成有船头、中船厅、后梢棚楼三部分，宽约丈余，船头深约五六尺，中舱深约丈六七尺。这类旱船有拙政园香洲、怡园画舫斋、上海南翔古猗园不系舟、泰州乔园文桂舫（图 2-102）等。江南园林中，旱船形式多样，大小不一，除上述之外，有只一层无棚楼的，如南京煦园不系舟（图2-103）、常熟燕园天际归舟、上海豫园亦舫等；有的只有半个船身，如苏州吴江退思园闹红一舸（图 2-104）、扬州瘦西湖莳玉舫等。

图 2-102　泰州乔园文桂舫

图 2-103　南京煦园不系舟

图 2-104　吴江退思园闹红一舸

（十）廊高

廊"两柱开间，宽约丈余，高约八九尺。柱高约按开间十分之六"（第 82 页）。"廊深约四尺，为柱高之半。"（第 83 页）

"廊深约四尺，为柱高之半"，与前面"高约八九尺"对应，但"柱高约按开间十分之六"不对，开间约宽丈余，合近 3 m，柱高如按开间 6/10，则高才 6 尺余，合 1.8 m，柱头上须架枋，枋下做挂落，

1.8 m 明显不够, 也与"高约八九尺"不符, 柱高一般在 2.5 m 左右才合适。

（十一）花墙洞

"园林墙垣, 常开空宕, 以砖瓦木条构成各种图案, 中空, 谓之花墙洞, 亦称漏墙、漏窗, 以便凭眺, 似有避内隐外之意。"（第 83 页）

漏窗之设恐不在凭眺, 墙上何可依凭？墙外焉能远眺？漏窗之构造, 几何窗框常以望砖砌成, 通常只做两道线脚, 极少用砖细。顶部设木过梁。异形漏窗因形状复杂, 则不做窗框。框内构造与图案形式有关, 几何形图案常用瓦、砖、木等传统材料来制作, 各构件之间以麻丝、纸筋、灰浆粘结。因其牢度不强, 现已较少使用。自然形图案旧时用木片、竹筋作骨架, 后多改用铁片、铁丝作骨架, 然后以灰浆、麻丝裹堆塑成。当前常用钢丝网、水泥砂浆粉漏窗, 其材料来源方便, 图案变化不受制约, 而且比较坚实牢固。具体做法是, 以钢丝网、钢筋作骨架, 水泥砂浆粉刷修饰, 外框也可用混凝土制作（图 1-60 至图 1-63, 图 1-190, 图 1-191, 图 2-105）。

第 83 页说"瓦粉白, 其端刷黑, 黑白相映, 倍觉鲜明, 另成风趣", 但现实却不见有其端刷黑者。扬州好用磨砖漏窗（包括边框）, 虽无白色漏窗奇妙的光影变化, 但也朴素淡雅, 别有情趣（图 2-106）。

图 2-105　上海豫园花墙洞

图 2-106　扬州汪氏小苑漏窗

（十二）花街铺地

以砖瓦石片铺砌地面, 构成各式图案, 称为花街铺地。"堂前空庭, 须砖砌, 取其平坦。"（第 83 页）堂前庭院还常用条石铺砌, 砖砌的地面如在阴暗潮湿处易长青苔, 容易打滑。

"（四）石卵与瓦混砌者：如球门、套钱、芝花等。"（第83页）"球门"似应为"球纹"，《法式》小木作格子门上就有球纹格子，"门"疑是"纹"之讹音。除书中介绍的六角、套六方、套八方、海棠、十字灯景、冰纹、球纹、套钱、芝花等各种几何图案外，还有一些鹤、鹿、鱼、蝙蝠、灵芝、荷花等动、植物图案，或一些吉祥图案，如暗八仙、松鹤长寿、六合同春、五福捧寿、梅开五福，寓意福禄寿、平升三级等。虽然计成认为"如嵌鹤、鹿、狮球，犹类狗者可笑"（《园冶》），但江南园林中仍不乏此类图案，有的水平上佳，为园林增添了一些生趣（图2-107至图2-109）。

图 2-107　苏州留园铺地

图 2-108　苏州留园铺地

图 2-109　上海豫园福禄寿财铺地

（十三）假山

"假山可分土山与湖石山，前者利用凿池堆山，后者采湖石人工叠置。"（第83页）

除此之外，尚有黄石假山，如苏州拙政园远香堂北的黄石假山、耦园东园的黄石假山、网师园的云冈黄石假山（图2-110）、无锡寄畅园的八音涧、常熟燕园的黄石假山等。

黄石产自常州、镇江、苏州，苏州尧峰山的黄石石质坚实，色纹俱佳。黄石块面分明，棱角坚挺，显得刚劲有力，叠石横平竖直，层次分明，山形起伏自然，造型浑厚凝重。

图 2-110 苏州网师园云冈黄石假山

（十四）桥栏

"桥宽者绕以栏杆，栏高尺许，仅以石凳搁石条，可凭坐游息，此式简单而常见。亦有较高而立望柱，贯以铁条者。"（第 84 页）

园林里的桥栏形式多样，不止两种，有带栏板的石栏，有较复杂的带莲柱、扶手、花瓶撑、栏板的石栏，有铸铁栏杆，还有用湖石堆叠的栏杆等（图 2-111 至图 2-114）。

图 2-111 苏州拙政园与谁同坐轩旁桥栏

图 2-112 苏州拙政园三十六鸳鸯馆旁铸铁桥栏

图2-113　上海松江醉白池石桥栏　　　　　　　图2-114　常熟曾赵园桥栏

（十五）插图与图版问题

1. 夹底

插图二—五《平房贴式图》之"六界边贴"（第5页），以及插图二—六《楼房贴式图》（第7页），图中均无夹底。夹底用于川及双步之下，有川夹底与双步夹底之别。在平房与厅堂中，夹底均用于边贴，插图五—七《厅堂边贴抬头轩贴式图》（第24页）标示有川夹底、轩夹底及双步夹底，图版十五《屋架边贴制度式》（第187页）有廊川和双步夹底。但殿庭无论正贴、边贴，均施夹底。

2. 屋顶提栈尺寸标注

图版中凡屋顶剖面各桁间的高差，圆桁均以桁中心为准，方桁则以桁底为准，不够统一。以中心为准，实际也不好操作，且与檐高有一个距离，作图计算也不便。第26页："圆木根梢不匀，以之为梁、川、双步，而开刻承桁，难免前后高低不平，况桁亦有粗细。于是定机面线为标准，以校准上述诸弊。"因此标注还是以桁底机面为准较好。

3. 抱梁云

图版二《扁作厅抬头轩正贴式》图中，廊轩为一枝香轩，轩桁两侧有抱梁云，此抱梁云位于轩梁正上方，从坐斗向两边出。而《辞解》解释"抱梁云"为："梁之两旁，架于升口，抱于桁两边之雕刻花板。"（第103页）显然位置不同。此抱梁云的位置与山雾云同处于贴式中，似称山雾云更为相宜。图版十三之（二）中的一枝香轩抱梁云，同理似也应称山雾云。

4. 脊桁围径

图版十二标记"脊桁围按开间1½，可较金桁加大"。

按第 31 页《厅堂木架配料计算围径比例表》, 桁围径为开间 1.5/10, 故此 1½ 数字不准确, 应为 0.1½。图版十二标记, 如写成 "脊桁围可较金桁加大, 按开间 0.1½ 稍大" 可能更为清晰。

5. 尺寸不符

图版十《苏州木渎灵岩寺副檐轩楼厅正贴式》图中, 副檐总出檐为 72 cm, 但左上角大样图上总 出檐为 31 (飞椽) + 33.5 (出檐椽) + 26 (梓桁与廊桁间距) = 90.5 cm, 两者不符。

6. 檐椽用料

图版十七《戗角木骨构造图》之平面图中, 檐椽上注 "檐椽照升料"。按第七章《殿庭总论》: "老 戗用料依坐斗。如坐斗为四六式, 则老戗下端高为四寸, 宽为六寸。" (第 38 页) 檐椽照升料, "升料 则以栱料扁做", 即应为与升料相应的栱料。但据第四章《牌科》, 四六式 "以其式样较为小巧, 常用 于亭阁牌坊等建筑", "五七式牌科常用于华丽之厅堂, 或祠堂之门第" (第 19 页), 而双四六式 "比 例较巨, 常用于殿庭等大建筑物" (第 19 页)。因此, 厅堂老戗用料五七式, 其升料应为宽 3.5 寸, 高 2.5 寸, 即 96.25 mm × 68.75 mm, 即使按四六式升料为 3 寸 × 2 寸, 即 82.5 mm × 55 mm, 按照实 例 (表 5), 这样的用料似乎大了一些。

7. 剥腮厚度

图版十八图注: "剥腮每面按轩梁厚 1/3。"

剥腮每面应为轩梁厚 1/5, 同图云头宽均标明 3/5 梁或轩梁宽。

8. 实栱与亮栱

图版十九《五七寸式桁间牌科》十字及丁字牌科侧面图中, 十字栱及丁字栱均画作实栱, 凤头昂 作亮栱。但第 17 页: "栱位于柱头之上, 为增加荷重能力, 将栱料加高, 与下升腰相平, 而于栱端锯 出升位, 称为实栱。"《辞解》也作同解。图版二十一《牌科分件》之十字栱高也为 3.5 寸, 故桁间牌 科之十字栱与丁字栱并非用在柱头之上, 所以它们应为亮栱, 而非实栱。另十字牌科侧面昂后尾上 的升宽标为 2.5, 应为 3.5。

9. 挂芽

图版十九 "十字及丁字牌科立视" 图上, 最左侧注有 "挂芽", 在十字牌科仰视与侧面图上, 梓桁 下注 "连机或短机挂芽"。"荷花柱上端, 前置隐脊, 旁插挂芽。" (第 73 页)《辞解·挂芽》: "做细清水 砖墙门上, 荷花柱上端, 两旁之耳形饰物。" (第 105 页) 图版四十一《苏州玄妙观火神殿牌科门楼》 中, 荷花柱旁饰物标明 "插穿 (挂芽)"。

"挂芽" 似乎一名两用, 既是牌科梓桁下短机作挂芽, 又是砖雕门楼荷花柱旁的饰物。《辞解》似

应将两者同时列出。

10. 界与架

图版二十六"横剖面",标梁名者有四,其中五界梁、七界梁不正确,应为四界梁、六界梁,因南方梁长按界,即椽数来称呼,北方则按梁上的桁数称,相应的称为五架梁、七架梁,"架"与"界"不能混淆(图2-10)。

11. 观音兜

图版三十七《观音兜》图上标注:"观音兜高度,自屋脊底至顶约四木尺,上宽三尺半,自金桁处起作曲线至顶,似观音兜状。全观音自廊桁起曲势,高及宽须增加。"(图2-115)此图应是文中所述之半观音兜。

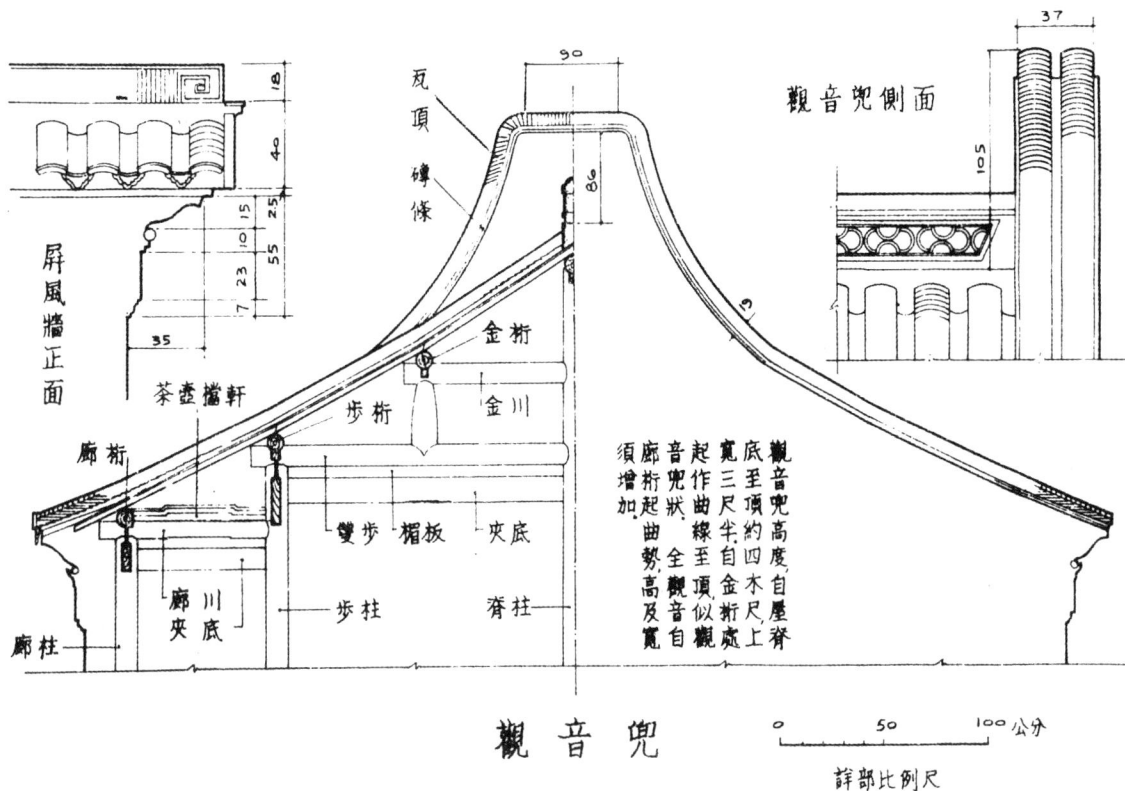

图2-115 《法原》图版三十七观音兜

12. 竹节瓦

图版三十九"厅堂用脊"之甘蔗脊上有"竹节瓦",文中从未提到,其形象与竹节也毫无关联。

第 58 页"厅堂筑脊配料"有"筑脊瓦"一项；第 66 页"（二）屋面铺瓦数量"，其中"1. 屋面铺瓦，用盖瓦底瓦出头尺寸，每一方用瓦数目表"，以及"2. 屋面铺瓦，按地盘合方用瓦数目表"下注均有"筑脊瓦"。同样，第 66 页"（三）厅堂，平房筑脊用瓦数量"中的"1. 厅堂用瓦筑脊，系用瓦垂直排砌"也有提及。筑脊瓦，即在攀脊上垂直排砌以作脊之瓦。吴语"竹节瓦"与"筑脊瓦"同音，应即"筑脊瓦"（图 1-32）。

13. 图版二十五

歇山殿庭结构纵、横两个剖面图上，步桁与出檐椽的搭接不一致，横剖面上椽不是直接搭在桁上，而是在桁上又加类似帮脊木的小木枋，不知何故。但在张十庆、诸葛净主编的《江南寺观》（中国建筑工业出版社 2019 年）中，苏州虎丘禅院二山门横剖面图上没有这小枋（图 2-116）。纵剖面图山花博风板里侧注为"草架桁条"，似应为"草架柱"。

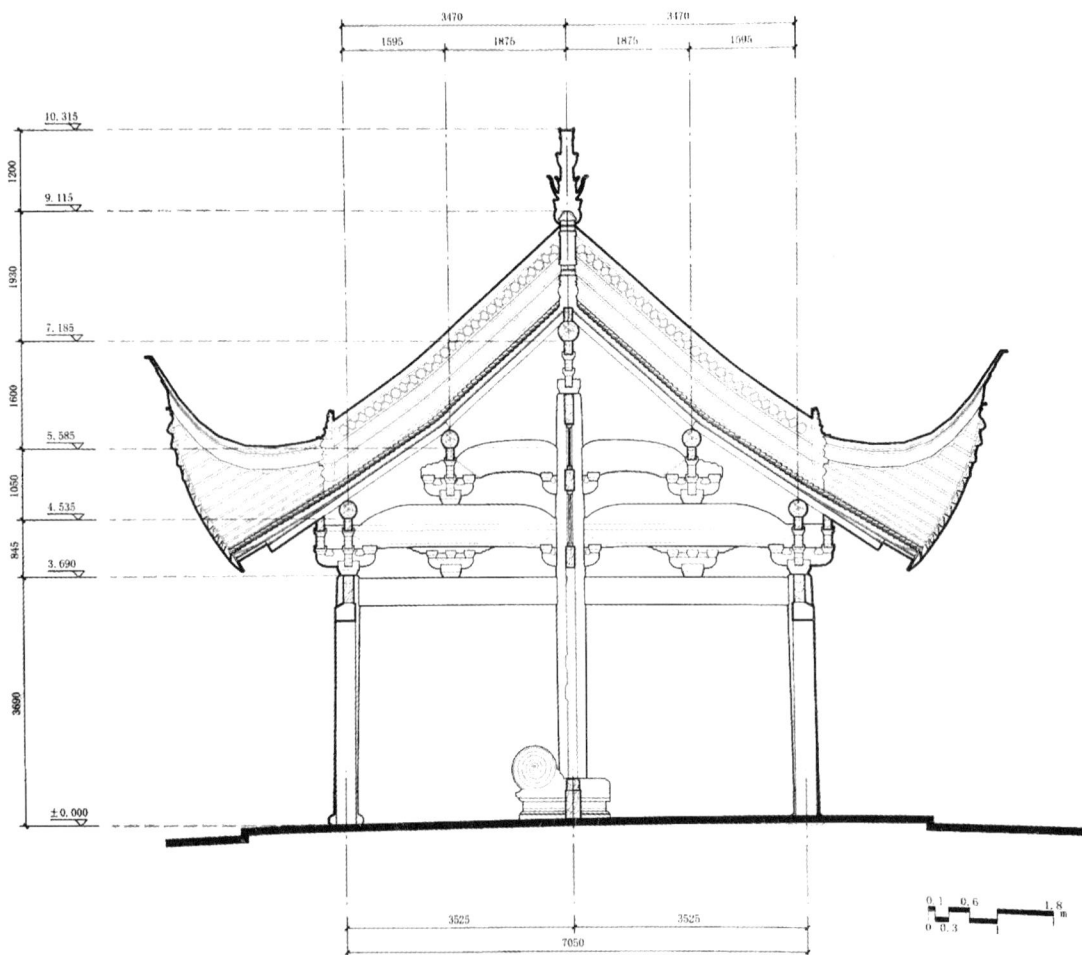

图 2-116　重测苏州虎丘禅院二山门图

14. 图版二十六

图版二十六《四合舍殿庭结构》，图版所示（图 2-10）与现状（图 2-117）竟大不相同。不同之处：① 下檐牌科为斗口外转出单昂，并非单棋（图 2-118）；② 除两山落翼外，室内无棋盘顶（图 2-119）；③ 脊部山界梁上无脊矮柱，而用荷叶凳（驼峰）、一斗六升棋承脊机、脊桁，用山雾云（图 2-120）；④ 山界梁下并非用斗六升寒梢棋承托，而是用斗三升棋，不用梁垫（图 2-120）；⑤ 四界梁下非斗三升寒梢棋承托，仅用斗三升棋（图 2-121）；⑥ 六界梁直接搁置在大斗上，不用梁垫，梁下棋头不从斗口出，而从斗底出（图 2-122），故六界梁与之下的随梁枋距离很小，中间用两个荷叶凳（驼峰）加斗来填充（图 2-123）；⑦ 水平枋仅于次间随梁枋下才施用，并未四周贯通，前步柱正间与次间均不用，后步柱只有次间用（图 2-117）；⑧ 正间步枋与随梁枋下均在前步柱上出棋一挑，上施上昂式斜撑，这种斜撑也可在无锡梅村泰伯庙（明弘治年间）、常熟兴福寺大殿（明万历年间）等处见到，棋头升上旁出云头，步枋与随梁枋下用替木，在图上并未画出（图 2-122）；⑨ 构架上用了叉手与托

图 2-117　苏州府文庙大成殿梁架现状

图 2-118　苏州府文庙大成殿下檐牌科外跳

图 2-119　苏州府文庙大成殿再次间天花

图 2-120　苏州府文庙大成殿脊部

图 2-121 苏州府文庙大成殿山界梁头与四界梁头

脚,图上也未反映出来(图2-120、图2-121);⑩ 平面上在后步柱前、再次间缝与边廊柱上各有一柱,为原图所无(图2-124);⑪ 脊桁、上金桁、下金桁下均未用连机,脊机是用花机,而上金桁下为斗六升栱上架替木,下金桁为斗三升加替木(图2-117);⑫ 前步柱直径图注为95 cm,与后步柱直径57.6 cm相差过巨,应是错误,据图2-124,步柱径均为68 cm。

图 2-122 苏州府文庙大成殿六界梁头及斜撑

图 2-123 苏州府文庙大成殿随梁枋上斗与荷叶凳

有的不同,如下檐牌科,据刘敦桢先生于1936年所作《苏州古建筑调查记》,谈到大成殿斗栱,明确"下檐平身科当心间用四攒,次间用三攒,均系三踩单昂",[1]肯定图版所画三踩单栱是不正确

[1] 刘敦桢. 刘敦桢文集: 2 [M]. 北京: 中国建筑工业出版社, 1992: 302.

解读

《营造法原》

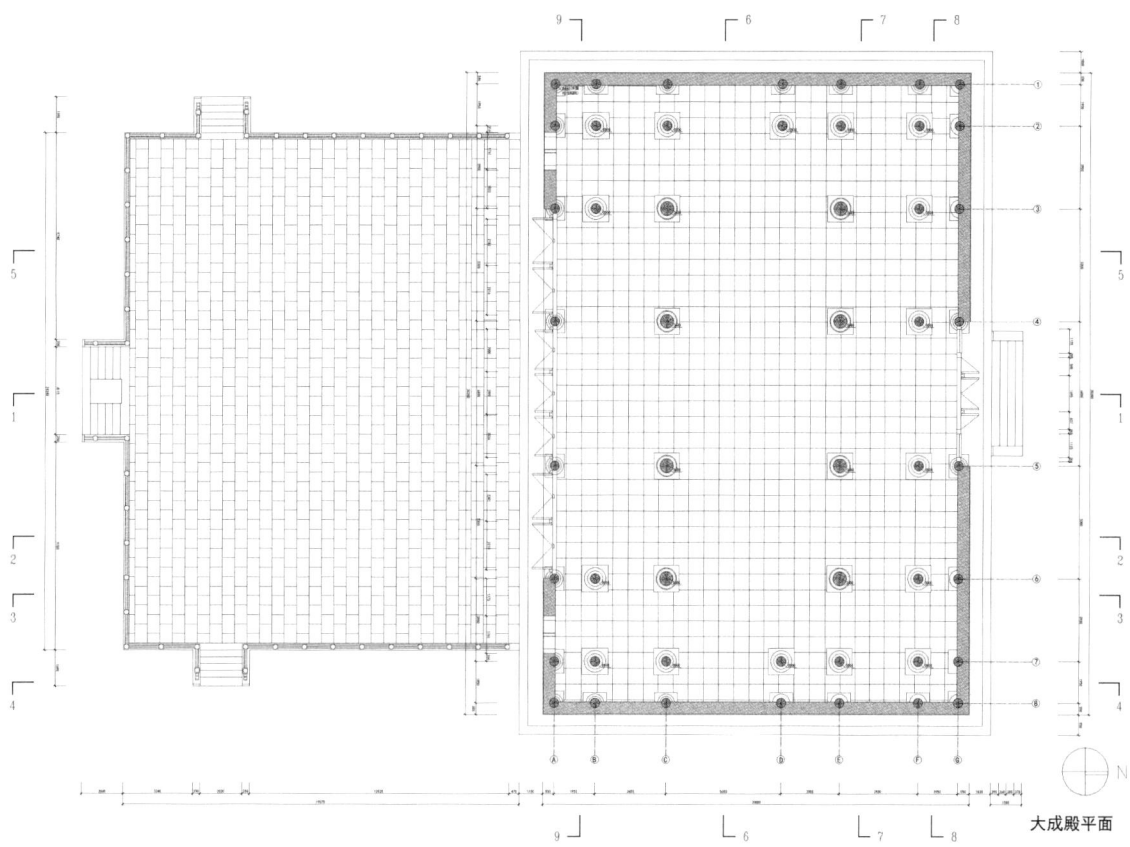

图 2-124　重测苏州府文庙大成殿平面图

的。脊部用矮柱、梁下用寒梢栱或梁垫、水平枋没有兜通等，图版二十六均不正确。又如梁与枋下的斜撑、平面上所缺的四根柱应是遗漏了。惜刘先生因篇幅所限，大成殿仅述概状，过于简单，文中附照片三帧，从上檐斗栱后尾图上可见有棋盘顶。《法原》插图七——苏州府文庙大成殿《内部上檐牌科及梁》图中也可见有棋盘顶，但棋盘顶以上梁均为月梁，梁头下用斗栱支承，完全是《法式》所谓"彻上明造"的做法，没有必要再做天花，颇疑棋盘顶是后来增添，不知何时又拆除。有些不同，如叉手与托脚，是否后来变动所致，则不得而知。

　　张十庆《苏州罗汉院大殿复原研究》（载《东方建筑遗产》2015 年卷）注意到这些不同，文中给出了比较正确的现状平、剖面图，但在细节上还有些问题，如随梁枋下蝉肚绰幕的长度及形象，斜撑的高度与双步梁的关系，以及双步梁与夹底间牌科比例不很正确等，步枋上三出参斗栱未表现出来（图 2-125）。

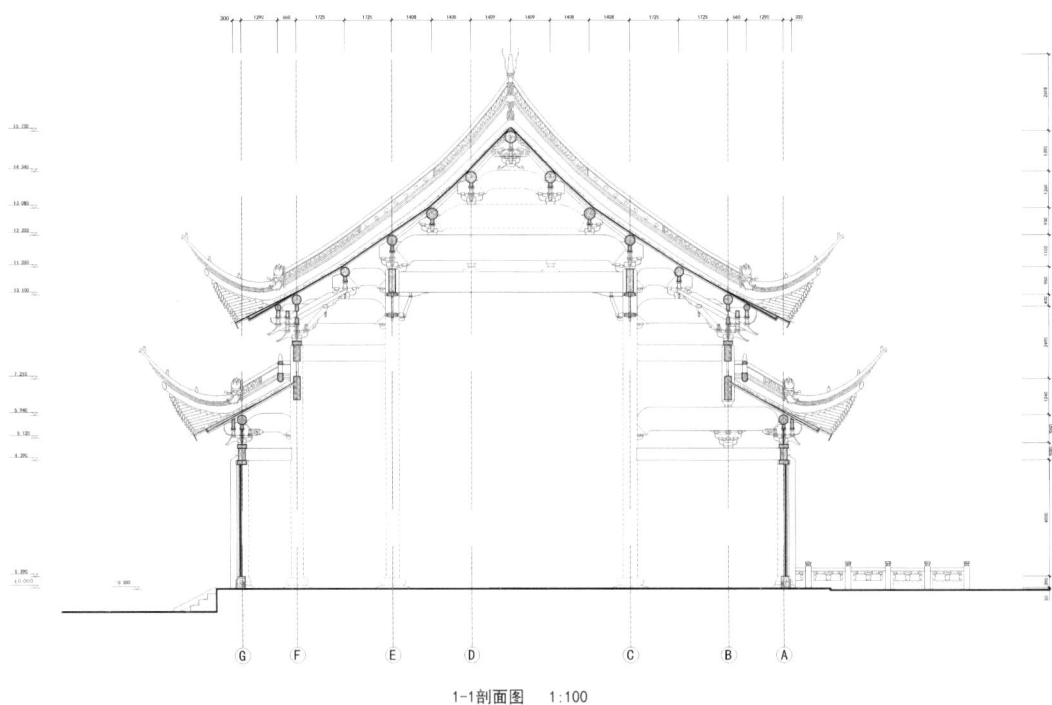

图 2-125　重测苏州府文庙大成殿剖面图

15. 图版四十

歇山正、侧两面图不相符，侧面画了戗角吞头，而正面却漏画吞头。歇山侧面见正面竖带下端有天王或广汉脊饰，《辞解》解释"天王"为"殿庭屋顶竖带下端之人形饰物"（第 97 页），但没有解释"广汉"。第 67 页插图十二——《窑货花色图》中却有广汉的图样，与天王一样，广汉也是一武将，但天王是立像，广汉是坐像（图 2-126）。

图 2-126　天王与广汉

歇山侧面图中所注"交子线"（按，文中称"交子缝"），指向上下瓦条线道的中间是不正确的，该部位应为三寸宕。三寸宕位于上下二路线之间，其"面平较瓦条缩进，以七两砖砌，或用通脊，以减轻负重"（第 57 页）。而交子缝是"砌二路瓦条者，其间约离寸余而凹进，称交子缝"（第 56 页）。

16. 图版四十一

（1）牌科门楼之立面荷花柱头上端缺隐脊，《法原》："荷花柱上端，前置隐脊，旁插挂芽。"（第 73 页）《辞解·隐脊》亦谓："墙门上，荷花柱上端，前边之耳形饰物。"（第 109 页）

210

（2）桁间牌科与荷花柱上牌科同为三出参，据剖面，牌科应有枫栱。但立面仅端头荷花柱上示有枫栱，中间牌科无枫栱，不知是否作过特殊处理。

（十六）其他

1. 方砖铺地

室内常用方砖铺地，但全书除了第十二章《砖瓦灰砂纸筋应用之例》中，"二、砖之应用"的表格里有方砖用于铺地，别无相关介绍。方砖铺地，上自皇宫下至民宅，应用十分广泛，有的细墁地面还属细清水作。铺法以正铺为多，也有成45°斜铺，园林中较小的亭阁还有用六角或八角砖铺地。旧法一般先将原土夯实，上铺30—50 mm湿砂，再铺方砖，砖四面披上油灰，用木锤敲实以至平实。

2. 交代不清之问题

（1）骑门梁。第9页《屋料定例》之歌诀"开间桁条加一半"，后面括号注："骑门梁同，骑门梁为承搁承重之大梁。"又书末附录《一、量木制度》中："而骑门梁及承重等料，都采用栗树，其经久耐重，与杉松不可同语也。"（第93页）除此之外没有任何关于骑门梁的介绍，以至有学者认为："骑门梁似指正间步枋梁，相当于搁栅之方向。承重与四界大梁是同一方向，二者相平行位置。承重都搁于柱子，原书未再见说明承重下还有承搁大梁。若正间门窗中央垂直向加设一根搁栅'承重'看起来很不舒服，且不吉祥，亦无必要。若骑廊轩原有轩梁、轩桁承搁楼面重量，此处骑门梁注解不清。"[1] 显然这是误解。当正间开间较大时，就有可能加设骑门梁承搁承重，避免承重间距过大而导致搁栅跨度过大。在《古建筑木工》中也提到骑门梁："软拼大梁七折拼，硬木扁梁六折叠，双川边梁五折可，骑门承重足九材。""用于做跨门梁的拼材不小于九折。"[2] 但没有举出实例。上海豫园观涛楼下门、窗上有梁，上承承重（图2-127）。

图2-127　上海豫园观涛楼骑门梁

（2）月台。《辞解·月台》："楼上作平台，露天者。"（第97页）但书中对楼上如何做月台，如结构、台面构造、防水、安全等均无介绍。《香山帮建筑图释》云："月台，楼上作露天平台，称'月台'。"[3] 但没有图释。

---

[1] 祝纪楠.《营造法原》诠释[M].北京：中国建筑工业出版社，2012：25.
[2] 过汉泉.古建筑木工[M].北京：中国建筑工业出版社，2004：56.
[3] 冯晓东，雍振华.香山帮建筑图释[M].北京：中国建筑工业出版社，2015：20.

十六、杂俎

（一）塔之制度

书中提到塔的制度仅两条："（一）测塔高低，可量外塔盘外阶沿之周围总数，即塔总高数（自葫芦尖至地平）。（二）测塔顶层上檐至葫芦尖高度，可量塔身周围总数即得。"（第85页）

江南一带的塔是否均遵照？按所举例："苏州定慧寺双塔（插图总一九）底层尺寸，通转八间，每间靠塔身外墙面阔八尺，外阶沿口一丈八尺八寸，进深一丈四尺五寸。"（第85页）据所提供的每层高度："1.第一层阁面高一丈五尺六寸。2.第二层阁面高一丈五尺。3.第三层阁面高一丈一尺五寸。4.第四层至第六层，每层阁面各高一丈。5.第七层阁面高七尺五寸。6.上檐盘尖顶至合缸底，计高八尺八寸。7.塔顶（即所谓刹）高五丈六尺。"（第85页）得出塔的总高为14丈4尺4寸，刹高占塔总高39%，这样的比例为苏州及周围地区同类塔所仅有。如苏州报恩寺塔、瑞光塔等，上海龙华塔，浙江湖州飞英塔，杭州闸口白塔，等等，都没有如此大比例的塔刹。再有塔外阶沿口1丈8尺8寸，总高1.88丈×8＝15.04丈，与14.44丈尚有6尺差距。所指地平是台基面，抑或室外地平？但双塔台基高也就50 cm左右，约合2尺，不知哪里缺失，也许塔下原有高台基？倒是刘敦桢先生调查河北易县辽千佛塔（白塔）时遇到同样的例子："明正统十四年《重修舍利塔碑记》说，'塔高一百又十尺，围亦称之'，与姚补云《营造法原》所说的比例一致，可惜仓卒中，未能测量证实。"[1]又顶层上檐至葫芦尖高度为6.48丈（第6、7项之和），塔身周围总数8尺×8＝64尺，两者倒比较接近。也许这"制度"只适于较小型的塔，并不是普遍遵行的制度。

（二）修建城垣制度

第87页"二、修建城垣制度"中，只提到高度，"（一）城垣高度：省城城垣，疑指苏州言，高两丈四尺，栏马（即城垛）高六尺，共高三丈"，宽度未提。以下文中多有拆卸、利用旧料之语，似乎多是修筑苏州旧城墙。清代江苏巡抚驻苏州，故称省城。"或隔五丈，添筑城带一条，城带即丁头墙与城墙成垂直，筑在城墙土城之中，亦系增加城垣之坚固，且使城墙不能向外发生斜侧之弊。"（第87页）在《法式》第三卷《壕寨制度、石作制度》中，筑城用永定木与纤木加固。用城带或许是后世用来加固城墙的办法。

第87页"三、筑灶"内容已经过时不适用，因烧柴的灶现在几乎不再使用。第88页"四、工具"，虽然有的工具仍在使用，但电动工具的出现，几乎取代了传统工具，尤其新型的起重机械取代了陈旧的人工工具。第90页"一、量木制度"，因为旧的量木制度已经废止，此处不再讨论。

---

[1] 刘敦桢.河北省西部古建筑调查纪略[M]// 刘敦桢文集: 2.北京:中国建筑工业出版社,1992:190.

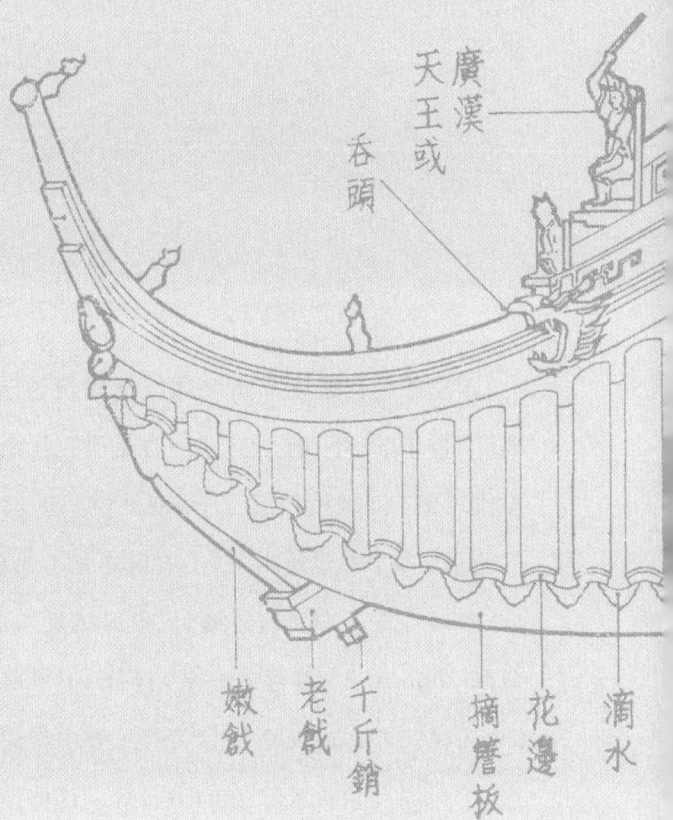

廣漢
天王或
吞頭

滴水
花邊
摘簷板
千斤銷
老戧
嫩戧

下篇

众家之言

——有关《法原》及苏州
古建筑的一些论著

《法原》是记述苏州地区传统建筑做法的专著，刘敦桢先生赞为"南方中国建筑之唯一宝典"。自 1959 年刊行迄今，一直是研究江南传统建筑最重要的、不可或缺的参考书。原著虽经张至刚增编、刘敦桢校阅，仍留有缺憾。进入 21 世纪以来，出版了许多有关《法原》及苏州古建筑的论著，如《古建筑木工》（中国建筑工业出版社 2004 年）、《古建筑瓦工》（中国建筑工业出版社 2004 年）、《古建筑砖细》（中国建筑工业出版社 2004 年）、《古建筑装折》（中国建筑工业出版社 2006 年）、《〈营造法原〉诠释》（中国建筑工业出版社 2012 年）、《图解〈营造法原〉做法》（中国建筑工业出版社 2014 年）、《香山帮建筑图释》（中国建筑工业出版社 2015 年）、《苏州古民居》（同济大学出版社 2004 年）等。这些论著从各自的角度对苏州地区传统建筑进行论述，其中《〈营造法原〉诠释》用现代语言翻译《法原》，使不熟悉苏州方言的外地读者能看懂；《图解〈营造法原〉做法》用图文对照方式来解释《法原》，使人更易理解它的各种做法；而《香山帮建筑图释》主要以《法原》中的建筑名词，逐条用图片予以说明，使苏州的传统建筑更容易理解。《图解〈营造法原〉做法》《香山帮建筑图释》两者之不同在于：前者主要着眼于建筑的形制、构造、做法等，用的是绘制的图纸；而后者多用实物照片来说明建筑名词，相当于《法原》的"辞解"，但更为直观。《古建筑木工》《古建筑瓦工》《古建筑砖细》《古建筑装折》等，从工艺技术的角度，介绍古建中各工种的制作、安装等操作施工工艺。《苏州古民居》提供了大量民居实例测绘图纸，将民居的总体布局及各种建筑构造与做法呈现于读者面前。

　　《法原》是一家之言，并非完美无缺，存在这样、那样的问题和不足，而上面的这些著作正好对《法原》起到填补空白、补充完善、充实细节等作用，也提出并记录了一些与《法原》不同的做法。

一、填补空白

（一）油漆彩画

古建筑的营造主要由木作、瓦作、石作等来完成，《法原》也是按木作、瓦作、石作来叙述的。关于彩画，仅在第七章《殿庭总论》中提及："棋盘顶以纵横木料作井字形，架于大梁之底，上铺木板，涂以彩画。"（第36页）又第十四章《工限》"二、水作工限"最后有"漆作罩水在外"（第80页），提到了漆作。除此之外，对漆作、彩画的具体内容全书不著一字，留下缺憾。实际江南的彩画很有特色，江南多地还有不少明代彩画遗存，主要是包袱锦彩画。

《〈营造法原〉诠释》谈到了彩画并油漆工艺，指出："在苏地民居多见素底杂花、宋锦、织纹居多，较为精细纤巧、素雅大方，形成苏式彩画的概念。"[1]也谈到苏式彩画的构图、用色及操作程序等，并附有彩照（图3-1），遗憾的是没有说明此非《法原》的内容，易使读者误解。油漆操作程序基本与彩画相同，唯最后刷漆三道而不画彩画。在谈到构图、色彩、用料、操作等时，往往混杂了许多北方苏式彩画的内容，减弱了对苏地彩画的针对性，尤其是附有多幅北方苏式彩画的照片及官式和玺、旋子、苏式彩画的墨线图，有些离题，且易引起混淆。有些说法也欠准确，如认为在左右两端部分称为"包头"，即《营造法式》之"箍头"；在包头与袱之间连接部位称为"地"，即《营造法式》之"藻头"；装金，即《营造法式》之沥粉贴金工艺。[2]其实《法式》里并无这些名词，尽管《彩画作制度》里有贴金、描金。按《中国古建彩画》的说法，箍头、藻头、盒子、枋心是元代创造的格局。沥粉贴金至明清时才有。[3]

图3-1 苏州太平天国忠王府苏式彩画

---

[1] 祝纪楠.《营造法原》诠释[M].北京：中国建筑工业出版社，2012：323.
[2] 同上.
[3] 马瑞田.中国古建彩画[M].北京：文物出版社，1996：9，86.

《香山帮建筑图释》有髹饰、彩画条目，明确油漆与彩画起保护并装饰木构件的作用："在过去，油漆是两种不同的东西，油指的是桐树种子榨出的油料，经过炼制、添加矿物颜料形成的涂料；漆则是漆树的树脂，通过加工形成的。""苏地彩画装饰主要施于梁、枋、桁条等构件上，其他构件有时也有施用，但数量不多。彩绘通常被分为三段，左右称'包头'，对称绘制金线如意、书条嵌星等线型纹饰。中段称'锦袱'，地纹有用不施彩的素地，也有刷单色的青绿地或饰有折枝花、卷草等的锦纹地，其上再绘山水、人物、花卉、鸟兽、器物等图案。"[1]附有 16 幅照片及几种纹样图，但没有提到工艺，照片也是黑白照，未能充分体现彩画的风采。

（二）吴王靠

《法原》第八章《装折》对长窗一类与栏杆等讲述较细，而且还提供了组成构件的尺度比例。但对吴王靠，仅第 44 页"（四）半窗"下有"用于亭阁者，其外可装吴王靠"，第 81 页列举了吴王靠的三种式样，其他构造及各部尺寸均阙如，也无图样。《古建筑装折》给出了吴王靠的具体做法及用料尺寸，由两侧竖向的脚头、水平方向的盖挺、中档、下档组成大框，盖挺与中档之间有花结相连，中、下档之间设芯子，下档下有下脚头与牙板。吴王靠的式样取决于芯子的组成，有直条式、如意式、竹节式、宫万式、一根藤式、回纹加雕花等。高度在 1 尺 6—1 尺 7 寸，不超过 1 尺 8 寸，泼水（上倾出）为 5—8 寸。竖芯间距不大于 5 寸。有放样图并注有尺寸（图 3-2）。《图解〈营造法原〉做法》也

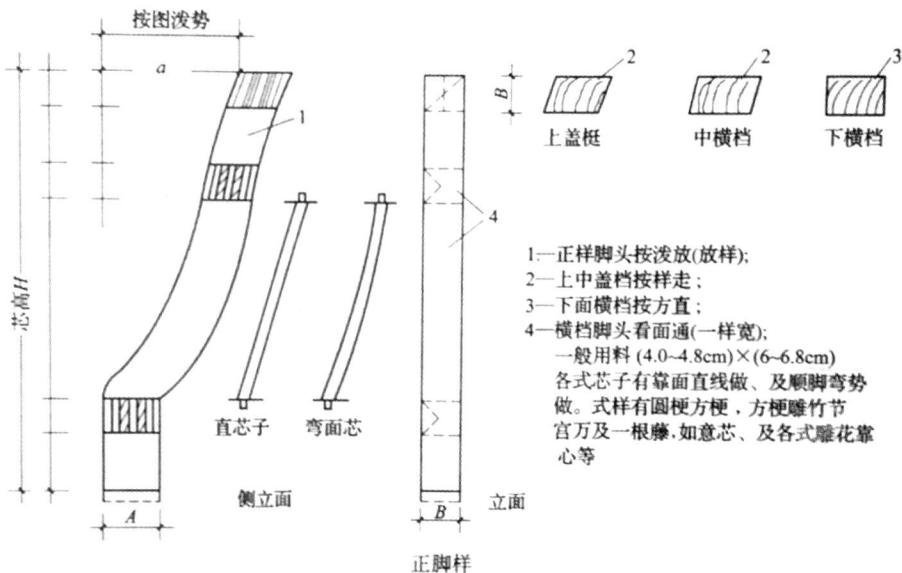

图 3-2　吴王靠大样之一

［1］冯晓东、雍振华. 香山帮建筑图释［M］.北京：中国建筑工业出版社，2015：136.

有吴王靠之说明及图样，做法基本一样，局部有细小的差别，如中档、下档称中挺、下挺，脚头称箍头，下脚头称小脚，倾斜度为高度的1/3等。

（三）砖细

《法原》第十三章："凡施用做细清水砖之习见者，为门楼、墙门、垛头、包檐墙之抛枋、门景、地穴、月洞等处。"（第72页）常用砖细之处，其实还有铺地、望砖、栏杆等。

1. 方砖铺地

室内常用方砖铺地，但《法原》除了第十二章《砖瓦灰砂纸筋应用之例》"二、砖之应用"的表格里有方砖用于铺地，别无相关介绍。《图解〈营造法原〉做法》第299页有记，方砖铺地所选方砖要表面平整，棱角方正完整，色泽均匀，大小一致。地面构造分为四部分：地基层、基础垫层、结合层、方砖面层。方砖四边要做向里的斜面，砖之间的拼缝镶以油灰，缝宽控制在2 mm左右。表面要与磉石相平，做到横平竖直，缝宽一致。《古建筑瓦工》第39页也有方砖铺地的记载，做法无甚差别。

2. 砖细望砖

《图解〈营造法原〉做法》第299页："对于装修要求较高的房屋，如厅堂，对铺设在外露部位的望砖需要进行刨面、打磨一类的加工，加工后的望砖，称为做细望砖，也即砖细望砖。"

3. 砖细坐栏

指用砖细制作、上可坐人的半栏。《图解〈营造法原〉做法》第311页："砖细栏杆常用于廊柱之间，栏杆总高约50厘米，由槛砖、上下方塞、侧柱、芯子砖、拖泥组成（图3-3）。"

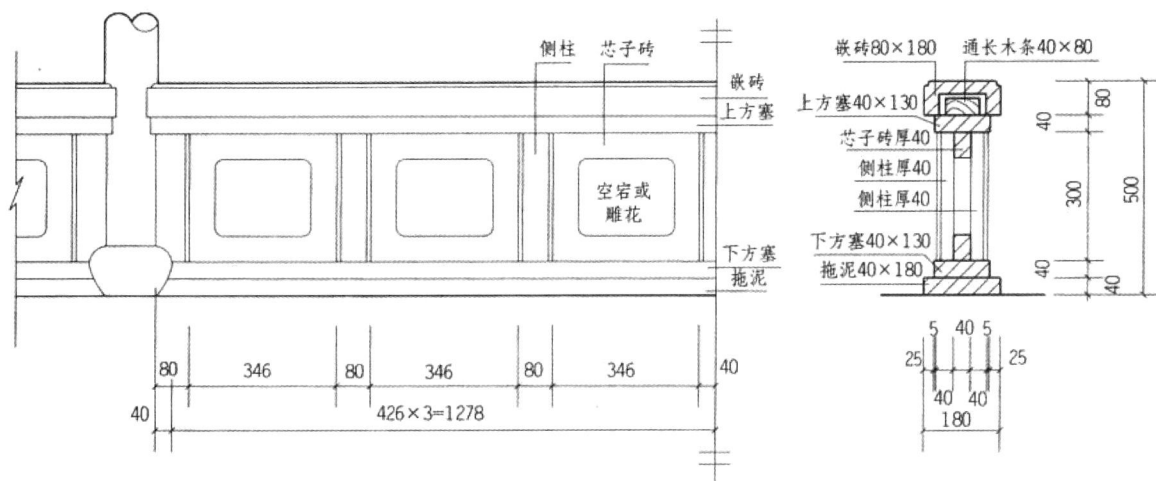

图3-3　砖细栏杆做法之立面与剖面图

二、补充完善

（一）牌科

第四章《牌科》里只提到牌科有五七式、四六式、双四六式三种。《古建筑木工》第 190 页依牌科的尺寸分类有 10 种：

（1）寸半式牌科：最小牌科，由于此类牌科太小，常为模型示范作用。

（2）二三式牌科：常用于佛道帐、佛龛上。

（3）三四式牌科：常用于小型藻井和佛道帐。

（4）四六式牌科：常用于亭子、牌楼、藻井等建筑之中。

（5）五七式牌科：常用于一般厅堂建筑，亦是模式牌科。

（6）八六式牌科：常用于一般厅堂和殿庭之中。

（7）一七式牌科：用于较大殿宇中。

（8）双四六式牌科：用于大殿宇中。

（9）九十三式牌科：用于特大殿宇中。

（10）双五七式牌科：用于特大殿宇、寺庙建筑之中。

（二）发戗制度

《法原》发戗制度记载：老戗叉出 1 尺或一飞椽，嫩戗与老戗所成之角 122°—130°，嫩戗长度为三飞椽。《古建筑木工》对此有不同的见解，关于"叉出"有口诀："庙宇殿堂足飞椽""厅堂楼屋足九折""亭台小阁过半放""水戗发戗是八折"，[1] 意即庙宇殿堂等建筑规模较大的戗角需叉出一飞椽；一般厅堂老戗叉出为飞椽的 8/10—9/10，否则叉出过长，比例失调；亭子、小楼阁的老戗叉出为飞椽的 5/10—6/10，一般不超过 6 寸。至于水戗发戗的老戗叉出应为飞椽的 5/10—8/10，老戗过长会使转角处檐口产生下坠感，失去微向上翘的檐口曲线。此口诀在《图解〈营造法原〉做法》中也有记载。

关于嫩戗与老戗的夹角，一般常用对称戗，即嫩戗的坡度与老戗的坡度相同。另外一种方法就是嫩戗的角度最大不超过廊界的屋面提栈，否则会使嫩戗挑起太陡，形成嫩戗面与上面的水戗不顺、不协调。

嫩戗的长度也不固定为三飞椽长，一般殿庭如对称戗和泼足势嫩戗，其嫩戗长为 3—3.3 飞椽，

---

[1] 过汉泉.古建筑木工 [M].北京：中国建筑工业出版社，2004：130.

方亭嫩戗为 3 倍或略不足，六角、八角亭嫩戗为 2.5—2.8 倍，务使檐口适度为佳。

《古建筑木工》还提供了《法原》未载的发戗式样，有琵琶戗式、弦子戗式等（图 2-73）。第 135 页指出："水戗发戗的结合方法，常见有两种：① 为老戗端头架子戗做法。② 为做角飞椽做法。"老戗端头架子戗不似嫩戗那样高翘，"常用于北方一些古建筑上和仿清代前的一些建筑上"。[1] 其实与清式老角梁加子角梁做法只是有些相像，并不完全一样。角飞椽做法即在老戗上出角飞椽，角飞椽的断面"宽依飞椽加二折，厚加一折左右"（图 3-4、图 3-5）。

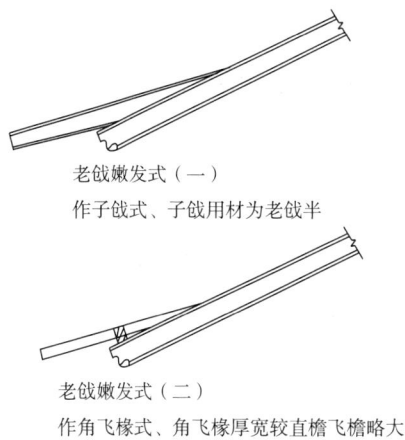

老戗嫩发式（一）
作子戗式、子戗用材为老戗半

老戗嫩发式（二）
作角飞椽式、角飞椽厚宽较直檐飞檐略大

图 3-4　子戗、角飞椽

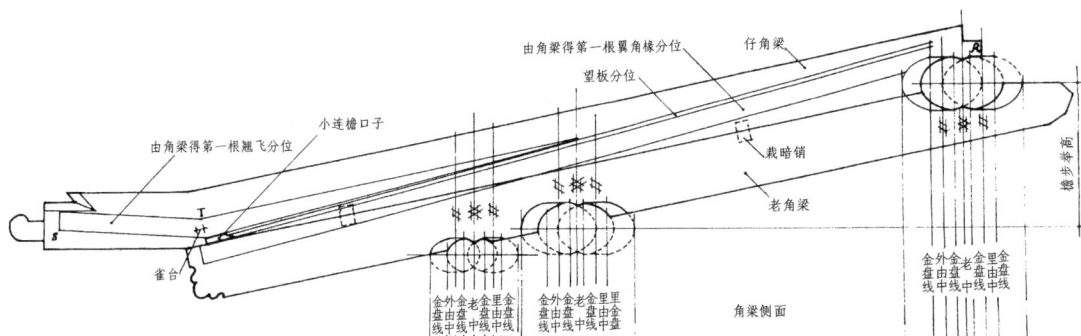

图 3-5　北方老角梁、子角梁

（三）大梁高

第六章《厅堂升楼木架配料之例》提出扁作大梁的配料计算方法有两种。其一："均以定各料之围径为先。"（第 31 页）"则以所得之围径，去皮结方辉合。"（第 31 页）其二："以提栈之高，减去山界梁机面之高，及斗三升寒梢栱之高，其余数加大梁机面，即得大梁段料之高度，厚为高之半。"（第 31 页）

《图解〈营造法原〉做法》第 52 页注 ①："根据苏州地区传统做法，扁作大梁的高度约为步桁与金桁之间的界深之半……与传统做法基本相符。"又提供了一种计算方法。但这些都是从经验中得

---

[1] 过汉泉. 古建筑木工 [M]. 北京：中国建筑工业出版社，2004：136.

来，并不精确，伸缩性较大，师承不同，互有差异。

（四）尽间阶沿

《法原》第一章称：阶沿"其上最高一级，以及两旁之石条，与室内地平相平，平砌于侧塘石之上着，称尽间阶沿石，以下石级称副阶沿石"（第 2 页）。为何称"尽间阶沿"，《法原》没有说明。《图解〈营造法原〉做法》提供了答案：阶沿石"若其长度与开间尺寸相等，则称尽间阶沿石"。[1]

（五）磉石

《法原》第 48 页："磉石宽按鼓磴面或径三倍。"没有说磉石之厚。《古建筑瓦工》第 22 页云："磉石厚约为鼓磴顶面直径的 8 折为好。""磉的大小是鼓磴'顶面'直径的三倍。"而《图解〈营造法原〉做法》认为，磉石厚度一般与阶沿石厚度相同，且不小于 12 cm（第 333 页）。

（六）包檐墙

《法原》："包檐墙做清水砖者（插图十三—五），其托浑、抛枋，飞砖总高，同垛头上部。其托浑起线，一如垛头。抛枋高同兜肚，面多作满式，枋边起线，两端作纹头装饰。抛枋之上出三飞砖，联斜砖以至瓦口。"（第 75 页）《香山帮建筑图释》第 101 页图 8-6 给出了包檐墙的剖面，唯檐椽头以外仍画有望砖及里口木，已属蛇足（图 3-6）。《图解〈营造法原〉做法》第 198 页图 8-1-9 则为混水包檐墙的剖面，砖砌抛枋之上作壶细口挑出，然后外施纸筋粉刷（图 3-7）。

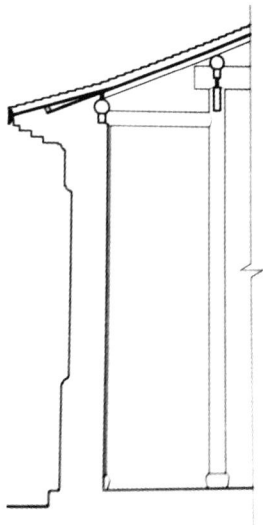

图 3-6 三飞砖砖细包檐墙

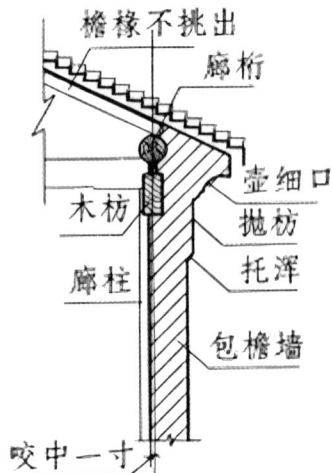

图 3-7 包檐墙剖面图

---

[1] 侯洪德, 侯肖琪. 图解《营造法原》做法 [M]. 北京: 中国建筑工业出版社, 2014: 332.

三、充实细节

（一）轩与草架

《法原》在细节方面有交代不清、语焉不详之处，如轩与草架的细部构造就没有涉及，轩与回顶上之枕头木，只有一句："南方回顶，则于顶椽之上，设枕头木，安草脊桁，再列椽铺瓦。"（第 27 页）具体如何设置没有说明。《古建筑木工》对此有交代，并有附图，使人一目了然（图 3-8、图 3-9）。

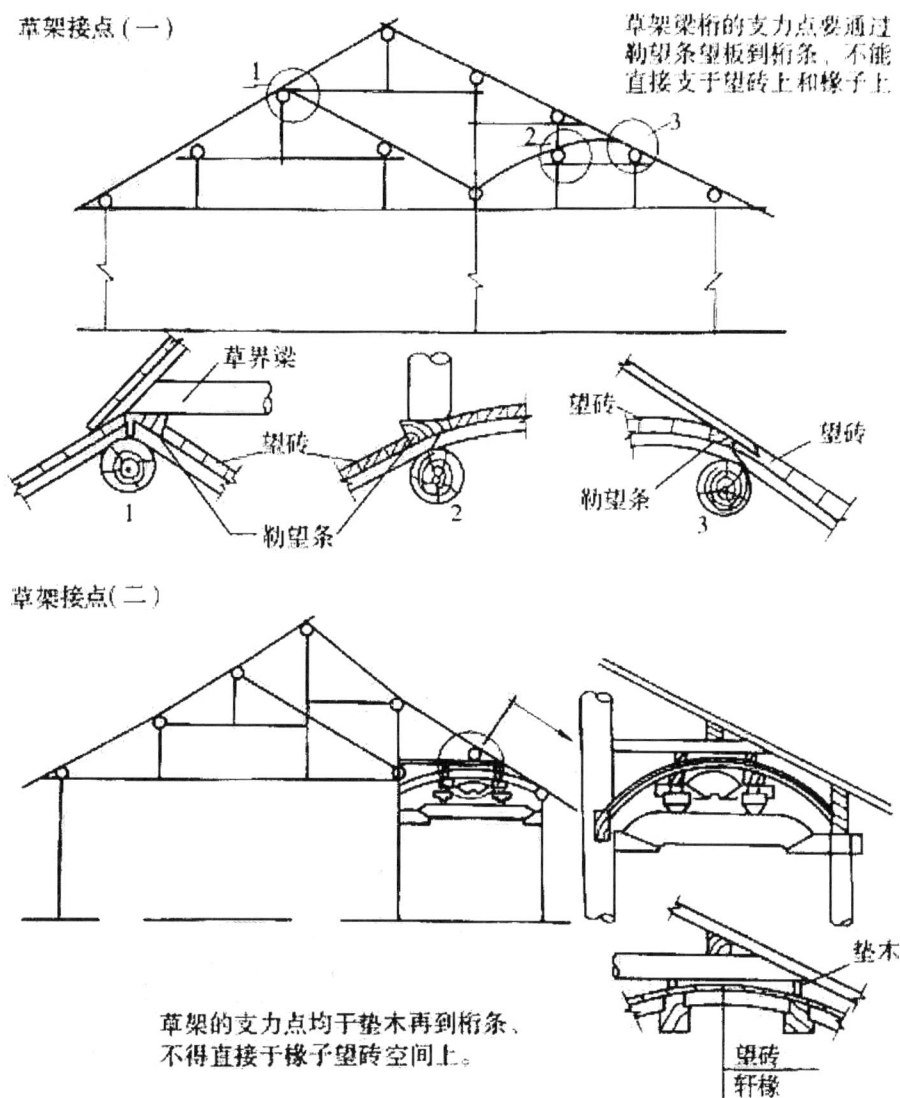

图 3-8　草架节点

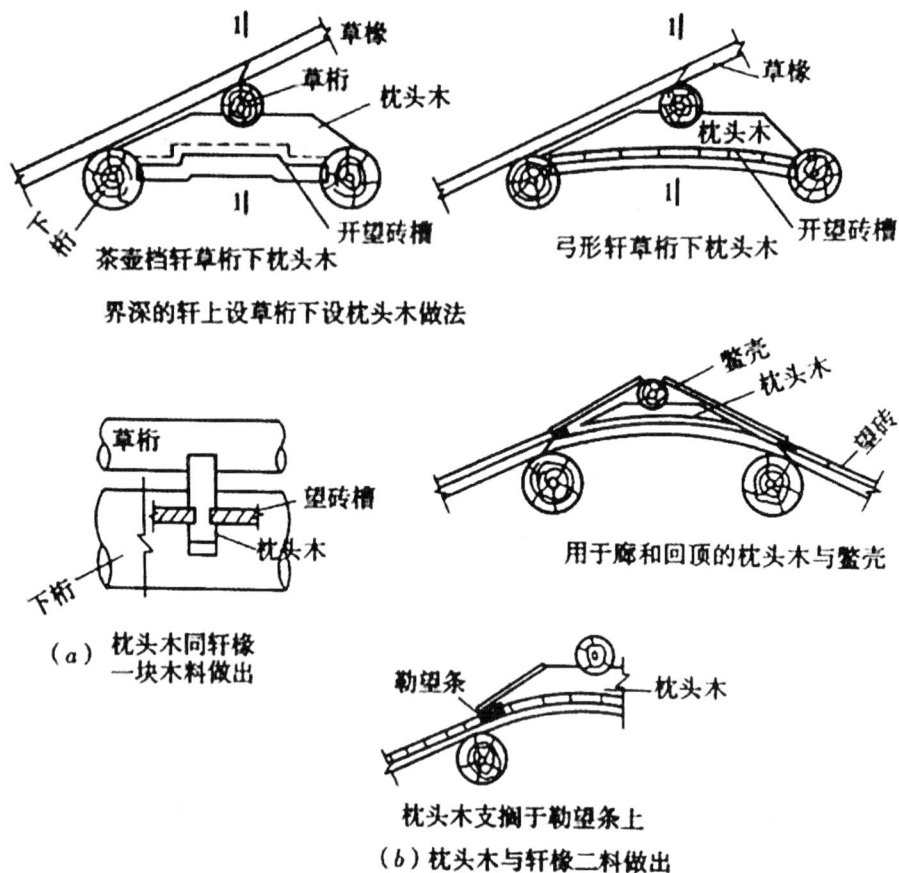

茶壶档轩草桁下枕头木　　　　　弓形轩草桁下枕头木

界深的轩上设草桁下设枕头木做法

（a）枕头木同轩椽
一块木料做出

用于廊和回顶的枕头木与鳖壳

枕头木支搁于勒望条上
（b）枕头木与轩椽二料做出

图 3-9　枕头木

（二）桁椀

《图解〈营造法原〉做法》第 15 页提出："桁椀之深须根据桁的直径而定，一般其深为桁径的 1/4—1/3。"这是《法原》没有提到的。

（三）老戗头与千斤销

老戗头与千斤销在《法原》里只有图版十七所示一种式样，《古建筑木工》列出老戗头式样有梓卷式、狼牙虎嘴式（明式）、太极图案胡罗头戗式、杨叶式、梓珠式、龙吞头式、清前式、云蝠式等等，梓卷式亦为一般式样（图 2-72）。此外也列有各种千斤销端头式样（图 3-10）。

斜方法　　　　　垂直法　　　　　相间法
(a) 千斤销的角度

定榫式　荷花式　荷花　花篮　宝方级　角锤　方锤　斜形　圆物形

千斤销端头尺寸一般依宽的1.5倍为长,随著式样各异均可有所收放。

≥1.5a

a

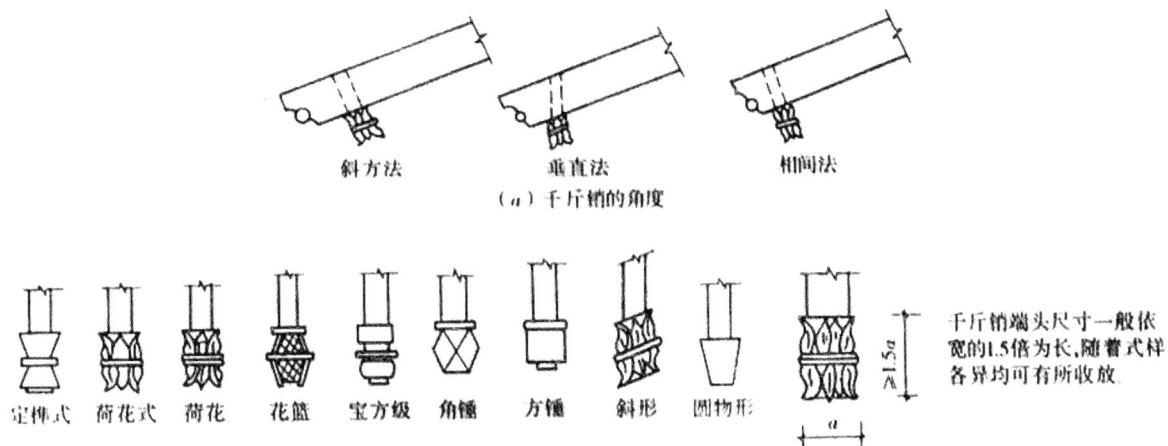

图 3-10　千斤销式样

（四）挂落各端头

《古建筑装折》第 78 页提供了挂落脚头、抱柱收头及挂落销子的式样,可供设计者参考（图 3-11）。

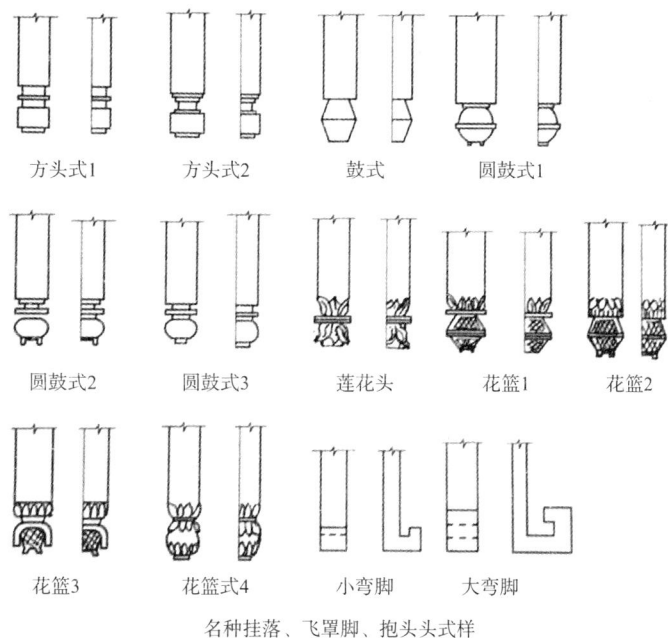

方头式1　　方头式2　　　鼓式　　　圆鼓式1

圆鼓式2　　圆鼓式3　　莲花头　　花篮1　　花篮2

花篮3　　花篮式4　　小弯脚　　大弯脚

名种挂落、飞罩脚、抱头头式样

图 3-11　挂落脚头

四、不同做法

（一）房屋结构

《苏州古民居》记载了所测绘的 20 个民居实例，有些做法突破了《法原》的规定［实例可见上篇"三/（七）一家之言"］。此外也提供了一些《法原》未提、完全不同的结构做法，如滚绣坊顾宅，其内厅圆作四界梁下，离地面约 2.8 m 处又增设一雕花扁作大梁，梁上设楼板，利用厅内高畅的空间，将两边间做成阁楼，阁楼南部屋顶升高，改作歇山顶，造型优美，使立面更为丰富（图 3-12）。又如东花桥巷汪宅门厅，前半作扁作船篷轩，后半为圆作双步与廊（图 3-13）。

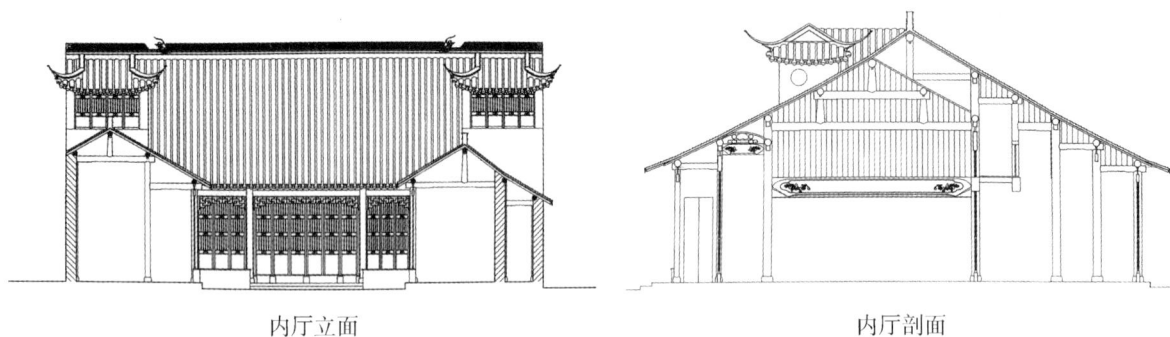

内厅立面　　　　　　　　　　内厅剖面

图 3-12　苏州滚绣坊顾宅内厅

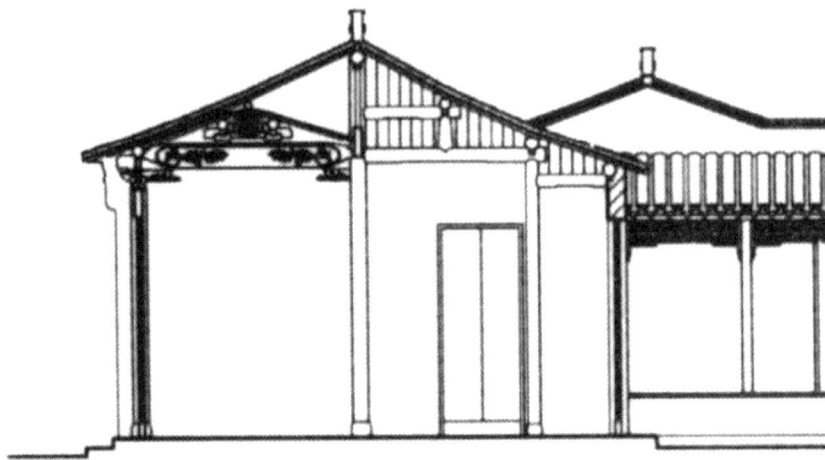

图 3-13　苏州东花桥巷汪宅门厅

（二）机面

机面乃梁头桁底至梁底的高度，《法原》定扁作大梁机面约 7 寸，山界梁机面约 6.5 寸，《古建筑木工》第 57 页则认为大梁机面 8 寸—1 尺，山界梁 7—8 寸，两者有些差距。《图解〈营造法原〉做法》第 51 页认为，根据经验大梁机面可按《法原》规定计得大梁围径，去皮结方后得出高度，将之暂定为大梁机面。还认为山界梁端架金桁及金机，梁下又有梁垫与斗栱，由于构造原因，机面定为 6.5 寸明显过高。将机面定为 3 寸，也正好是金机的高（图 3-14）。

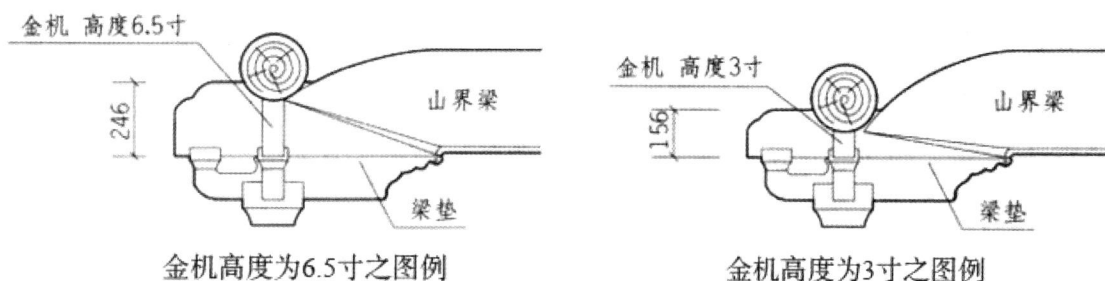

图 3-14　山界梁机面

（三）扁作梁拼合

《法原》中梁拼合有实叠与虚拼两种："实叠系用二木叠轾；虚轾则于梁之两边，各按梁身五分之一轾高，中空于斗底处填实。"（第 26 页）实叠据《法原》所举大梁与承重之例，均为二根相同的方木拼合。虚拼在图版十二中大梁上部两侧各以 1/5 梁厚之木料拼高，但下段实高如何确定？山界梁上所注"料小可拼高 1/4"作何理解？是实叠还是虚拼？

《古建筑木工》第 56 页指出，拼合梁"不论实拼做和虚拼实垫做，下段主拼段不得小于 2/3，用硬木的下段主拼段不得小于 3/5 的高度断面"。"传统定一般杉木拼做的大梁下主拼段不小于七折，用硬木拼的不可小于六折。"第 57 页还指出："一般拼合用硬木榫或竹钉和铁制橄榄钉。"《图解〈营造法原〉做法》第 52 页则指出，实叠"其下拼段的高度不得低于梁高的 2/3"，"虚拼的大梁的实木部分的高度不得小于大梁圆料直径"（图 3-15）。

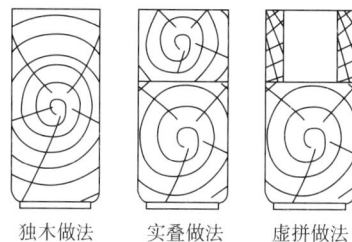

图 3-15　大梁做法

虽然它们给出了拼合比例，但根据《法原》配料计算，以定围径为先，去皮结方，所得的是方料，非矩形料，而上述主拼段均为矩形。那么按传统，它们是如何得来的？尚无答案。

（四）老戗放置

按《法原》老戗用料同斗料，如用五七式斗，则老戗宽 7 寸、高 5 寸横置于桁上。《古建筑木工》第 128 页指出："通过多年来的实践……认为同样断面，但应以七寸为高、五寸作宽，其中高七寸亦可包括车背和浑圆底，五寸宽亦不作反托势。"这样竖置既不增加梁的断面尺寸，还更有利于结构受力。

（五）角飞椽

《辞解·角飞椽》曰："老戗上不置嫩戗，而以飞椽代之，宽与老戗同。"（第 101 页）《香山帮建筑图释》也同样解释。角飞椽用于水戗发戗做法，但角飞椽与老戗同宽，显然太宽，就不能称椽了。而《图解〈营造法原〉做法》第 111 页："角飞椽的厚为飞椽厚的 1.1 倍，宽为飞椽宽的 1.2 倍。"应该比较正确。

（六）鼓磴走水与胖势

《法原》规定："鼓磴高按柱径七折，面宽或径按柱每边各出走水一寸，并加胖势各二寸。"（第 48 页）《图解〈营造法原〉做法》第 333 页："将走水与胖势的尺寸定为某个常数，这种做法不太科学。因为同一建筑柱径之大小差异较大，故所放走水与胖势之尺寸应与柱径有关。""常规用的鼓磴，走水尺寸应按柱径的 1/10，而胖势尺寸则按柱径的 2/10（图 2–77）。"

（七）老戗、嫩戗夹角

《法原》记载嫩戗与老戗的夹角（泼水）为 122°—130°，认为"殿庭用料较巨，泼水以泼足为宜。亭阁较小，泼水宜于酌收"（第 39 页）。而《古建筑木工》第 134 页："一般认为凡是为屋檐轻飘曲线平缓的一般均做对称戗，但用于较为庄重有纪念性建筑的屋面，戗角上嫩戗起发其坡度要较对称戗为陡。"正好与《法原》相左，真可谓见仁见智，各抒己见。笔者比较倾向《法原》之说。有纪念性意义的建筑，如殿庭须庄严肃穆，造型凝重稳定，故起翘平缓。而亭阁较小，宜轻盈活泼，故起翘较高。因为古建筑屋角起翘的视觉效果，可以使沉重的大屋顶变得轻巧起来。

五、存在的问题

上文列举的这些书，同样不是十全十美，也存在一些共同的或各自的问题。

（一）关于宋《营造法式》与清《工程做法》

这些书的作者多从事南方古建工作多年，有丰富的实践经验，但涉及《营造法式》与《工程做

法》时，往往出现偏差甚至错误。例如《〈营造法原〉诠释》第68页注1，将山西、河北一带转角以外出现的45°斜栱，认为是"宋、辽、金时期尚有'虾须栱'式样做法，现存不多，尚可散见（图4-36、图4-37）。"另外第65页，图4-30、31尚有木牌楼虾须栱。何谓"虾须栱"？《法式·华栱》云："若只里挑转角者，谓之虾须栱。"据《东来第一山——保国寺》（上海科学技术出版社2018年）一书，宁波保国寺大殿之虾须栱，乃海内孤例。故上述四图所示虾须栱是不正确的，是把斜栱当成了虾须栱（图3-16）。其他可参见《更准确、完整地诠释〈营造法原〉：读〈《营造法原》诠释〉》〔《古建园林技术》2013（3）〕。

图3-16　《〈营造法原〉诠释》之图36

《古建筑木工》第79页：椽"这些断面的宽厚比是贯穿宋代《营造法式》中用断面的5∶7的原则"。第127页："从《营造法式》的五七断面基础……"《营造法式》的构件断面，从材到梁栿、阑额、地栿、角梁等，宽高比均为2∶3，不知5∶7原则从何而来？

《香山帮建筑图释》第3页解释殿庭："是香山帮建筑等级最高的形制，相当于宋《营造法式》中的'殿堂'或清代官式建筑中的'大式建筑'。"仅从建筑等级高下来说，似乎没有什么大问题，但是仅以一个方面来比较，极易混淆殿庭与殿堂的概念。殿庭与殿堂，虽一字之差，从结构上来说完全是不同的。宋式建筑有三种类型：殿堂、厅堂以及余屋，主要是按结构与构造特点来分。殿堂属层叠式构架，即由柱框层、铺作层、屋架层构成，内外柱同高，用天花、草架。而苏州的三种建筑类型是按装饰程度来区分的，殿庭与厅堂的结构基本相同，按结构形式，殿庭只相当于宋式之厅堂。殿庭不能简单地比作清"大式建筑"，所谓大、小式建筑并非仅以有无斗栱来划分，据《工程做法注释》，大木方面凡小式建筑不许用斗科，无周围廊，不许使用庑殿、歇山转角做法，限于单檐，更不许造作飞檐攒角。依此衡量，南方厅堂有用牌科者，四面厅即用周围廊，亦有用歇山转角者，用飞檐者更属平常，厅堂也可属于大式建筑。

又该书第64页："荷叶凳，坐斗旁所垫的木构件，两头作卷荷状者，可使坐斗稳固、平衡。其作用类似清式建筑中的'角背'（图5-22）。"这基本也是《法原》中《辞解》的解释。荷叶凳与角背的作用不同，所在位置也不同。荷叶凳用在斗下，主要起垫高坐斗的作用，类似宋式的驼峰。《法原》

有云："余如山尖过高，则可于山雾云斗六升牌科下加荷叶凳，或放高连机，伸缩决定之。"（第 31 页）而清式角背主要用在瓜柱两旁，在进深方向扶持稳定瓜柱，避免瓜柱倾斜，没有垫高的作用（图 3-17、图 3-18）。

图 3-17 《香山帮建筑图释》之荷叶凳

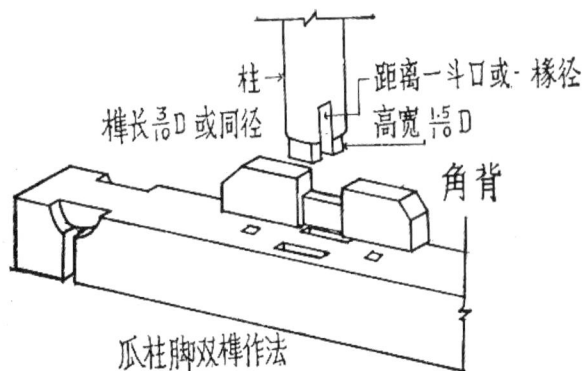

图 3-18 角背

（二）常将传说当真

民间传说作为故事当无不可，但要作为技术立论依据却不能当真。例如《古建筑瓦工》第 1 页："中国建筑历史悠久，早在秦汉时期就有了砖瓦，俗称'秦砖汉瓦'。"据《中国古代建筑史》第一卷，实际在西周初期就有实物瓦出现，记载有瓦更早。砖则自西周晚期开始应用。比秦汉要早了几百年。又如第 15 页："官品越大檐口越高，开间檐高尺寸就相应放大，这是官与民的建筑物区别。"第 31 页："像台基分官级大小来定，有三级、五级、七级台阶，最高不得超过七级，因只有皇帝才可做到九级台阶。"中国古代对官民房屋虽有严格的规定，但主要在房屋的间架上，对檐高与台阶并无具体限制，故这些只是传说而已。

《古建筑砖细》第 43 页："虽然勒脚的最初目的是为了更好地支撑物体，但古人在具体设计构思的时候，想象非常丰富。他们把要支撑的物体想象成一位美女骑在大象的背上。以美女的身价和大象的可靠性，来显示勒脚的特点。有时，又把勒脚想象成一条卧龙，上面祥云缭绕，很有动感。"想象力实在太丰富了，但不知是哪位古人，又出于何处？又第 74 页："影壁的设置在中国古代也是分成等级的。据古代西周礼制规定，只有宫殿、诸侯宝刹、寺庙建筑等方可建筑影壁。""刹"一般是指塔与佛寺，此处"诸侯宝刹"指什么？佛教在西汉末、东汉初才传入中国，洛阳白马寺是中国最早的寺院，相传建于东汉永平十一年（公元 68 年）。道教是在东汉中后期形成的宗教，西周是公元前

1046年至公元前771年，如何能在近乎千年前就对寺庙作出规定？

《古建筑木工》第215页，正间牌科座数用单数还是双数，应"以住宅厅堂殿庭一般双数为好，以祥和为贵，象征人从中轴线进入，牌科像仪仗队左右迎合。在一些寺庙建筑中正间以单数，它是有辟邪及佛教佛法和道教道法之上的说法，但还是按适当的牌科比例来定为好"。这样的说法似是而非，只是想象推测，没有确切的证据能证明。《营造法式》记载一般当心间（正间）用两朵。清式做法也是要求明间空档坐中，斗栱用双数。但唐宋实例，许多建筑是逐间用一朵，著名的山西五台佛光寺大殿当心间就用一朵补间铺作，说明上述说法没有道理。

（三）交代不清、不确之处

《香山帮建筑图释》第4页："五间两落翼，类似于七开间的歇山顶建筑，但不同于歇山顶的是上部两坡屋面止于山花，不出挑，与硬山顶相似。"因为山尖硬山，就不是歇山，就称五间两落翼？若是一座四柱方亭，如沧浪亭屋顶又该如何称呼？所以，与《法原》中《辞解》一样，把歇山定义为"悬山与四合舍相交所成之屋顶结构"（第111页），非悬山就不能称为歇山。这样定义是不全面的。《法原》本身有几处称歇山都是指硬山山尖，如第十一章，歇山厅堂"竖带以外为盖瓦一楞，下砌飞砖二路，逐皮收进，其下为博风，系砖砌粉出，合角处作悬鱼、如意等，此歇山山尖之外观也"（第57页）。是否歇山，应从建筑整体着眼，完全不必拘泥于悬山还是硬山。又如第41页："四平枋亦称'水平枋'，即步枋及随梁枋之下，再加设的枋子，四周相平（图4-34）。"这个解释没有问题，问题出在图上，第43页图4-34《四平枋与随梁枋》，（a）四平枋与随梁枋，（b）四平枋。《法原》介绍四平枋是在第七章《殿庭总论》里，第五章《厅堂总论》根本没有提及，厅堂实例中也无用四平枋者，说明四平枋一般只用于大的殿庭（图3-19）。但在（a）图中，内四界无梁垫、山雾云等任何装饰，且为圆作梁，似乎既不是厅堂，又不是殿庭，结构如同平房。大

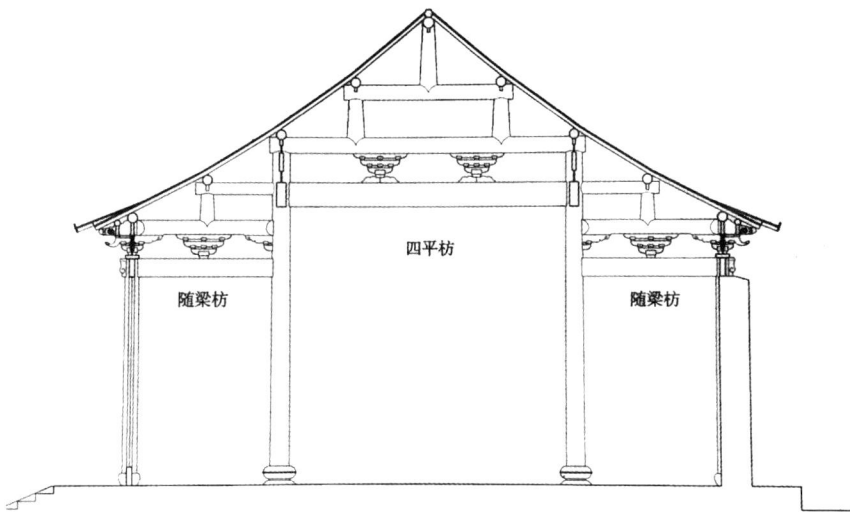

图3-19　四平枋

梁之下没有随梁枋，会直接用四平枋？（b）图中没有四平枋，应是随梁枋。

《图解〈营造法原〉做法》，图 4-3-25 至图 4-3-30 是苏州文庙大成殿的平面图、屋架仰视图与屋架剖面图，但第 106 页又说"是根据《法原》之图版二十六《四合舍殿庭结构》中所示尺寸与做法，并参考相关资料与照片后所绘而成，并非大成殿之现状"。既非现状，又与《法原》图版不同，那么所绘是何时的大成殿？在此要说明什么？令人摸不着头脑。又第 136—137 页图 6-1-22 至图 6-1-28 为攒尖方亭、六角亭、八角亭，各亭之金桁均先以搭角梁在图形内围成方形或矩形，然后在上立童柱架设金桁。似乎是按《法原》所说，但有些地方却不同，如搭角梁都只有一重，而不是《法原》所说的两重四方形搭角梁。六角亭有四根、八角亭所有童柱均非立在梁中；前后界深相差悬殊，非"依进深分界，界深约三尺"（第 81 页）（参见中篇《问题与讨论》之"十五／（七）六角亭、八角亭梁架"）。显然是作者提出的另一种理解方案。从图上看，除方亭金桁在廊桁与灯心木之中点上，六角、八角亭之金桁都偏外，离廊桁较近。这样，方亭的出檐与廊界相等，六角、八角亭之出檐都大于廊界。《法原》第五章说："出檐挑出过多，易致下坠，所以廊柱与步柱间之界深，亦即出檐椽自廊桁至步桁之长度，必须较出檐部分长度为大，方得承力平衡，不致倾覆。故北方有'檐不离步'之规定。"（第 26 页）虽然说的是厅堂，但亭也应遵循此原则。这里虽然把檐椽延长至灯心木，把老戗伸长交于灯心木，看似解决了檐部倾覆的问题，但这只是一种特别做法，况且只有每坡中间才能达到，所以只能用于体量不大的亭上，不具有普遍性。江南亭子大多遵守"檐不离步"的规定，如檐部挑出过大，则可用出梓桁的办法解决，亭的各界深也大体相等，只介绍出檐椽直伸至灯心木一种做法，恐会引起误解。界深过于悬殊不符合结构均匀的要求，也不符合审美的要求（图 3-20 至图 3-22）。

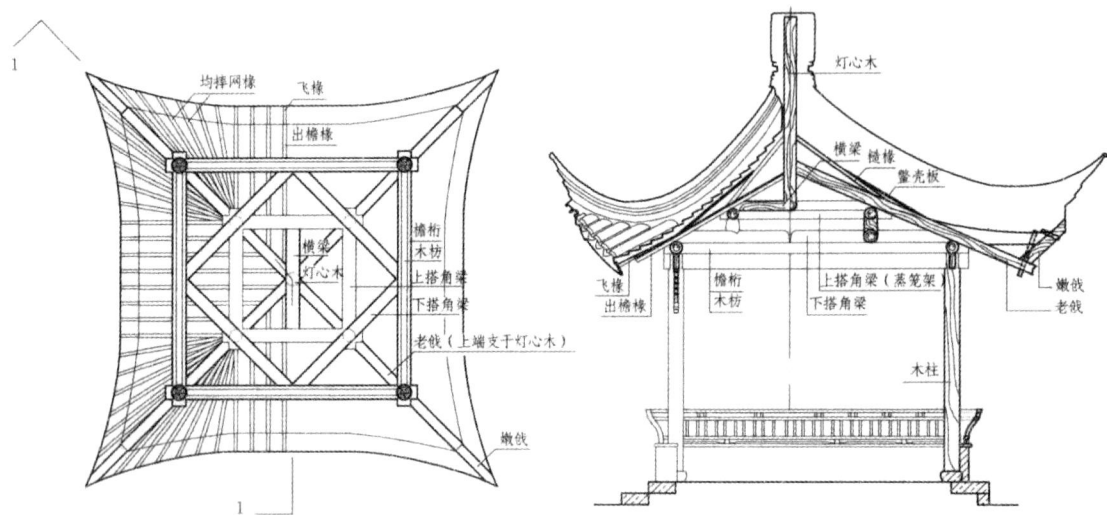

图 3-20　方亭

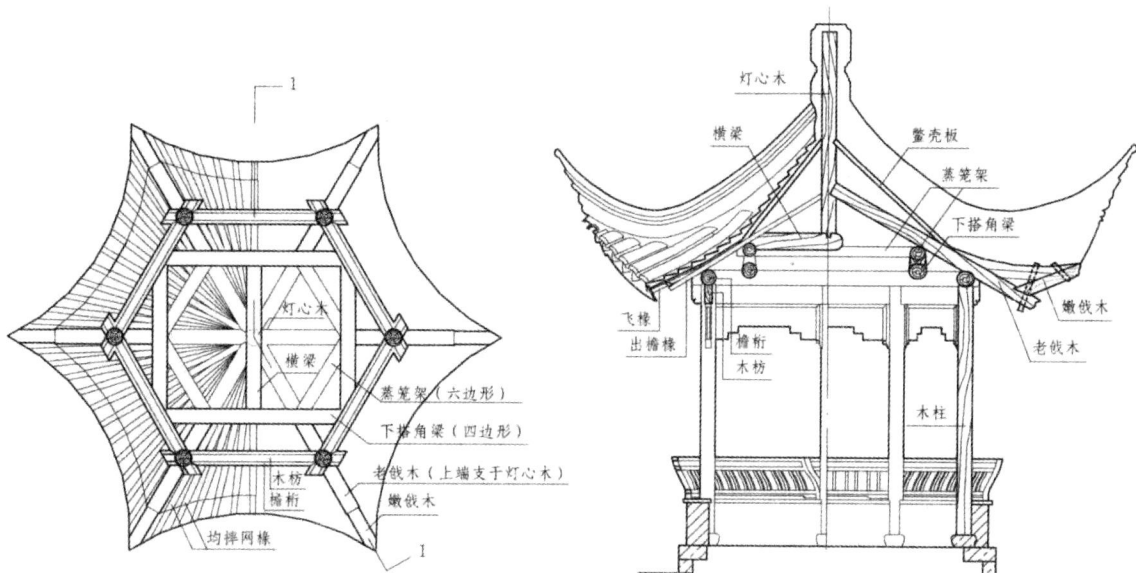

图 3-21　六角亭

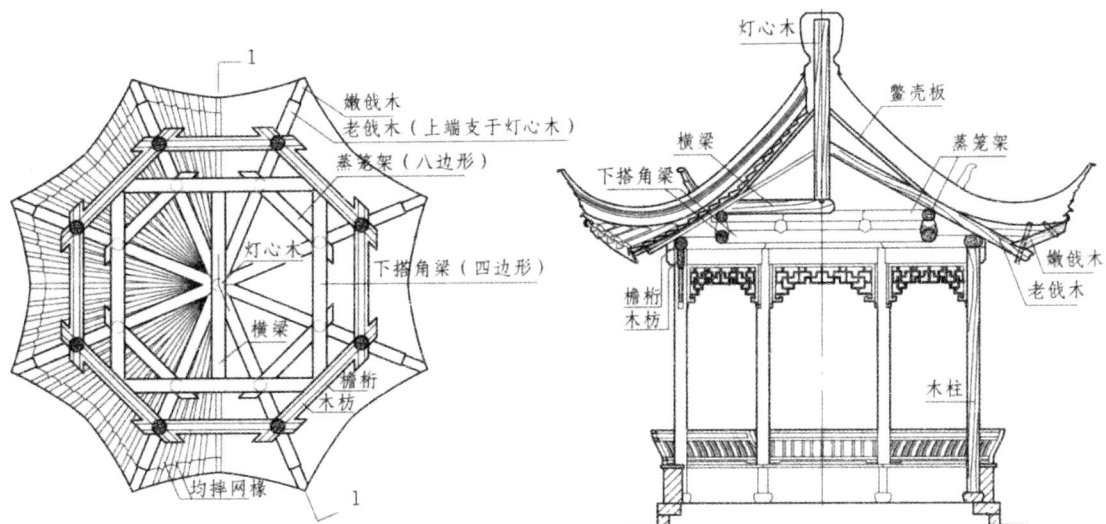

图 3-22　八角亭

　　《古建筑砖细》第七章《苏州著名的砖细塔》列举了瑞光塔、方塔、甲辰巷砖塔、双塔、北寺塔、观音塔等六座塔,加上第一章中楞伽寺塔和虎丘塔,共八座塔,认为它们都是砖细塔。但第3页说:"砖细,亦可谓'细砖',顾名思义,就是在砖的基础上再进行细致的加工,由此生成的物品即为砖细。"可见称为砖细的砖料必须经过刨、磨等细加工,砌筑施工也十分细致。但砖塔并不符合这些条件,塔上如柱、斗栱、壶门、直棂窗等用砖虽经加工,但也只是为了取得所需的形状,并不细致,砌筑施工灰缝较粗,表面亦不够平整。除石塔和琉璃塔外,砖塔尤其是高大的仿木砖塔,表面常要做粉刷,以求逼真的效果,整修后的瑞光塔、双塔、北寺塔等莫不如此,虎丘塔也可见到明显的粉刷痕迹,这与砖细显示砖的质地和本色的特征相悖,如做了砖细又加粉刷,无疑是巨大的浪费,且不利于粉刷施工。因此将塔称为砖细塔似不太妥当。《古建筑砖细》是"古建筑工艺系列丛书"之一,由苏州民族建筑学会策划和组织编写,按说应着重于工艺技术,尤其是苏州建筑的工艺技术,但该书却有些差距,不免令人失望。全书正文包括附录共142页,真正谈砖细技术,包括砖细的概念、历史、材料及应用范围等,仅占约1/2篇幅。第四章《墙门、库门、影壁与门楼》所占篇幅最长,所举的实例如拙政园大门,不是谈技艺,而是感观描写,如"整座大门端庄持重,昂首挺立,与周围的松柏、香樟交相辉映,共同构成美丽的图画,令人望而驻足、叹为观止"[1]等。门楼则是介绍题字的意义,雕刻的内容及解释、演绎等。总之,虚的多,实的少。虽然第五章谈了砖细的卯榫结构和安装,但比较简单,连照片不到5页篇幅,卯榫的形式、尺寸及加工时的操作与注意事项谈得很少。安装介绍了干摆与粘结法,具体过程笼统。其他也是一带而过,没有详述,如第53页,地穴"如果有平面反吊的情况,反吊砖要用倒钩在过墙上钩牢"。何谓反吊?倒钩是什么形状、什么材料?如何在过墙上钩牢?有些内容,如铺地的砖缝形式,"十字缝""拐子锦""褥子面""破活""冲趄"等,都是北方名词,所介绍的室内铺地与室外铺地的雕花甬路等,基本是北方的做法。关于影壁的分类,所载有一字影壁和八字影壁,座山影壁与撇山影壁,撇山影壁又分普通撇山影壁和一封书撇山影壁,后者又称雁翅影壁。又关于青砖影壁的做法等也都是北方做法,与《中国古建筑瓦石营法》所载别无二致。当然北方做法也可介绍,但应与苏州做法分清,不宜混淆。

《苏州古民居》中有些图画得不正确,如西北街吴宅之"孝义忠信"门楼的屋角与转角牌科,卫道观前潘宅之"秉经酌雅"门楼的转角牌科,画得都不准确,与照片差距很大,不知两个门楼是否有过变动(图3-23至图3-26)。

[1] 刘一鸣.古建筑砖细[M].北京:中国建筑工业出版社,2004:66.

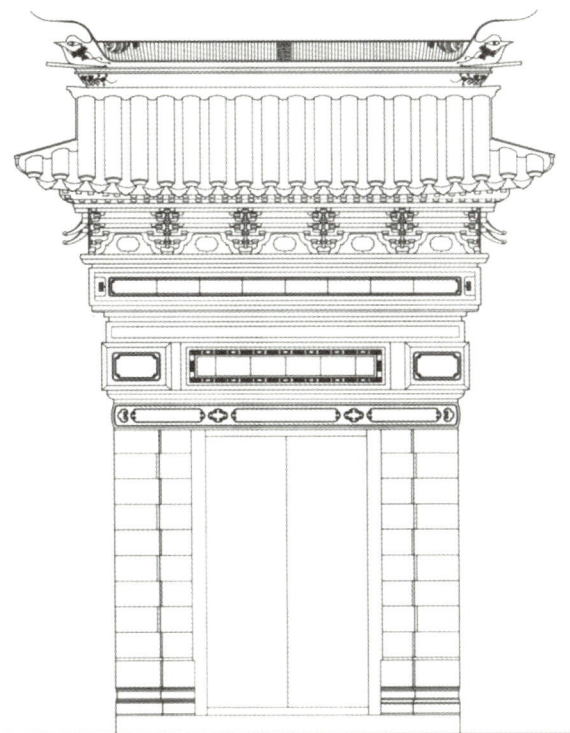

图 3-23 苏州西北街吴宅"孝义忠信"门楼

图 3-24 苏州西北街吴宅"孝义忠信"门楼实景

图 3-25 苏州卫道观前潘宅"秉经酌雅"门楼

图 3-26 苏州卫道观前潘宅"秉经酌雅"门楼实景

众家之言

附录 《辞解》拾遗补缺

《辞解》录词538条,几乎囊括苏州传统建筑术语,解释精到、明了,有的还用括号列出北方相应的术语。美中不足的是,书中提到的有些术语,《辞解》却未收入,有的解释不全面、欠准确等。笔者试作一些拾遗补缺,供大家讨论,使《辞解》更趋完善。

(一)有名无解,试补充之

二路线 屋脊中用瓦条二重砌筑的线条。

三路线 屋脊中用瓦条三重砌筑的线条。

三寸宕 殿庭屋脊在滚筒上二路线与亮花筒下瓦条或上下二路线之间的距离,高三寸,称三寸宕。

三步梁 长三步之桁梁。

千斤销 从老戗底穿过嫩戗根、菱角木、箴木和扁檐木的销子,并将它们连成一体受力的木构。

上枋 门楼与墙门在门与屋顶中间,其上部为枋形,即上枋。

下枋 (1)门楼与墙门在门与屋顶中间,其下部为枋形,即下枋。

(2)石牌坊定盘枋之下,最下之石枋。

大镶边 门楼与墙门上下枋之间部分,由字碑与两侧的兜肚组成,周围有宽寸许的装饰线条。

广汉 殿庭屋顶竖带下端之人物或武将形饰物,坐姿。

叉角桁 四合舍或歇山屋顶侧面架椽的桁条,与前后相应桁条十字交叉。

太监瓦 御猫瓦之上滚筒端头,作葫芦形之曲线,称太监瓦。

月梁 圆料回顶与圆料轩顶界之梁,非《法式》月梁。

四叙瓦 太监瓦之上似以瓦条逐皮伸出之瓦。又名朝板瓦。

老鼠瓦 嫩戗尖两旁滴水之上横置之五寸筒瓦,一边成锯齿形,故名。

机 桁下之小木枋。与桁同长者称连机,仅用于屋架两侧之短者称短机。

关刀面 嫩戗发戗戗角部分之立脚飞椽间,顺屋檐所形成的似大刀形的斜面。

字镶边 门楼上字碑四周的装饰线条。

轩桁 轩梁上所架之桁。

轩梁 轩所用之梁。

吴王靠　半墙或半栏上的弯背靠栏，多用于园林建筑内，供人坐憩、观景。又名美人靠。

角石　阶台与金刚座转角处之短石柱。

枝梁　歇山亭榭两端，以搭角梁支承并与金桁十字相交，以架落翼椽并上立童柱架脊桁的圆桁。

板窗　一种小窗，用厚木板拼成，构造基本如同实拼门，外钉方砖，防卫性较强。建筑背临街巷，于外墙高处或二楼常用之。（图 4-1、图 2-85）

拐子钉　钉于嫩戗尖上，用以支承老鼠瓦的 T 形钉子。

旺脊木（脊桩）　厅堂正脊如较高，为使脊稳定，每隔一定距离，加用木条，称旺脊木，往下插入帮脊木与脊桁。殿庭则或用旺脊钉。

图 4-1　板窗街景

绞脚石　砌筑基础时，首用领夯石，其上设数皮叠石，叠石之上四周驳砌石条，称绞脚石，可用塘石或乱纹绞脚石，或用糙砖绞脚。

铁叉　斜插在龙吻背上的三叉形铁件。

铁戗挑　一块贯于水戗之铁片，上端挑出弯起以承戗端之勾头筒及四叙瓦。现今铁戗挑分成两块，砌在戗上。

盖头灰　粉于厅堂屋脊筑脊瓦上，用石灰、砂及纸筋混合而成的胶泥。

盖筒　殿庭屋脊最上面覆于脊上的筒瓦。

骑门梁　当楼房开间较大时，为避免搁栅过长，门窗上两柱间需用较大的过梁，以搁置承重。

搭角梁　成 45° 搭架于前旁廊桁之上的梁，一般为圆料。

御猫瓦　老鼠瓦之上，戗座尽头所置的勾头筒。又称猫唧瓦、蟹脐瓦。

菱角木　嫩戗发戗构造，在老戗与嫩戗间填实的最下一块呈三角形的木块。

箴木　嫩戗发戗构造，在老戗与嫩戗间填实的中间一块呈梯形的木块。

檐高　从室内地平至廊桁底（廊桁机面线），厅堂檐高为正间开间之 8/10，殿庭檐高为正间开间加牌科高。檐高非檐口高。

（二）解释不全或不确，试完善之

花篮靠背　竖带下端及水戗间，用砖砌成靠背状，以承天王、坐狮等饰物。（第 103 页）

歇山之竖带下端，下部砌成花篮状，上部砌成靠背状，置天王、坐兽或花卉、仙果等饰物。按，殿庭四合舍竖带下端与水戗间，下部或因做吞头衔水戗，故无花篮，上部成靠背状，承天王、坐兽。

旱船　筑于水中，仿船形之建筑物。（第 102 页）

仿船形之建筑物，多筑于水中或临水，也有在陆上者。

角飞椽　老戗上不置嫩戗，而以飞椽代之，宽与老戗同。（第 101 页）

老戗上直接放置之飞椽，其厚与飞椽同而较宽，或厚与宽均比飞椽略放大。

挂芽　做细清水砖墙门上，荷花柱上端，两旁之耳形饰物。（第 105 页）

（1）做细清水砖墙门上，荷花柱上端，两旁之耳形饰物。

（2）十字及丁字牌科廊桁下之雕花饰物。

赶宕脊（搏脊）　歇山屋顶落翼上与水戗成 45° 相联之脊。（第 107 页）

（1）歇山屋顶落翼上与水戗成 45° 相联之脊。

（2）重檐殿庭下檐屋顶上周圈之脊。

高门限　又称门档，将军门下之门槛，较普通为高。（第 107 页）

将军门下之门槛，较普通为高，可装卸。又称门档。

落翼　在殿庭左右两端之两间，但硬山式仍称边间。（第 110 页）

（1）在殿庭左右两端之房间，但硬山式仍称边间。

（2）厅堂、殿庭两翼山面的屋顶。

（3）重檐殿庭下檐两翼山面的屋顶。

蒲鞋头　栱不出斗口或升口者。（第 111 页）

位于扁作梁下，上承梁头或梁垫，宽同梁头的实栱，或架于斗上，或插于柱上。

锦袱　墙门上下枋子中央，施雕刻之部分。（第 111 页）

砖雕墙门上枋与下枋，以下枋居多，其中央施雕刻并仿包袱锦彩画之部分。

歇山　悬山与四合舍相交所成之屋顶结构。（第 111 页）

悬山或硬山与四合舍相交所成之屋顶结构。

鳖壳　回顶建筑顶椽上安置脊桁，椽部分之结构。（第 113 页）

回顶建筑顶椽上安置脊桁、椽部分，形成又一层外壳之结构。在嫩戗发戗的戗角以及尖顶构造

中也用鳖壳。

（三）北方术语不确，试修正之

开刻（椀桁）（第 98 页）

　　（桁椀）

头停椽（脑檐）（第 100 页）

　　（脑椽）

台口石（上枋或地栿）（第 100 页）

　　（须弥座上枋或台基阶条）

地坪窗（槛窗）（第 100 页）

注：槛窗下为墙，无栏杆。半窗才与槛窗对应。

夹底（穿插枋）　用于川或双步之下，与其平行之辅材，断面为长方形。有川夹底及双步夹底之别。（第 101 页）

清式穿插枋仅用于小式做法檐柱与金柱或老檐柱之间，故此解释不完全正确。

花墙洞（漏墙或漏窗）（第 103 页）

　　（花墙子）

棋盘顶（藻井）（第 109 页）

　　（天花）

本书图纸整理及绘制承武加栋协助，谨致感谢。书中大部分照片为作者自摄，为了说明需要，也使用了一些来自网络的图片，无法一一致意，特于此郑重申谢！

何建中

2016.7 初稿，2024.3 定稿于莫湖畔金色家园

主要参考文献

1. 姚承祖, 张至刚. 营造法原[M]. 2 版. 北京: 中国建筑工业出版社, 1986.

2. 梁思成. 营造法式注释[M]. 北京: 中国建筑工业出版社, 1983.

3. 陈明达. 营造法式大木作研究[M]. 北京: 文物出版社, 1981.

4. 潘谷西, 何建中.《营造法式》解读[M]. 南京: 东南大学出版社, 2005.

5. 郭黛姮. 中国古代建筑史: 3 卷[M]. 北京: 中国建筑工业出版社, 2003.

6. 潘谷西. 中国古代建筑史: 4 卷[M]. 北京: 中国建筑工业出版社, 2001.

7. 梁思成. 清式营造则例[M]. 北京: 中国建筑工业出版社, 1981.

8. 王璞子. 工程做法注释[M]. 北京: 中国建筑工业出版社, 1995.

9. 刘敦桢. 苏州古典园林[M]. 北京: 中国建筑工业出版社, 1979.

10. 井庆生. 清式大木作操作工艺[M]. 北京. 文物出版社, 1985.

11. 过汉泉. 古建筑木工[M]. 北京: 中国建筑工业出版社, 2004.

12. 苏州市房产管理局. 苏州古民居[M]. 上海: 同济大学出版社, 2004.

图书在版编目（CIP）数据

《营造法原》解读 / 何建中著. — 上海：上海教育
出版社，2025.3. — ISBN 978-7-5720-3148-9

Ⅰ. TU

中国国家版本馆CIP数据核字第2025FJ8263号

责任编辑　陈杉杉
封面设计　陆　弦

《营造法原》解读
何建中　著

出版发行　上海教育出版社有限公司
官　　网　www.seph.com.cn
地　　址　上海市闵行区号景路159弄C座
邮　　编　201101
印　　刷　浙江临安曙光印务有限公司
开　　本　889×1194　1/16　印张 16.5　插页 4
字　　数　318 千字
版　　次　2025年3月第1版
印　　次　2025年3月第1次印刷
书　　号　ISBN 978-7-5720-3148-9/G·2786
定　　价　168.00 元

如发现质量问题，读者可向本社调换　电话：021-64373213